主编 陈旭 章胜平

公路工程
计量与计价

中南大学出版社
www.csupress.com.cn
·长沙·

前　言

近年来，我国公路交通事业发展迅猛，为满足应用型人才对公路工程造价知识需求，我们根据现行规范、标准，编写了本教材。在编写过程中，结合行业前沿知识、作者多年在实际工程中的造价工作经验及在高等院校的教学经验，综合考虑土木工程、工程造价教学体系内容，结合工程项目实际案例，优化内容，以培养读者实际编制工程造价文件的能力。

当今工程行业软件发展日趋成熟，软件应用仅需工程师熟悉软件操作的输入、输出界面，工程师对软件可能过度依赖，对软件的计算原理可能缺乏了解，其后果是缺乏对软件输出结果的判断能力。为此，本教材对某一桥梁算例，给出了一个完整的工程量清单计价手算过程及相应的一套表格，以加强读者对工程造价计价原理的理解能力。

本教材内容主要有以下特点：

(1)编制依据执行现行规范、标准及地方补充规定和定额，主要包括住建部《建设工程工程量清单计价规范》(GB 50500—2013)，交通运输部 2019 年 5 月 1 日实施的公路工程行业标准《公路工程建设项目概算预算编制办法》(JTG/T 3830—2018)，公路工程行业推荐性标准《公路工程概算定额》(JTG/T 3831—2018)、《公路工程预算定额》(JTG/T 3832—2018)、《公路工程机械台班费用定额》(JTG/T 3833—2018)，以及《公路工程标准施工招标文件》(2018 年版)。

(2)在教材总体框架上，以传统定额计价、现行工程量清单计价为两大主线，阐述了公路工程概预算编制、工程量清单计价、投标报价方法及原理。

（3）在实际应用上，坚持"理论够用、重在技能"的原则，将工程实际案例引入课堂教学，进行模拟练习，以提高读者实践操作能力。

本书共分为6章，昆明学院陈旭、昆明理工大学章胜平各自完成了一半的工作量，第1章至第4章、附录由陈旭编写，第5章、第6章由章胜平编写，全书由陈旭统稿。

第1章至第5章，介绍了公路工程计量与计价基本原理，包括公路工程概预算基础知识、公路工程预算定额与直接费、公路工程概预算费用计算、公路工程工程量清单计价、公路工程工程量计量规则。在理论知识介绍过程中，辅以例题，附有图表，以便读者理解，实际操作性强。第6章以一个空心板桥工程为对象，给出了工程量清单投标报价编制的手算过程及一套完整的表格，主要包括原始数据表，人工、材料、施工机械台班单价汇总表，综合费率计算表，分项工程预算表，建筑工程安装费计算表，工程量清单表，投标报价汇总表。表格内容与软件所出的表格略有差异，这是为了便于读者理解手算原理而进行的一些调整。此章可作为课程设计实践教学的指导书。

本书可作为高等院校交通专业、道路桥梁专业、工程管理专业、工程造价专业、土木工程相关专业的教材，也可作为从事公路工程项目建设的业主、施工单位和监理单位等工程造价人员的学习参考书。

鉴于编者水平和经验有限，书中难免有不妥之处，敬请读者和同行批评指正，以便今后进一步修改完善。

笔　者

2024年6月

目 录

第1章 公路工程概预算基础知识

▶ 1.1 公路工程建设项目

公路是指连接城市之间、城乡之间、乡村与乡村之间，以及工矿基地之间，按照国家技术标准修建，由公路主管部门验收认可的道路。按照《公路工程技术标准》(JTG B01—2014)，公路分为高速、一级、二级、三级、四级公路。按照行政类别，公路分为国道、省道、县道、乡道、专用公路，专用公路是工厂、矿山、油田、军事等与外部连接的公路。

1.1.1 建设项目概念

建设项目是一个建设单位在一个或几个建设区域内，根据上级下达的计划任务书和批准的总体设计和总概算书，经济上实现独立核算，行政上具有独立组织形式，严格按照基本建设程序实施的基本建设工程。如公路工程建设中的一条公路，工业建设中的一座工厂、一个矿山，民用建设中的一所学校、一个居民区。建设项目一般包括基本建设项目(新建、改建、扩建等)、技术改造项目。

公路建设项目由主体工程(土建工程)与交通工程及沿线设施构成一个整体，交通工程及沿线设施包括安全设施、服务设施和管理设施。

公路建设项目，应根据设计使用年限在全寿命周期内，进行公路工程成本效益分析和社会效益分析，使得公路的综合效益最佳。全生命周期包括公路建设的前期、设计、施工、运营、养护、管理的各个阶段。社会效益分析是根据公路的功能、交通量、服务水平，对安全、环保、运营、可持续发展等的综合论证。

公路工程建设项目内容一般包括如下三个部分。

(1)建筑安装工程

建筑安装工程包括建筑工程和设备安装工程。建筑工程包括路基、路面、隧道、桥梁、交通工程及沿线设施、绿化及环境保护、临时工程、材料采购及加工、材料运输等。设备安装工程包括高速公路、大型桥梁所需的各种生产运输及动力等设备和仪器的安装、测试等。

(2)设备及工具、器具购置

设备及工具、器具是为满足公路营运、服务、管理、养护所需购置的设备、工具、器具，以及为保证新建、改建公路初期正常生产、使用、管理所需办公和生活家具。

（3）其他基本建设

其他基本建设包括勘察、设计及与之有关的调查和技术研究工作，公路筹建、建设阶段的管理工作，征用土地、青苗补偿和安置补助工作，施工机构迁移工作等。

1.1.2 建设项目划分

建设项目规模大、周期长，按照建设阶段分为预备项目、筹建项目、施工项目、投产项目、收尾项目、竣工项目；按照投资用途分为生产性、非生产性建设项目；按照规模分为大型、中型、小型建设项目；按照组成内容，建设项目由大到小可划为单项工程、单位工程、分部工程、分项工程，如图1.1所示。

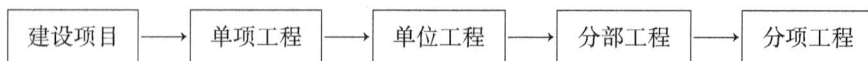

建设项目 → 单项工程 → 单位工程 → 分部工程 → 分项工程

图1.1 建设项目分解

单项工程，又称工程项目，它是构成建设项目的基本单位。一个建设项目，可以是一个单项工程，也可以包括多个单项工程。单项工程是具有独立的设计文件、独立概算，在竣工后能独立发挥设计规定的生产能力和效益的工程。如某公路独立合同段的一段路线、一座独立大、中型桥梁或一座隧道等。

单位工程是单项工程的组成部分，它具有单独的施工图设计，具有独立施工条件，并可单独作为成本计算的对象。一个单项工程一般应由几个单位工程组成。如某公路一段路线中的路基、路面工程，某隧道的土建、照明和通风工程。

分部工程是单位工程的组成部分，考虑经济核算、工程结算需要，一般按照单位工程中的主要结构、主要部位、施工工艺来划分。如某大桥划分为桥梁下部、上部、防护和引道工程。

分项工程是分部工程的组成部分，是根据工程的不同结构、不同材料和不同施工方法等因素划分的。分项工程是概预算定额的基本计量单位，故也称为工程定额子目或工程细目。如基础工程划分为围堰、挖基、基础砌筑、回填。

公路工程建设项目，一般由建设单位根据投资、工作难度、工程量等划分出标段作为单项工程招标。单位、分部和分项工程由施工单位按照《公路工程质量检验评定标准　第一册　土建工程》(JTG F80/1—2017)进行分解，报送监理、建设单位审核。对未涵盖的，由建设单位组织监理、施工单位协商确定。单位、分部、分项划分确定之后（如表1.1所示），施工、监理、建设等参建单位必须严格执行，质量中间检查、竣工验收、中间计量支付和竣工结算等均以此为依据。

表1.1 单位工程分解示例

单位工程	分部工程	分项工程
路基工程	路基	路基、路槽、路肩、边坡、截水沟等
	软土地基处理	袋装砂井、塑料排水板、石灰砂桩、土工布等
	小桥、涵洞	管涵、盖板涵、箱涵、拱涵等
	砌筑	挡土墙、边沟、水渠、护坡、排水沟等

工程项目分解时进行结构化编码,形成工作分解结构(work breakdown structure,WBS),可以作为工程项目管理(造价、进度、质量)信息系统的基础。《公路工程建设项目概算预算编制办法》(JTG 3830—2018)规定,公路工程分项编号采用部(一位数)、项(两位数)、目(两位数)、节(两位数)、细目(两位数)组成,以部、项、目、节、细目等依次逐层展开。

概算、预算项目应按项目表的序列及内容编制。当实际出现的工程和费用项目与项目表的内容不完全相符时,第一、二、三、四、五部分和"项"的序号、内容应保留不变,项目表中的"项"以下的分项在引用时应保持序号、内容不变,缺少的分项内容可随需要就近增加,并按项目表的顺序以实际出现的级别依次排列,不保留缺少的"项"以下的项目序号。

项目分解由大到小,计价则是由小到大在分解基础上逐项计算、逐个汇总,计价过程一般为分部分项工程计价→单位工程造价→单项工程造价→建设项目造价。

1.1.3　基本建设程序

公路工程基本建设程序是公路建设项目在立项、决策、设计、施工、竣工验收、交付使用的整个过程中,各项工作必须遵循的先后工作次序。公路建设应当按照国家规定的建设程序和有关规定进行。政府投资公路工程建设项目实行审批制,企业投资公路工程建设项目实行核准制。县级以上人民政府交通主管部门应当按职责权限审批或核准公路工程建设项目,不得越权审批、核准项目或擅自简化建设程序。

(1)编制项目建议书

根据国民经济发展的长远规划和路网建设规划,进行项目的预可行性研究,编制项目建议书。项目建议书是项目立项的依据,主要论证项目建设的必要性和可能性。项目建议书的内容一般应包括初步的建设方案、规模和主要技术标准,对主要工程、外部环境、土地利用、协作条件、项目投资、投资估算和资金筹措、经济效益等内容进行初步分析等。

项目建议书一般由建设单位提出或委托专业机构编制,上报主管部门审批,报批后就可以进行详细的可行性研究工作。

(2)编制可行性研究报告

根据批准的项目建议书,在初测基础上进行可行性研究,编制可行性研究报告。可行性研究报告是项目决策的依据,主要是在充分开展调查研究、预测、评价和必要勘察工作的基础上,对建设项目的必要性、技术可行性、实施可能性、经济合理性等提出综合性论证报告。可行性研究报告经审批后作为初步测量及编制初步设计文件的依据。

可行性研究报告的内容包括:

①项目背景、编制依据、研究过程及内容、建设的必要性、主要结论、问题及建议等。

②社会经济和交通运输发展现状及规划。

③交通量分析及预测。

④项目建设的必要性。

⑤建设条件、技术标准及建设方案;投资估算及资金筹措。

⑥经济评价,包括评价依据与方法、经济费用效益分析、财务分析、评价结论等。

⑦节能评价,包括建设期耗能分析、运营期节能、主要节能措施、节能评价。

⑧社会评价,包括项目的社会影响分析、项目与所在地的互适性分析、社会风险分析及对策建议、社会评价结论。

⑨风险分析，对于特殊复杂的重大项目，应进行风险分析，包括项目主要风险因素识别、风险程度分析、防范和降低风险措施。

⑩问题与建议。

（3）编制设计文件

设计是对拟建工程的实施在技术上和经济上所进行的全面而详尽的安排，是控制投资、编制招标文件、组织施工和竣工验收的重要依据。可行性研究报告已批准的建设项目应通过招标择优选择设计单位。

公路建设项目一般采用两阶段设计，即初步设计和施工图设计。对于技术复杂而又缺乏基础资料、经验不足的建设项目，或建设项目中的特大桥、互通式立体交叉、隧道、高速公路和一级公路的交通工程及沿线设施中的机电设备工程等，必要时可进行三阶段设计，即初步设计、技术设计和施工图设计。

①初步设计应根据批准的可行性研究报告、测设合同及勘测资料进行编制。一般包括拟定修建原则，选定设计方案，计算工程数量，提出初步施工方案的意见，编制初步设计概算，提供文字说明及图表资料。初步设计文件经审查批准后，是国家控制建设项目投资及编制施工图设计文件的依据，并且为订购主要材料、机具、设备、征用土地等工作提供资料。

②技术设计应根据批准的初步设计和补充初测（或定测）资料，解决初步设计中未能解决的重大、复杂的技术问题，通过科学试验、专题研究及分析比较，落实技术方案，计算工程数量，提出修正的施工方案，编制修正设计概算。技术设计经批准后，作为施工图设计的依据。

③施工图设计应根据批准的初步设计（或技术设计）和定测资料，进一步对审定的修建原则、设计方案、技术设计加以具体和深化，最终确定工程数量，提出文字说明和满足施工需要的图表资料及施工组织计划，并编制施工图预算。施工图设计文件一般由以下部分组成：总说明书；总体设计；路线；路基、路面及排水；桥梁、涵洞；隧道；路线交叉；交通工程及沿线设施；环境保护；渡口码头及其他工程；筑路材料；施工组织计划；施工图预算；附件。

（4）施工准备

按照《中华人民共和国招标投标法》规定，凡是符合招标范围和标准的建设项目都必须进行招标，包括工程勘察、设计、施工、监理，以及重要物资、设备的采购。招标是由建设单位根据交通运输部颁发的《公路工程标准施工招标文件》（2018年版）的规定进行，从投标单位中择优选定承包方。

为了保证工程的顺利进行，建设单位、勘察设计单位、施工单位、工程监理单位等都应在施工准备阶段充分做好各自的准备工作。

建设单位应组建专门的管理机构；办理登记及征地、拆迁等工作；组织招标、投标活动并择优选择施工单位，签订施工合同；做好施工沿线各有关单位和部门的协调工作，抓紧配套工程项目的落实工作；提供技术资料、建筑材料、机具设备。

勘察设计单位应按照技术资料供应协议，按时提供各种图纸资料，做好施工图纸的会审及移交工作。

施工单位应首先熟悉设计图纸并进行现场核对；编制实施性施工组织设计和施工预算；组织人员、机具、材料进场，做好物资采购、加工、运输、供应、储备等工作；进行补充调查和施工测量，修筑便道及生产、生活等临时设施；提出开工报告。

（5）工程施工

施工单位必须按照工程承包合同规定的日期开始施工。施工过程中，应严格按照设计要求和施工规范，合理组织施工，确保工程质量和进度，安全文明施工，大力推广新技术、新工艺的实施，合理确定和有效控制工程造价。

（6）竣工验收、交付使用

竣工验收是工程建设全过程的最后一道程序。建设单位应认真负责地对全部建设工程进行总验收。竣工验收包括对工程质量、数量、期限、生产能力、建设规模、使用条件的审查，对建设单位和施工企业编报的固定资产移交清单、隐蔽工程说明和竣工决算等进行细致检查。未经验收或验收不合格的工程，不得交付使用。

当全部建设项目验收合格，完全符合设计要求及验收规范后，应立即移交给生产部门正式使用，迅速办理固定资产交付使用的转账手续，加强固定资产管理。

▶ 1.2 公路工程计价体系

1.2.1 计价体系构成

按照公路工程基本建设程序，公路工程建设项目计价具有多次性，工程项目的每一个建设阶段都有相对应的计价工作，逐渐由粗到细、由不太准确到较准确，最终反映工程实际投资，从而形成具有特定用途的造价文件。公路工程建设项目计价体系构成如下。

（1）投资估算

投资估算是指在项目建议书和可行性研究阶段，由建设单位或其委托的咨询机构对建设项目的投资额进行估计。全面准确地估算建设项目的工程造价，是可行性研究乃至整个决策阶段造价管理的重要任务。

投资估算主要根据国家或地区颁发的估算指标、概算指标（定额）或类似工程的各种技术经济指标等资料进行编制。在项目建议书阶段，投资估算精度要求误差控制在±30%以内。在可行性研究阶段，投资估算精度要求误差控制在±10%以内。

投资估算是控制设计概算的重要依据，是项目投资的最高限额，不得随意突破。

（2）设计概算

设计概算是指在初步设计阶段，由设计单位根据初步设计的图纸和说明，预先计算和确定建设项目从筹建到竣工验收、交付使用的全部建设费用的经济文件。

设计概算主要根据国家或地区颁发的概算指标（定额）、预算定额，各项取费标准工程所在地的人工、材料和机械设备的市场价格等资料进行编制。

设计概算一经批准，将作为确定建设项目投资的最高限额，也是签订建设工程合同和贷款合同的依据。同时设计概算也是衡量设计方案经济合理性和控制施工图预算的依据。

（3）施工图预算

施工图预算是指在施工图设计阶段，当设计概算批准后，在施工图设计完成的基础上，由设计单位编制的反映工程造价的经济文件。

施工图预算主要根据施工图纸、施工组织设计、现行建筑安装工程预算定额、费用标准以及地区人工、材料、机械台班的市场价格等资料进行编制。

施工图预算应控制在批准的设计概算范围内，经批准后的施工图预算是确定工程造价、签订工程承包合同、办理工程价款结算、实行建筑安装工程造价包干的依据。实行招标的工程，其建筑安装工程费用是编制标底的基础。

（4）标底

标底是在建设工程招标阶段，招标人自行编制或委托招标代理机构，依据批准的设计内容、概预算、计价办法，参照相关工程定额，结合市场供求状况，综合考虑投资、工期和质量等方面因素，合理确定的工程造价。

标底一般以设计概算和施工图预算为基础编制，不得超过批准的设计概算或施工图预算。一个工程只能编制一个标底。

（5）投标报价

投标报价是指在工程投标阶段，投标人根据招标文件的要求、相关定额、招标项目所在地区自然及社会经济条件、施工组织设计和投标单位的自身情况，计算完成招标工程所需各项费用的经济文件。

（6）竣工结算

竣工结算是指承包商根据施工过程中的设计变更、现场工程更改签证、材料代用、市场价格变动等实际情况按合同约定及工程价款计算的相关规定，对原合同价进行调整而编制的工程造价文件，是承包商向业主办理结算工程价款的依据。

（7）竣工决算

竣工决算是指在竣工验收阶段，由建设单位编制的建设项目从筹建到建成投产或使用的全部实际成本的技术经济文件。

建设项目各个阶段的计价是一个相互衔接，由粗到细、由浅到深、由预期到实际，前者制约后者、后者修正或补充前者的发展过程。

1.2.2　计价模式

工程计价模式与社会经济体制相适应，随着我国经济体制和工程造价管理体制改革的不断深入，工程计价模式也发生了根本性的变化。概预算编制有两类计价模式，一类是定额计价模式，另一类是工程量清单计价模式。目前，概预算编制以工程量清单计价模式为主。

（1）定额计价模式

定额计价模式是我国长期以来在工程价格形成中采用的计价模式，又称工料单价法，是根据国家、各部门或地区颁布的统一估价指标、概算定额、预算定额和相应的取费标准进行工程计价的模式，它又分为预算单价法和实物量法两种。

①预算单价法。

预算单价法是指在计价中以定额为依据，按定额规定的分部分项子目，逐项计算工程量，套用定额单价（或单位估价表）中各分项工程单价，确定直接工程费，然后按规定的取费标准确定措施费、间接费、利润和税金，汇总形成建筑安装工程费。

②实物量法。

实物量法是指按统一的工程量计算规则和预算定额确定分部分项工程的人工、材料、机械台班消耗量，分别乘以地方政府造价主管部门定期发布的人工、材料、机械台班的"指导价格"(市场价)计算出各分部分项工程的人工费、材料费、机械使用费,汇总得到单位工程直接工程费。再根据地方政府造价主管部门制定的指导性费率标准和企业自身具体情况计算其他工程费、间接费、利润和税金,汇总形成建筑安装工程费。

(2)工程量清单计价模式

工程量清单计价模式是区别于定额计价模式的一种新的计价方式。现行规范为中华人民共和国住房和城乡建设部《建设工程工程量清单计价规范》(GB 50050—2013)。交通运输部《公路工程标准施工招标文件》(2018 年版),结合公路工程施工招标特点规定了公路工程招标投标必须采用工程量清单计价模式。

工程量清单计价模式是指在建设工程招(投)标中,根据规范要求,招标人按照统一的项目编码、项目名称、计量单位、工程量计算规则和统一的格式,提供分部分项工程项目、措施项目、其他项目的名称及相应工程数量的明细清单,由投标人依据工程量清单及自身的技术、财务、管理能力和市场价格,并结合企业定额自主报价的计价方式,即市场定价模式。

1.3　公路工程概预算

1.3.1　概预算概念

工程造价是指工程的建造价格。为了加强公路工程造价管理,合理确定和有效控制工程造价,交通运输部制定《公路工程建设项目概算预算编制办法》(JTG 3830—2018),适用于编制新建、改(扩)建的公路工程建设项目设计概算和施工图预算。概算、预算分别是初步设计、施工图设计(招投标、施工)阶段的工程造价。预算是工程造价的主体。

公路工程建设项目的设计概算或施工图预算造价文件分多段编制时,应统一编制原则,将分段造价汇总成项目总造价。总造价与前一阶段总造价应做对比分析,以利于造价控制。需单独反映造价的联络线、支线,以及规模较大的辅道、连接线工程,应单独编制造价文件,并汇总至项目总造价。

1.3.2　概预算编制依据

①国家发布的有关法律、法规等。

②各部委颁布的有关规范、标准、文件等。

如住房和城乡建设部《建设工程工程量清单计价规范》(GB 50500—2013),交通运输部《公路工程标准施工招标文件》(2018 年版),公路工程营业税改征增值税计价依据调整方案(交办公路〔2016〕66 号文)。

③公路工程行业标准及推荐性标准。

如《公路工程建设项目概算预算编制办法》(JTG 3830—2018)、《公路工程预算定额》(JTG 3832—2018)、《公路工程机械台班费用定额》(JTG 3833—2018)。

④工程所在地省级交通运输主管部门发布的补充规定和定额等,如《云南省公路工程建设项目估算概算预算编制办法补充规定》(云交基建〔2019〕34 号)。

⑤批准的初步设计文件(或技术设计文件,若有)等有关资料。

⑥施工图设计图纸等设计文件、工程施工方案(含施工组织设计)。

⑦工程所在地的人工、材料与设备、施工机械价格等,如云南省公路路政管理总队《云南省交通运输工程材料及设备信息价》。

⑧有关合同、协议等。

⑨其他有关资料。

1.3.3　概预算费用

公路工程概预算费用由建筑安装工程费、土地使用及拆迁补偿费、工程建设其他费、预备费和建设期贷款利息五部分组成。概预算费用的主要内容如表1.2所示。

表1.2　概预算费用的主要内容

概预算费用
第一部分　建筑安装工程费
第一项　临时工程
第二项　路基工程
第三项　路面工程
第四项　桥梁涵洞工程
第五项　隧道工程
第六项　交叉工程
第七项　交通工程及沿线设施
第八项　绿化及环境保护工程
第九项　其他工程
第十项　专项费用
1.施工场地建设费
2.安全生产费
第二部分　土地使用及拆迁补偿费
第三部分　工程建设其他费
第四部分　预备费
第五部分　建设期贷款利息

1.3.4　概预算文件

概预算文件应由封面、扉页、目录、编制说明及全部计算表格组成。封面和扉页应按《公路工程基本建设项目设计文件编制办法》中的规定制作。扉页的次页和目录应按附录1中的规定制作。概算、预算的材料与设备、施工机械台班单价及各项费用的计算均应通过规定的统一表格表述,表格样式应符合附录1中的规定。

编制说明应包括下列内容:

①编制项目设计文件的依据。

②编制范围、工程概况等。

③采用的定额、费用标准,人工、材料与设备、施工机械台班预算单价的依据或来源,新增工艺的单价分析等。

④有关的协议书、会议纪要的主要内容。

⑤概预算总金额,人工、钢材、水泥、沥青等的总量。

⑥各设计方案的经济比较。

⑦项目综合经济技术指标统计,对比分析本阶段与上阶段工程数量、造价的变化情况。

⑧其他有关费用计算项及计价依据的说明。

⑨采用的公路工程造价软件名称及版本号。

⑩其他需要说明的问题。

概预算文件按照不同需要分为甲、乙组文件。甲组文件为各项费用计算表,乙组文件为建筑安装工程费各项基础数据计算表。甲、乙组文件应按《公路工程基本建设项目设计文件编制办法》中关于设计文件报送份数的要求,随设计文件一并报送,并同时提交可计算的造价电子数据文件和新工艺单价分析的详细资料。按照《公路工程建设项目概算预算编制办法》(JTG 3830—2018),甲、乙组文件包含的内容如图 1.2 所示。乙组文件中的"分项工程概(预)算表"(21-2 表)可只提交电子版,或按需要提交纸质版。

概预算应按一个建设项目进行编制,如一条路线或一座独立大(中)桥、隧道。当一个建设项目需要分段或分部编制时,应根据需要分别编制,但必须汇总编制"总概(预)算汇总表"。

编制说明
前后阶段费用对比表
建设项目属性及技术经济信息表(00 表)
总概(预)算汇总表(01-1 表)
总概(预)算人工、主要材料、施工机械台班数量汇总表(02-1 表)
概(预)算表(01 表)
人工、主要材料、施工机械台班数量汇总表(02 表)
甲组文件 { 建筑安装工程费计算表(03 表)
综合费率计算表(04 表)
综合费计算表(04-1 表)
设备费计算表(05 表)
专项费用计算表(06 表)
土地使用及拆迁补偿费计算表(07 表)
工程建设其他费计算表(08 表)
人工、材料、施工机械台班单价汇总表(09 表)

分项工程概(预)算计算数据表(21-1 表)
分项工程概(预)算表(21-2 表)
材料预算单价计算表(22 表)
乙组文件 { 自采材料料场价格计算表(23-1 表)
材料自办运输单位运费计算表(23-2 表)
施工机械台班单价计算表(24 表)
辅助生产人工、材料、施工机械台班单位数量表(25 表)

图 1.2　概预算文件包含的内容

概预算各种表格的计算顺序和相互关系如图 1.3 所示。

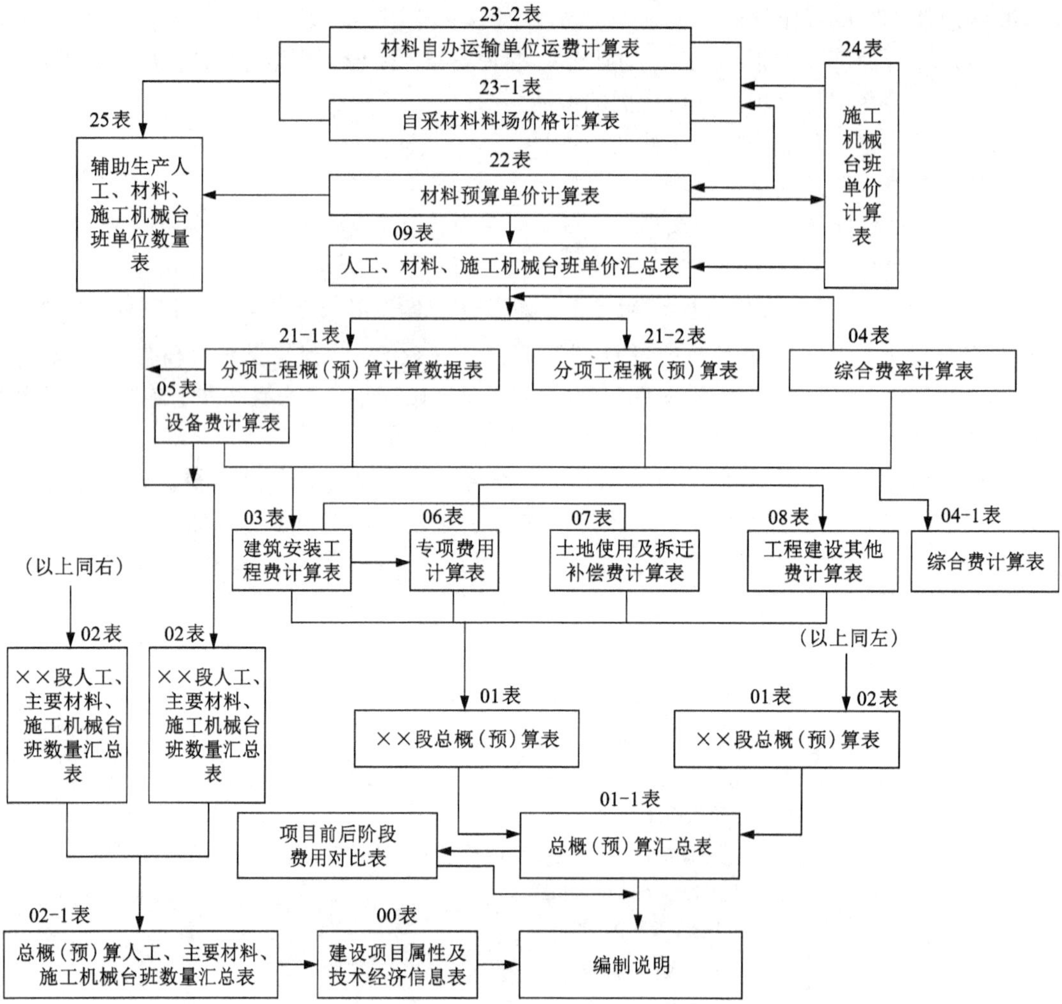

图 1.3　概预算各种表格的计算顺序和相互关系

1.3.5　清单计价文件

在招标过程中，一般采用清单计价方式编制招标控制价、投标报价等文件。清单计价文件包括清单系列表格、单价分析系列表格两部分。清单系列表格按照交通运输部《公路工程标准施工招标文件》(2018 年版)第五章工程量清单进行编制。单价分析系列表格按照《公路工程建设项目概算预算编制办法》(JTG 3830—2018)，即图 1.2 中 02 表、21-2 表、24 表等进行编制。

以投标报价为例，清单计价成果文件包括以下内容：

(1)封面

(2)编制说明

①工程概况。

②编制范围。

③编制依据及取费。

④工程质量、材料、设备、施工方案、施工工艺的特殊说明。如土石方设备、桥梁吊装、预制厂、拌和站设置、材料运距等。

⑤计日工、暂估价、暂列金额编制说明。

⑥其他需要说明的问题。如编制软件等。

(3)已标价的工程量清单(附录 2)

包括投标报价汇总表、已标价工程量清单(第100章、第200章、…、第700章)、计日工表已标价工程量清单、暂估价表已标价工程量清单。

(4)工程量清单单价分析表

一般包括图 1.2 中 02 表"人工、主要材料、施工机械台班数量汇总表"、03 表"建筑安装工程费计算表"、04 表"综合费率计算表"、09 表"人工、材料、施工机械台班单价汇总表"、21-2 表"分项工程预算表"、22 表"材料预算单价计算表"、24 表"施工机械台班单价计算表"。

习　题

1. 简述公路工程建设项目的基本概念。

2. 简述公路工程建设项目的分解体系。

3. 基本建设工程可依次划分为哪几个阶段?

4. 简述公路工程的计价体系。

5. 公路工程造价有哪些特点?

6. 简述《公路工程预算定额》(JTG 3832—2018)的主要内容以及主要适用范围。

7. 简述公路工程概预算甲、乙文件的主要内容。

8. 简述公路工程清单计价文件的主要内容。

9. 简述公路工程清单计价的依据。

10. 简述近年来我国公路交通事业发展在公路工程造价方面取得的成就。

第2章　公路工程预算定额与直接费

2.1　定额概述

2.1.1　定额概念

定额是在正常生产条件下，合理地组织施工、合理地使用材料和机械的情况下，完成单位合格产品所需消耗的人工、材料和机械台班的数量标准。同时，在定额中还规定了相应的工作内容和应该达到的质量标准以及安全要求。定额具有科学性、系统性、统一性、法令性、相对稳定性等特点。

定额产生于19世纪末资本主义科学管理的发展时期。当时，为了适应工业的高速发展，解决生产率低下的问题，美国工程师泰罗用科学方法分析工人劳动中操作行为消耗的时间，然后制定出工时消耗标准，用这个标准来作为衡量工作效率的尺度，形成了最初的工时定额，提高了工人的劳动生产率。

继泰罗以后，随着生产力水平的不断发展，新材料、新技术的不断产生，定额也有较大的发展，产生了许多不同种类的定额以适应各行各业的需要。不同种类的定额对生产力的发展也起到了推动作用。定额水平是指定额标准的高低，与当时的生产因素及生产力水平有着密切的关系，是一定时期社会生产力的反映。定额水平高反映生产力水平较高，完成单位合格产品消耗的资源较少；反之，定额水平低说明生产力水平较低，完成单位合格产品消耗的资源较多。

2.1.2　定额分类

按照编制单位和执行定额范围分类，定额分为全国统一定额、行业统一定额、地区统一定额、企业定额和补充定额。

按照生产要素分类，定额分为劳动定额、材料定额、机械台班定额。

按照用途分类，定额分为施工定额、预算定额、概算定额、估算指标，这四种定额具有如表2.1所示的特点。

表 2.1　定额特点

名　称	施工定额	预算定额	概算定额	估算指标
对象	工序	分部分项工程	单位工程	单位工程或建设项目
用途	编制施工预算	编制施工图预算	编制初步设计概算	编制投资估算
项目划分	最细	细	较粗	粗
定额水平	平均先进	社会平均	社会平均	社会平均
定额性质	生产性定额	计价性定额		

施工定额是施工企业组织生产、编制施工组织设计和施工作业计划、签发工程任务单和限额领料单、考核工效、评奖、计算劳动报酬、加强企业成本管理和经济核算、编制施工预算的依据，也是编制预算定额和补充定额的基础。为了适应组织生产和管理的需要，施工定额的项目划分得很细，是工程定额中分项最细、定额子目最多的一种定额，也是工程定额中的基础性定额。施工定额属于施工企业内部使用的定额，体现一个企业在激烈的市场竞争中，对于完成同样产品的工程量，企业表现出来的竞争力。各个施工企业的施工定额不一定相同，为保持企业具有较强的竞争力，企业之间的施工定额应该是保密的。所以施工企业内部要不断进行技术改革，提高定额水平，以增强投标报价的竞争力。施工定额以工序为对象编制，定额水平为平均先进水平，即在正常的施工条件下，大多数施工队或生产者经过努力能够达到或超过的水平。

预算定额是在施工定额的基础上经综合扩大编制出来的。预算定额属于计价性定额，是编制施工图预算的依据。在招标投标时，它是编制标底（或招标控制价）的主要依据，也是承包人确定投标报价的参考依据。预算定额以分部（分项）工程为对象编制，定额水平为社会平均水平。

概算定额是在预算定额的基础上经综合扩大而编制出来的。概算定额属于计价性定额，是编制设计概算、修正概算的主要依据，也是进行设计方案经济比选及控制投资的重要依据。概算定额以扩大的分项工程或扩大的结构构件为对象编制，将相应预算定额中有联系的若干个分项工程项目综合为一个概算定额子目，定额水平为社会平均水平。

估算指标是以独立的建设项目、单项工程或单位工程为对象编制的技术经济指标，包括项目建设前期、建设实施和竣工验收交付使用等各阶段的费用开支，具有较强的综合性和概括性。估算指标是在项目建议书和可行性研究报告阶段编制投资估算的重要依据，也是多方案比选、合理确定项目投资额的基础，同时为项目决策和投资控制提供依据。

2.1.3　劳动定额

劳动定额是指在一定的施工组织和技术条件下，完成单位合格产品所必需的劳动消耗量标准。劳动定额有两种表现形式，时间定额和产量定额。时间定额是指在技术条件正常、生产工具使用合理和劳动组织正确的条件下，工人生产单位合格产品所消耗的工作时间。产量定额是指在技术条件正常、生产工具使用合理和劳动组织正常的条件下，工人在单位时间内完成合格产品的数量。产量定额与时间定额互为倒数关系。

工人工作时间有些可以计入时间定额内，有些是不能计入时间定额内的，工人工作时间包括定额时间和非定额时间两种，如图 2.1 所示。

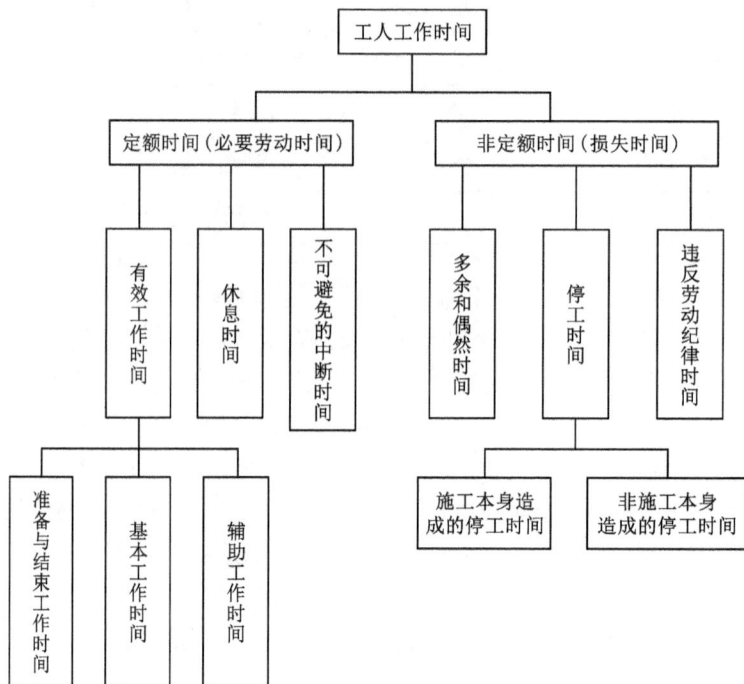

图 2.1 工人工作时间

定额时间包括与完成产品有直接关系的工作时间（有效工作时间），由于施工工艺特点引起的工作中断所必需的时间（不可避免的中断时间），工人工作中为了恢复体力所必需的短暂休息所消耗的时间（休息时间）。非定额时间即损失时间，与产品生产无关，而是由于施工组织和技术上有缺陷或工人的个人过失及某些偶然因素导致的时间消耗，包括多余或偶然的工作时间、停工时间、违反劳动纪律时间。

【例 2-1】已知某人工土方工程的测时资料，每立方开挖消耗的基本工作时间为 30 min，准备与结束工作时间占定额时间的 2%，辅助工作时间占定额时间的 2%，休息时间占定额时间的 15%，不可避免的中断时间占定额时间的 1%。计算该分项工程的时间定额、产量定额。

解： 假设时间定额为 x，

依题意有：$x = 30 + (2\% + 2\% + 15\% + 1\%) \cdot x$

则时间定额 $x = 37.5 (\mathrm{min/m^3}) = 37.5 \div 60 \div 8 = 0.078 (工日/m^3)$

产量定额 $= 12.82 (\mathrm{m^3/工日})$

2.1.4 材料定额

材料定额也可称材料消耗定额，是指在合理使用材料的条件下，生产单位合格产品所必须消耗的一定品种或规格的原材料、燃料、半成品、配件和电、动力等资源的数量标准。

材料定额由材料净消耗定额和材料损耗及废料定额两部分组成。材料的净消耗定额是指在不计废料和损耗的情况下，直接用于工程实体上的材料数量。材料的损耗及废料定额是指施工中不可避免的废料和必要的工艺性损耗，一般包括材料施工损耗及由仓库或露天堆料场运至施工地点的运输损耗，但不包括可以避免的材料消耗和损失量。

材料消耗量的计算方法为

$$材料消耗量 = 材料净消耗量 \times (1 + 材料损耗率) \tag{2.1}$$

$$材料损耗率 = \frac{材料损耗量}{材料净消耗量} \times 100\% \tag{2.2}$$

【例 2-2】已知浆砌青砖砌体工程(24 墙)，砖和砂浆场内损耗率分别为 2% 和 1%，砖的尺寸为 115 mm×53 mm×240 mm，灰缝宽度为 10 mm，考虑砂浆砌筑压实和收缩等的虚实体积扩大系数为 1.07。计算该分项工程砖和砂浆的消耗量。

解： 砖的消耗量 $= \dfrac{1}{(砖宽+灰缝宽) \times (砖厚+灰缝宽)} \times \dfrac{1}{砖长} \times (1+损耗率)$

$\qquad\qquad\quad = \dfrac{1}{(0.115+0.01) \times (0.053+0.01) \times 0.24} \times (1+2\%)$

$\qquad\qquad\quad = 529.1 \times 1.02$

$\qquad\qquad\quad = 540(块/m^3)$

砂浆的消耗量 $= (1 - 0.24 \times 0.115 \times 0.053 \times 529) \times 1.07 \times (1+1\%)$

$\qquad\qquad\qquad = 0.244(m^3/m^3)$

材料消耗定额还有两种表现形式，材料产品定额和材料周转定额。材料产品定额，是指运用一定规格的原材料，在合理的操作条件下，获得合格产品的数量。这种定额形式在公路工程定额中应用较少。材料周转定额，即周转性材料(如模板、支架的木料)的周转定额。合格产品所消耗的材料中包括工程本身使用的材料和为工程服务的辅助材料，即所谓的周转性材料。周转性材料应按规定进行周转使用，其合理周转使用的次数和用量标准称为周转性材料的周转定额。

2.1.5　机械台班定额

机械台班定额也称为机械台班消耗定额，是指某种机械在正常施工条件下，完成单位合格产品所必须消耗的台班数量标准，或在单位时间内某种机械完成合格产品的数量。机械台班定额和劳动定额一样，具有两种表现形式，即机械时间定额和机械产量定额。

机械时间定额是指在正常施工条件和劳动组织的条件下，使用某种规定的机械，完成单位合格产品必须消耗的工作时间。

机械产量定额是指在正常施工条件和劳动组织的条件下，某种机械在一个台班时间内完成合格产品的数量。

机械产量定额和机械时间定额互为倒数关系，机械工作时间与工人工作时间一样，包括定额时间和非定额时间，如图 2.2 所示，在测定机械时间定额时不能将非定额时间计入其中。

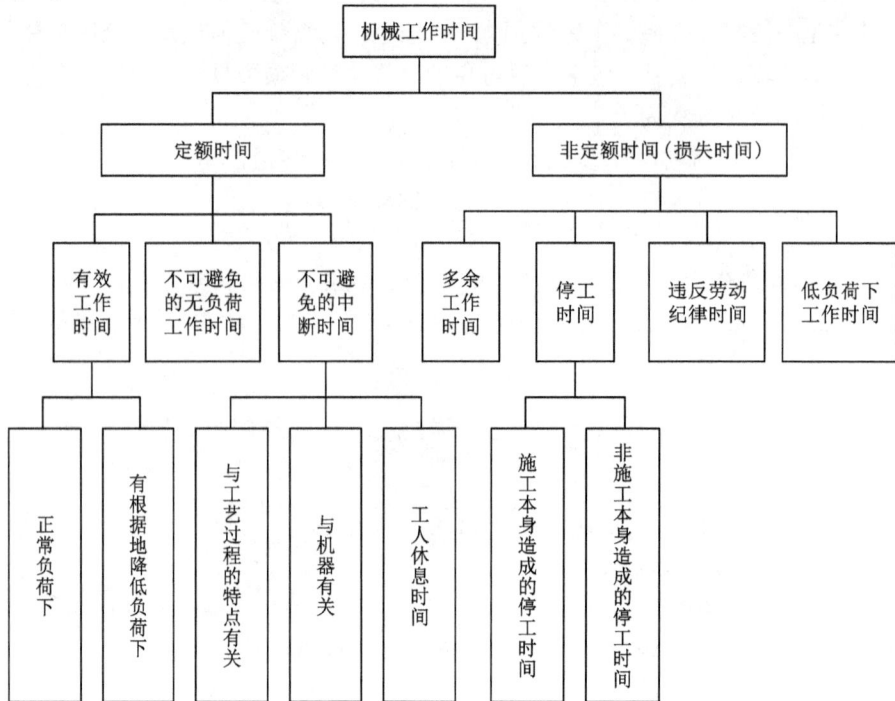

图 2.2　机械工作时间

2.2　公路工程预算定额

2.2.1　定额的历史沿革

公路工程定额由交通运输部颁布，属于行业统一定额，具有权威性和强制性，不得擅自修改和滥用。定额要保持相对的稳定性，但随着生产力水平的提高和生产管理的现代化，定额需要及时得到修订及补充，以适应生产发展的需要。自 1958 年交通部首次颁布《公路工程预算定额》以来，公路工程定额颁发的时间有 1973 年、1983 年、1992 年、2007 年、2018 年。

2018 年 12 月 17 日，中华人民共和国交通运输部公告第 86 号，发布了现行公路工程建设项目计价定额(自 2019 年 5 月 1 日起施行)，包括公路工程行业标准《公路工程建设项目投资估算编制办法》(JTG/T 3820—2018)、《公路工程建设项目概算预算编制办法》(JTG/T 3830—2018)，公路工程行业推荐性标准《公路工程估算指标》(JTG/T 3821—2018)、《公路工程概算定额》(JTG/T 3831—2018)、《公路工程预算定额》(JTG/T 3832—2018)、《公路工程机械台班费用定额》(JTG/T 3833—2018)。原 2011 年《公路工程基本建设项目投资估算编制办法》《公路工程估算指标》，2007 年《公路工程基本建设项目概算预算编制办法》《公路工程概算定额》《公路工程预算定额》《公路工程机械台班费用定额》同时废止。

2.2.2　定额的基本内容

公路工程预算定额是在合理的施工组织和一般正常的施工条件下，完成单位合格分部分项工程所需消耗的人工、材料、机械台班消耗量与资金标准。

《公路工程预算定额》(JTG/T 3832—2018)是由交通运输部路网监测与应急处置中心按照一定程序进行分析、测算、修订后制定，按照规定程序审批与颁发执行。

《公路工程预算定额》(JTG/T 3832—2018)是编制施工图预算、标底、报价、竣工结算、决算的依据，也是编制工程概算定额和估算指标的基础，适用于公路新建、改(扩)建工程。

《公路工程预算定额》(JTG/T 3832—2018)分为上、下两册，包括颁发公告、总说明、目录、章说明、节说明、定额表和附录。

定额总说明、章说明与节说明为定额适用范围、考虑及未考虑的因素、分项工程换算规定和工程量计算规则等的解释与说明。在定额应用时必须熟悉与理解总、章和节说明，如总说明"十九、本定额的基价是人工费、材料费、机械使用费等合计价值。基价中的人工费、材料费按附录四计算，机械使用费按《公路工程机械台班费用定额》(JTG/T 3833—2018)计算。项目所在地海拔超过 3000 m 以上，人工、材料、机械基价乘以系数 1.3。"

预算定额内容如表 2.2 所示，其中"※"为参考定额，使用定额时，可根据情况进行调整。

表 2.2　公路工程预算定额内容

第一章　路基工程	
第一节　路基土、石方工程	
1-1-1 伐树、挖根、除草、清除表土	1-1-11 自卸汽车运土、石方
1-1-2 挖淤泥、湿土、流沙	1-1-12 推土机推土、石方
1-1-3 人工挖及开炸多年冻土	1-1-13 铲运机铲运土方
1-1-4 挖土质台阶	1-1-14 开炸石方
1-1-5 填前夯(压)实及填前挖松	1-1-15 控制爆破石方
1-1-6 人工挖运土、石方	1-1-16 抛坍爆破石方
1-1-7 夯实填土	1-1-17 挖机带破碎锤破碎石方
1-1-8 机动翻斗车、手扶拖拉机配合人工运土、石方	1-1-18 机械碾压路基
1-1-9 挖掘机挖装土、石方	1-1-19 渗水路堤及高路堤堆砌
1-1-10 装载机装土、石方	1-1-20 整修路基
	1-1-21 旧路刷坡、改坡、帮坡、检底
第二节　特殊路基处理工程	
1-2-1 袋装砂井处理软土地基	1-2-11 抛石挤淤
1-2-2 塑料排水板处理软土地基	1-2-12 软土地基垫层
1-2-3 石灰砂桩处理软土地基	1-2-13 真空预压
1-2-4 振冲碎石桩处理软土地基	1-2-14 路基填土掺灰
1-2-5 沉管法挤密桩处理软土地基	1-2-15 采空区处治※
1-2-6 水泥、石灰搅拌桩处理软土地基	1-2-16 刚性桩处理软土地基
1-2-7 高压旋喷桩处理软土地基	1-2-17 路基注浆处理地基
1-2-8 CFG 桩处理软土地基	1-2-18 冲击压实
1-2-9 土工合成材料处理软土地基	1-2-17 泡沫轻质土浇筑※
1-2-10 强夯处理软土地基	

续表2.2

第三节　排水工程	
1-3-1 开挖沟槽	1-3-5 排水管铺设
1-3-2 路基、中央分隔带盲沟	1-3-6 雨水井、检查井
1-3-3 石砌边沟、排水沟、截水沟、急流槽	1-3-7 轻型井点降水
1-3-4 混凝土边沟、排(截)水沟、急流槽	1-3-8 机械铺筑拦水带

第四节　防护工程	
1-4-1 人工铺草皮	1-4-15 防雪、防沙设施
1-4-2 植草护坡	1-4-16 石砌挡土墙
1-4-3 编篱填石护坡	1-4-17 石砌护脚
1-4-4 木笼、竹笼、铁丝笼填石护坡	1-4-18 石砌护面墙
1-4-5 现浇混凝土护坡	1-4-19 现浇混凝土挡土墙
1-4-6 预制混凝土护坡	1-4-20 加筋土挡土墙
1-4-7 灰浆抹面护坡	1-4-21 预制、安装钢筋混凝土锚定板式挡土墙
1-4-8 喷射混凝土护坡	1-4-22 现浇钢筋混凝土锚定板式挡土墙
1-4-9 预应力锚索护坡	1-4-23 钢筋混凝土桩板式挡土墙
1-4-10 边坡柔性防护	1-4-24 锚杆挡土墙
1-4-11 石砌护坡	1-4-25 钢筋混凝土扶壁式、悬臂式挡土墙
1-4-12 木桩填石护岸	1-4-26 加筋挡土墙防渗层、泄水层及填内芯
1-4-13 抛石防护	1-4-27 抗滑桩
1-4-14 防风固沙	

第二章　路面工程

第一节　路面基层及垫层	
2-1-1 路面垫层	2-1-9 机械铺筑厂拌基层稳定土混合料
2-1-2 路拌法水泥稳定土基层	2-1-10 基层稳定土厂拌设备安装、拆除
2-1-3 路拌法石灰稳定土基层	2-1-11 泥灰结碎石基层
2-1-4 路拌法石灰、粉煤灰稳定土基层	2-1-12 填隙碎石基层
2-1-5 路拌法石灰、煤渣稳定土基层	2-1-13 沥青路面冷再生基层
2-1-6 路拌法水泥、石灰稳定土基层	2-1-14 泡沫沥青就地冷再生基层
2-1-7 厂拌基层稳定土混合料	2-1-15 泡沫沥青厂拌冷再生基层
2-1-8 厂拌基层稳定土混合料运输	

第二节　路面面层	
2-2-1 泥结碎石路面	2-2-12 沥青玛蹄脂碎石混合料拌和
2-2-2 级配碎石路面	2-2-13 沥青混合料运输
2-2-3 级配砾石路面	2-2-14 沥青混合料路面铺筑
2-2-4 天然砂砾路面	2-2-15 沥青混合料拌和设备安装、拆除
2-2-5 粒料改善土壤路面	2-2-16 透层、黏层、封层
2-2-6 磨耗层及保护层	2-2-17 水泥混凝土路面
2-2-7 沥青表面处治路面	2-2-18 碾压混凝土路面※
2-2-8 沥青贯入式路面	2-2-19 自卸汽车运输水泥混凝土
2-2-9 沥青上拌下贯式路面	2-2-20 片石混凝土路面
2-2-10 沥青碎石混合料拌和	2-2-21 预制混凝土整齐块路面
2-2-11 沥青混凝土混合料拌和	2-2-22 煤渣、矿渣、石渣路面

续表2.2

第三节　路面附属工程	
2-3-1 全部挖除旧路面 2-3-2 挖路槽、培路肩、修筑泄水槽 2-3-3 人行道及路牙(缘石)	2-3-4 沥青路面镶边 2-3-5 土路肩加固

第三章　隧道工程	

第一节　洞身工程	
3-1-1 人工开挖 3-1-2 机械开挖轻轨斗车运输 3-1-3 正洞机械开挖自卸汽车运输 3-1-4 铣挖机配合破碎锤隧道开挖土质围岩※ 3-1-5 钢支撑 3-1-6 锚杆及金属网 3-1-7 管棚、小导管 3-1-8 喷射混凝土 3-1-9 现浇混凝土衬砌 3-1-10 石料、混凝土预制块衬砌 3-1-11 防水板与止水带(条)	3-1-12 塑料排水管沟 3-1-13 混凝土沟槽 3-1-14 拱顶压浆 3-1-15 正洞通风 3-1-16 正洞高压风水管、照明、电线路 3-1-17 洞内施工排水 3-1-18 明洞修筑 3-1-19 明洞回填 3-1-20 明洞防水层 3-1-21 洞内装饰

第二节　洞门工程	
3-2-1 洞门墙砌筑 3-2-2 现浇混凝土洞门墙	3-2-3 洞门墙装修

第三节　辅助坑道	
3-3-1 斜井开挖 3-3-2 斜井出碴 3-3-3 斜井衬砌 3-3-4 斜井通风及管线路	3-3-5 竖井开挖※ 3-3-6 竖井支护与衬砌 3-3-7 斜井洞内施工排水 3-3-8 人行、车行横洞开挖

第四节　瓦斯隧道※	
3-4-1 瓦斯隧道超前探测钻孔 3-4-2 瓦斯排放钻孔 3-4-3 瓦斯隧道正洞机械开挖自卸汽车运输 3-4-4 瓦斯隧道钢支撑 3-4-5 瓦斯隧道管棚、小导管	3-4-6 瓦斯隧道喷射混凝土 3-4-7 瓦斯隧道现浇混凝土衬砌 3-4-8 瓦斯隧道正洞通风 3-4-9 瓦斯隧道正洞高压风水管、照明、电线路 3-4-10 瓦斯隧道施工监测监控系统

第四章　桥涵工程	

第一节　开挖基坑	
4-1-1 人工挖基坑土、石方 4-1-2 人工挖卷扬机吊运基坑土、石方	4-1-3 机械挖基坑土、石方 4-1-4 基坑挡土板

第二节　筑岛、围堰及沉井工程	
4-2-1 草土围堰 4-2-2 草、麻袋围堰 4-2-3 竹笼围堰 4-2-4 木笼铁丝围堰 4-2-5 筑岛填心 4-2-6 套箱围堰	4-2-7 沉井制作及拼装 4-2-8 沉井浮运、定位落床 4-2-9 沉井下沉 4-2-10 沉井填塞 4-2-11 地下连续墙

续表2.2

第三节 打桩工程	
4-3-1 打钢筋混凝土方桩及接头	4-3-5 打钢板桩
4-3-2 打钢筋混凝土管桩、接头及填心	4-3-6 拔钢板桩
4-3-3 打钢管桩、接头	4-3-7 打桩工作平台
4-3-4 钢管桩填心	

第四节 灌注桩工程	
4-4-1 人工挖孔	4-4-6 旋挖钻机钻孔
4-4-2 卷扬机带冲击锥冲孔	4-4-7 全套管钻机钻孔
4-4-3 冲击钻机冲孔	4-4-8 灌注桩混凝土
4-4-4 回旋钻机钻孔	4-4-9 护筒制作、埋设、拆除
4-4-5 潜水钻机钻孔	4-4-10 灌注桩工作平台

第五节 砌筑工程	
4-5-1 干砌片石、块石	4-5-5 浆砌混凝土预制块
4-5-2 浆砌片石	4-5-6 干、浆砌盖板石
4-5-3 浆砌块石	4-5-7 浆砌青(红)砖
4-5-4 浆砌料石	

第六节 现浇混凝土及钢筋混凝土	
4-6-1 基础、承台及支撑梁	4-6-9 现浇T形梁上部结构
4-6-2 墩、台身	4-6-10 现浇预应力箱梁上部结构
4-6-3 墩、台帽及拱座	4-6-11 悬浇预应力箱梁上部结构
4-6-4 盖梁、系梁、耳背墙及墩顶固结	4-6-12 现浇拱桥上部结构
4-6-5 索塔	4-6-13 桥面铺装
4-6-6 现浇锚块	4-6-14 现浇混凝土桥头搭板
4-6-7 现浇箱涵、拱涵	4-6-15 转体磨心、磨盖混凝土、钢筋
4-6-8 现浇板上部结构	4-6-16 转体施工

第七节 预制、安装混凝土及钢筋混凝土构件	
4-7-1 预制桩	4-7-15 预制、安装预应力箱梁
4-7-2 预制排架立柱	4-7-16 预制、悬拼预应力节段箱梁
4-7-3 预制、安装柱式墩台管节	4-7-17 预制、悬拼预应力桁架梁
4-7-4 预制圆管涵	4-7-18 预制、顶推预应力连续梁
4-7-5 安装圆管涵	4-7-19 预应力钢筋及钢绞线
4-7-6 顶进圆管涵	4-7-20 先张法预应力钢筋、钢丝及钢绞线
4-7-7 预制立交箱涵	4-7-21 预制、安装桁架拱桥构件
4-7-8 顶进立交箱涵	4-7-22 预制、安装刚架拱桥构件
4-7-9 预制矩形板、空心板	4-7-28 金属结构吊装设备
4-7-10 安装矩形板、空心板	4-7-29 移动模架安装、拆除
4-7-11 预制、安装连续板	4-7-30 缆索吊装设备
4-7-12 预制、安装T形梁、I形梁	4-7-31 顶进设备
4-7-13 预制、安装预应力空心板	4-7-32 短线匹配法预制、安装节段箱梁
4-7-14 预制、安装预应力T形梁、I形梁	4-7-37 平板拖车运输钢筋笼

第八节 构件运输	

续表2.2

4-8-1 手推车运输及垫滚子绞运输 4-8-2 轨道平车运输 4-8-3 载货汽车运输 4-8-4 平板拖车运输	4-8-5 驳船运输 4-8-6 缆索运输 4-8-7 运梁车运输
第九节　拱盔、支架工程	
4-9-1 涵洞拱盔、支架 4-9-2 桥梁拱盔 4-9-3 桥梁支架	4-9-4 桥梁简单支架 4-9-5 钢管梁式支架 4-9-6 支架预压
第十节　钢结构工程	
4-10-1 钢桁梁 ※ 4-10-2 钢索吊桥上部结构 4-10-3 钢管金属栏杆安装 4-10-4 悬索桥锚碇锚固系统 4-10-5 悬索桥索鞍 4-10-6 悬索桥牵引系统 4-10-7 悬索桥猫道系统 4-10-8 悬索桥主缆	4-10-9 悬索桥主缆紧缆 4-10-10 悬索桥索夹及吊索 4-10-11 悬索桥主缆缠丝 4-10-12 悬索桥主缆附属工程 4-10-13 平行钢丝斜拉索 4-10-14 斜拉索(钢绞线)安装 4-10-15 钢箱梁 4-10-16 钢管拱
第十一节　杂项工程	
4-11-1 沥青麻絮沉降缝 4-11-2 锥坡填土、拱上填料、台背排水 4-11-3 土牛(拱)胎 4-11-4 防水层 4-11-5 涵管基础垫层 4-11-6 水泥砂浆勾缝及抹面 4-11-7 伸缩缝及泄水管 4-11-8 蒸汽养生室建筑及蒸汽养生 4-11-9 大型预制构件底座	4-11-10 先张法预应力钢绞线、钢筋张拉、冷拉台座 4-11-11 混凝土拌和及运输 4-11-12 冷却管 4-11-13 钢桁架栈桥式码头 4-11-14 水上泥浆循环系统 4-11-15 施工电梯 4-11-16 施工塔式起重机 4-11-17 旧建筑物拆除
第五章　交通工程及沿线设施	
第一节　安全设施	
5-1-1 混凝土、圬工砌体护栏 5-1-2 钢护栏 5-1-3 隔离栅 5-1-4 标志牌 5-1-5 路面标线 5-1-6 里程碑、百米桩、界碑	5-1-7 轮廓标 5-1-8 防眩、防撞设施 5-1-9 中间带 5-1-10 安全设施拆除 5-1-11 客运汽车停靠站防雨棚
第二节　监控收费系统	
5-2-1 计算机及网络设备安装 5-2-2 软件(包括系统、应用软件)安装 5-2-3 视频控制设备安装 5-2-4 信息显示设备安装、调试 5-2-5 视频监控与传输设备的安装、调试 5-2-6 隧道监控设备安装 5-2-7 收费系统设备安装	5-2-8 称重设备安装 5-2-9 信号灯及车辆检测器安装 5-2-10 附属配套设备安装 5-2-11 太阳能电池安装 5-2-12 系统互联、调试及试运行 5-2-13 收费岛

续表2.2

第三节　通信管道及通信系统	
5-3-1 光通信设备	5-3-8 人工敷设塑料子管
5-3-2 程控交换机	5-3-9 穿放、布放电话线
5-3-3 通信电源设备	5-3-10 敷设塑料波纹管管道
5-3-4 广播、会议设备	5-3-11 敷设钢管管道
5-3-5 跳线架、配线架安装	5-3-12 管道包封及填充、管箱安装
5-3-6 通信机房附属设施安装	5-3-13 人(手)孔
5-3-7 光缆工程	5-3-14 拆除工程

第四节　通风及消防设施	
5-4-1 射流风机安装	5-4-5 风机拉拔试验
5-4-2 风机预埋件	5-4-6 隧道消防设施
5-4-3 控制柜安装	5-4-7 消防管道安装
5-4-4 轴流风机安装	5-4-8 水泵安装

第五节　供电、照明系统	
5-5-1 变压器安装调试	5-5-5 配电箱安装
5-5-2 供电设施安装调试	5-5-6 接地、避雷设施安装
5-5-3 柴油发电机安装	5-5-7 照明系统
5-5-4 母线、母线槽等安装	

第六节　电缆敷设	
5-6-1 电缆沟工程	5-6-5 电缆终端头、中间头制作安装
5-6-2 铜芯电缆敷设	5-6-6 桥架、支架安装
5-6-3 同轴电缆布放	5-6-7 线槽安装
5-6-4 多芯电缆敷设	

第七节　配管及铁构件制作安装
5-7-1 配管及铁构件制作安装

第六章　绿化及环境保护工程

第一节　绿化工程	
6-1-1 乔木栽植	6-1-7 苗木运输
6-1-2 灌木栽植	6-1-8 多年生草本植物栽植
6-1-3 绿篱栽植	6-1-9 色块栽植、露地花卉片植
6-1-4 地被栽植(片植)	6-1-10 竹类(散生竹、丛生竹)栽植
6-1-5 浇水	6-1-11 攀援植物栽植
6-1-6 绿化成活期保养	

第二节　环境保护工程
6-2-1 声屏障

第七章　临时工程

7-1-1 汽车便道	7-1-4 轨道铺设
7-1-2 临时便桥	7-1-5 架设输电线路
7-1-3 临时码头	7-1-6 人工夯打小圆木桩

续表2.2

第八章　材料采集及加工	
8-1-1 草皮人工种植及采集	8-1-7 机械轧碎石
8-1-2 土、黏土采筛	8-1-8 路面用石屑、煤渣、矿渣采筛
8-1-3 采筛洗砂及机制砂	8-1-9 人工洗碎（砾、卵）石
8-1-4 采砂砾、碎（砾）石土、砾石、卵石	8-1-10 堆、码方
8-1-5 片石、块石开采	8-1-11 碎石破碎设备安拆
8-1-6 料石、盖板石开采	

第九章　材料运输	
9-1-1 人工挑抬运输	9-1-7 人工装机动翻斗车
9-1-2 手推车运输	9-1-8 人工装卸手扶拖拉机
9-1-3 机动翻斗车运输（配合人工装车）	9-1-9 人工装卸汽车
9-1-4 手扶拖拉机运输（配合人工装车）	9-1-10 装载机装汽车
9-1-5 载重汽车运输（配合人工装卸）	9-1-11 其他装卸汽车
9-1-6 自卸汽车运输（配合装载机装车）	9-1-12 洒水车运水

附录一　路面材料计算基础数据表
水泥、石灰、粉煤灰稳定土基层等各种路面压实混合料干密度
煤渣、土、矿渣等各种路面材料松方干密度
级配砾石、级配碎石、砂等各种材料压实系数
沥青碎石、沥青稳定碎石、改性沥青混凝土等各种沥青混凝土油石比

附录二　基本定额
砂浆、混凝土、泡沫轻质土配合比表，砌筑工程石料及砂浆消耗
脚手架、踏步、井字架工料消耗
基本定额材料规格与质量

附录三　材料的周转及摊销
混凝土和钢筋混凝土构件、块件模板材料周转及摊销次数
脚手架、踏步、井字架、金属门式吊架、吊盘等摊销次数
临时轨道铺设材料摊销
基础及打桩工程材料摊销次数
灌注桩设备材料摊销
吊装设备材料摊销次数
预制构件和快件的堆放、运输材料摊销次数

附录四　定额人工、材料、设备单价表

2.2.3　定额表含义

定额表是定额最基本的组成部分，列出了工程所需的主要材料和主要机械台班消耗量，对于次要、零星材料和小型施工机具分别列入了"其他材料费"和"小型机具使用费"。

定额表包括分部分项工程表号、名称、工程内容、定额单位、顺序号、项目、项目单位、代号、工程细目、栏号、工料机定额、基价和注等内容，如表2.3所示。

表 2.3 定额表

4-5-6 干、浆砌盖板石

工程内容：(1)选、修、洗石料；(2)配、拌、运砂浆；(3)砌筑；(4)勾缝；(5)养护。

单位：10 m³

顺序号	项目	单位	代号	干砌	浆砌
				1	2(栏号)
1	人工	工日	1001001	9.5	9.8
2	M7.5 水泥砂浆	m³	1501002	—	(0.50)
3	M10 水泥砂浆	m³	1501003	—	(0.13)
4	水	m³	3005004	—	18
5	中(粗)砂	m³	5503005	—	0.68
6	盖板石	m³	5505027	10	10
7	32.5 级水泥	t	5509001	—	0.173
8	其他材料费	元	7801001	—	1.2
9	1.0 m³ 以内轮胎式装载机	台班	8001045	0.1	0.1
10	400 L 以内灰浆搅拌机	台班	8005010	—	0.03
11	基价	元	9999001	2816	3015

"定额编号"由表号–栏号表示。

表 2.3 中"表号"4-5-6 表示第四章第五节第六个定额表。

"工程内容"包括定额项目的全部施工过程，定额内除扼要说明施工的主要操作工序外，均包括准备与结束、场内操作范围内的水平与垂直运输、材料工地小搬运、辅助和零星用工、工具及机械小修、场地清理等工程内容。

"定额单位"通常为扩大单位，如 10 m³、100 m³、1000 m³。

"栏号"1 和 2 分别表示"工程细目"为干砌和浆砌。

定额编号 4-5-6-1、4-5-6-2 表示的"工程名称"分别为干砌盖板石工程、浆砌盖板石工程。

工料机定额是定额表中人工、材料、机械的消耗量数值。

表 2.3 中人工定额"9.5"表示完成 10 m³ 干砌盖板石工程的人工消耗量为 9.5 工日，材料定额"10"表示完成 10 m³ 干砌盖板石工程的盖板石消耗量为 10 m³，机械定额"0.1"表示完成 10 m³ 干砌盖板石工程的 1.0 m³ 以内轮胎式装载机消耗量为 0.1 台班。

定额数值"—"表示定额消耗量为 0。

定额数值有一些带有括号，一般为混凝土、砂浆等半成品材料，括号表示不可直接计列。表 2.3 中材料定额"(0.50)"表示 M7.5 砂浆消耗量为 0.5，其材料用量已按《公路工程预算定额》(JTG/T 3832—2018)附录二中配合比表规定组成列入定额，包括中(粗)砂"0.68"和 32.5 级水泥"0.173"。

基价"2816"表示完成 10 m³ 干砌盖板石工程的基价为 2816 元。

2.2.4　定额基价

定额表最后一行"基价"为完成分部分项工程定额计量单位工程量的人工费、材料费和机械使用费合计(也称为定额基价)。定额基价计算方法为

$$定额基价 = 人工定额 \times 定额人工单价 + \sum(材料定额 \times 定额材料单价) +$$
$$\sum 其他材料费 + \sum 设备摊销费 + \sum(机械定额 \times 定额机械台班单价) + \qquad (2.3)$$
$$\sum 小型机具使用费$$

式(2.3)中,定额人工单价、定额材料单价执行《公路工程预算定额》(JTG/T 3832—2018)附录四定额人工、材料、设备单价,定额机械台班单价执行《公路工程机械台班费用定额》(JTG/T 3833-2018)。定额人工单价、定额材料单价、定额机械台班单价也称为人工基价、材料基价、机械台班基价。

【例 2-3】　已知定额 4-5-6 定额表(表 2.3),以及相应《公路工程预算定额》(JTG/T 3832—2018)附录四、《公路工程机械台班费用定额》(JTG/T 3833—2018)的定额人工、材料和机械台班单价(表 2.4)。

(1)计算干砌盖板石工程定额基价,人工的时间定额和产量定额,轮胎式装载机的机械时间定额和机械产量定额。

(2)计算浆砌盖板石工程 32.5 级水泥定额和定额基价。

表 2.4　定额工料机单价

顺序号	项目	单位	代号	单价/元
1	人工	工日	1001001	106.28
4	水	m³	3005004	2.72
5	中(粗)砂	m³	5503005	87.38
6	盖板石	m³	5505027	174.76
7	32.5 级水泥	t	5509001	307.69
9	1.0 m³ 以内轮胎式装载机	台班	8001045	585.22
10	400 L 以内灰浆搅拌机	台班	8005010	137.79

解:(1)4-5-6-1 干砌盖板石工程

人工费 $= 9.5 \times 106.28 = 1009.66$(元)

材料费(盖板石) $= 10 \times 174.76 = 1747.6$(元)

施工机械使用费(1.0 m³ 以内轮胎式装载机) $= 0.1 \times 585.22 = 58.52$(元)

定额基价 $= 1009.66 + 1747.6 + 58.52 = 2816$(元)

人工的时间定额为 9.5 工日/10 m³,产量定额为 1.05 m³/工日。

轮胎式装载机的机械时间定额为 0.1 台班/10 m³,机械产量定额为 100 m³/台班。

(2)4-5-6-2 浆砌盖板石工程

查询《公路工程预算定额》(JTG/T 3832—2018)附录二砂浆配合比,可知 M7.5 水泥砂浆 32.5 级水泥消耗量为 266 kg/m³,M10 水泥砂浆 32.5 级水泥消耗量为 311 kg/m³。

32.5 级水泥定额 =0.5×0.266+0.13×0.311=0.173(t)

定额基价 =9.8×106.28+18×2.72+0.68×87.38+10×174.76+0.173×307.69+

1.2+0.1×585.22+0.03×137.79=3015(元)

【例2-4】 已知《公路工程机械台班费用定额》(JTG/T 3833—2018),柴油(代号3003003)定额单价 7.44 元/kg,1.0 m³ 以内轮胎式装载机机械台班费用定额如表 2.5 所示。计算 1.0 m³ 以内轮胎式装载机的定额基价。

表 2.5 公路工程机械台班费用定额(1.0 m³ 以内轮胎式装载机)

序号	代号	机械名称	规格型号	不变费用				
				折旧费	检修费	维护费	安拆辅助费	小计
				元				
45	8001045	1.0 m³ 以内轮胎式装载机	ZL20	50.24	16.4	47.52	—	114.16

可变费用										定额基价
人工	汽油	柴油	重油	煤	电	水	木柴	其他费用	小计	
工日	kg			t	kW·h	m³	kg		元	
1	—	49.03	—	—	—	—	—	—	471.06	585.22

解:机械台班定额基价 =114.16+106.28+49.03×7.44=585.22(元)

2.3 公路工程直接费

2.3.1 直接费

直接费是指施工过程中耗费的构成工程实体和有助于工程形成的各项费用。

直接费 =工程数量×人工定额×人工单价+

∑(工程数量×材料定额×材料预算单价)+

∑工程数量×其他材料费+∑工程数量×设备摊销费+ (2.4)

∑(工程数量×机械定额×机械台班预算单价)+

∑工程数量×小型机具使用费

工程数量 =工程量/定额单位 (2.5)

直接费中人工、材料、机械使用单价,按照合同、投标文件等定价依据,执行工程所在地及建设时间的人工单价、材料预算单价、机械台班预算单价。

为避免人工、材料、机械使用和设备价格上涨对措施费、企业管理费、监理费等其他费用的影响,《公路工程建设项目概算预算编制办法》(JTG/T 3830—2018)给出了"定额+费"费用,如定额直接费。

定额直接费 =工程数量×定额基价 (2.6)

定额直接费包括定额人工费、定额材料费、定额施工机械使用费。定额人工费、定额材料费、定额施工机械使用费均按《公路工程预算定额》(JTG/T 3832—2018)附录四"定额人工、材料、设备单价表"及现行《公路工程机械台班费用定额》(JTG/T 3833—2018)中规定的人工、材料、设备、机械的相应基价计算定额费用。

【例 2-5】 已知某公路干砌盖板石工程(定额见表 2.3)的工程量为 120 m³，结算时间人工、材料和机械台班单价如表 2.6 所示。计算该工程的直接费、定额直接费。

表 2.6　工料机单价

顺序号	项　目	单位	代　号	单价/元
1	人工	工日	1001001	150
2	盖板石	m³	5505027	180
3	1.0 m³ 以内轮胎式装载机	台班	8001045	600

解： 工程数量＝工程量/定额单位＝120/10＝12

直接费＝12×(9.5×150＋10×180＋0.1×600)＝39420(元)

定额直接费＝12×2816＝33792(元)

2.3.2　人工费

人工费是指列入预算定额的直接从事建筑安装工程施工的生产工人开支的各项费用。

人工费＝工程数量×人工定额×人工单价　　　　　　　　　　　　　　(2.7)

定额人工费＝工程数量×人工定额×定额人工单价　　　　　　　　　　(2.8)

人工消耗量＝工程数量×人工定额　　　　　　　　　　　　　　　　　(2.9)

【例 2-6】 计算例 2-5 的人工费、定额人工费、人工消耗量。

解： 工程数量＝工程量/定额单位＝120/10＝12

人工费＝12×9.5×150＝17100(元)

定额人工费＝12×9.5×106.28＝12115.92(元)

人工消耗量＝12×9.5＝114(工日)

2.3.2.1　人工费组成

(1)计时工资或计件工资

计时工资或计件工资是指按计时工资标准和工作时间或对已做工作按计件单价支付给个人的劳动报酬。

(2)津贴、补贴

津贴和补贴是指为了补偿职工特殊或额外的劳动消耗和因其他特殊原因支付给个人的津贴，以及为了保证职工工资水平不受物价影响支付给个人的物价补贴。如流动施工津贴、特殊地区施工津贴、高温(寒)作业临时津贴、高空津贴等。

(3)特殊情况下支付的工资

特殊情况下支付的工资是指根据国家法律、法规和政策规定，因病、工伤、产假、计划生育假、婚丧假、事假、探亲假、定期休假、停工学习、执行国家或社会义务等原因按计时工资标准或计时工资标准的一定比例支付的工资。

2.3.2.2 人工定额

预算定额人工定额(见表2.7)以施工定额中的劳动定额为基础,或者以现场观察测定综合取定的消耗量为基础,考虑辅助用工、超运距用工和人工幅度差,计算方法为

人工定额=(基本用工+超运距用工+辅助用工)×(1+人工幅度差系数) (2.10)

表2.7 人工定额消耗量的组成

组 成	内 容
基本用工	完成单位合格产品所必须消耗的技术工种用工;按技术工种相应劳动定额、工时定额计算,以不同工种列出定额工日
超运距用工	预算定额的平均水平运距超过劳动定额规定水平运距部分
辅助用工	技术工种劳动定额内不包括,而在预算定额内又必须考虑的工时,如机械土方工程配合用工,电焊着火用工等
人工幅度差	在劳动定额之外,在一般情况下又避免不了的一些用工,包括: ①工序搭接及转移工作面的间断时间; ②各工种交叉作业的相互影响; ③工作开始及结束时由于放样交底及任务不饱满而影响产量; ④配合机械施工及移动管线时发生的操作间歇; ⑤检查质量及验收隐蔽工程时影响工时利用; ⑥因雨雪或其他原因需排除故障; ⑦其他零星工作,如临时交通指挥、安全警戒、现场挖沟排水、修路材料整理堆放、场地清扫等; ⑧由于图纸或施工方法的差异需增加的工序及工作项目

人工幅度差系数与专业和分项工程有关,《公路工程预算定额》(JTG/T 3832—2018)人工幅度差系数如表2.8所示。

表2.8 人工幅度差系数

预算定额工程项目	人工幅度差系数
准备工作、土方、石方、安全设施、材料采集加工、材料运输	1.04
路面、临时工程、纵向排水、整修路基、其他零星工程	1.06
砌筑、涵管、木作、支拱架、混凝土及钢筋混凝土、沿线房屋	1.08
隧道、基坑、围堰、打桩、造孔、沉井、安装、预应力、钢桥	1.10

2.3.2.3 综合工日单价

公路概(预)算定额人工为综合工日单价,不区分工种,即公路建设所有用工(例如小工、混凝土工、钢筋工、木工、起重工、张拉工、隧道掌子面开挖工、交通工程安装工、施工机械工等)都采用同一综合工日单价。

按照《公路工程预算定额》(JTG/T 3832—2018)附录四,定额人工单价为106.28元/工日。

人工单价由省级交通运输主管部门制定发布,并适时进行动态调整,各省单价差异较大。如按照《云南省公路工程建设项目估算概算预算编制办法补充规定》(云交基建〔2019〕34 号),云南省一类工程人工单价为 101.54 元/工日,二类工程为 90.18 元/工日,其中一类工程为高速公路、一级公路建设项目,二类工程为二级及以下公路建设项目。

综合工日单价已包括由个人缴纳的社会保险费中的养老保险费、失业保险费、医疗保险费(生育保险除外)和住房公积金。按照本地区公路建设项目的人工工资统计情况以及公路建设劳务市场情况进行综合分析、确定综合工日单价。综合工日单价仅作为编制预算的依据,不作为施工企业实发工资的依据。

综合工日单价不同于公路建设人工劳务市场价,其主要区别在于:

①工作时间不同。综合工日单价通常按每天工作 8 h,隧道工按每天工作 7 h,潜水工按每天工作 6 h 考虑;公路建设市场劳务用工每天工作时间普遍与综合工日有差异。

②企业应支出的"四险一金"不同。编制公路工程概(预)算时,由企业支付的社会保险费和住房公积金需单独计算,而公路建设人工劳务市场价一般已包含上述费用。

③其他费用计算不同。公路工程概(预)算的工人的冬、雨、夜施工的补助,工地转移、取暖补贴、主副食补贴、探亲路费等单独计算,而公路建设人工劳务市场价不再单独计算。

2.3.3　材料费

材料是指施工过程中耗用的构成工程实体的原材料、辅助材料、构配件、零件、半成品或成品等资源,材料费是指按工程所在地的材料价格计算的材料费用。

$$材料费 = \sum(工程数量 \times 材料定额 \times 材料预算单价) +$$
$$\sum 工程数量 \times 其他材料费 + \sum 工程数量 \times 设备摊销费 \qquad (2.11)$$
$$定额材料费 = \sum(工程数量 \times 材料定额 \times 定额材料单价) +$$
$$\sum 工程数量 \times 其他材料费 + \sum 工程数量 \times 设备摊销费 \qquad (2.12)$$
$$材料消耗量 = 工程数量 \times 材料定额 \qquad (2.13)$$

【例 2-7】 计算例 2-5 的材料费、定额材料费、材料消耗量。

解: 工程数量 = 工程量/定额单位 = 120/10 = 12

材料费 = 12×10×180 = 21600(元)

定额材料费 = 12×10×174.76 = 20971.2(元)

材料消耗量 = 12×10 = 120(m³)

2.3.3.1　材料定额

材料定额按照现行材料标准的合格料和标准规格料计算,包括净消耗量和损耗量。材料损耗量是指场内运输及操作损耗,场内运输及操作损耗率见《公路工程预算定额》(JTG/T 3832—2018)附录四。

2.3.3.2　材料预算单价

材料预算价格是指工程所在地的材料价格,由材料原价、运杂费、场外运输损耗、采购及保管费组成,计算方法为

材料预算价格=(材料原价+运杂费)×(1+场外运输损耗率)×(1+
采购及保管费率)-包装品回收价值 　　　　(2.14)

(1)材料原价

外购材料价格参照本行政区域内交通运输主管部门发布的价格和按调查的市场价格进行综合取定。自采材料(如砂、石、黏土等)按照定额中开采单价加辅助生产间接费和矿产资源税(如有)计算。

(2)运杂费

运杂费是指材料自供应地点至工地仓库(施工地点存放材料的地方)的费用,包括装卸费、运费,如果发生,还应计囤存费及其他杂费(如过磅、标签、支撑加固、路桥通行等费用)。通过铁路、水路和公路运输的材料,按调查的市场运价计算运费。一种材料当有两个以上的供应点时,应根据不同的运距、运量、运价采用加权平均的方法计算运费。由于预算定额已考虑了工地运输便道的特点,以及定额中已计入了"工地小搬运"的费用,因此汽车运输运距中不得乘调整系数,也不得在工地仓库或堆料场之外再加场内运距或二次倒运的运距。有容器或包装的材料及长大轻浮材料,应按表2.9规定的毛质量计算。桶装沥青、汽油、柴油按每吨摊销一个旧汽油桶计算包装费(不计回收)。

表2.9　材料毛质量系数及单位毛质量表

材料名称	单位	毛质量系数	单位毛质量
爆破材料	t	1.35	—
水泥、块状沥青	t	1.01	—
铁钉、铁件、焊条	t	1.1	—
液体沥青、液体燃料、水	t	桶装1.17,油罐车装1	—
木料	m³	—	原木0.75 t,锯材0.65 t
草袋	个	—	0.004 t

(3)场外运输损耗

场外运输损耗指有些材料在正常的运输过程中发生的损耗,场外运输损耗率见表2.10。

表2.10　材料场外运输损耗率表　　　　　　　　　单位:%

材料名称		场外运输(包括一次装卸)	每增加一次装卸
块状沥青		0.5	0.2
石屑、碎砾石、砂砾、煤渣、工业废渣、煤		1	0.4
砖、瓦、桶装沥青、石灰、黏土		3	1
草皮		7	3
水泥(袋装、散装)		1	0.4
砂	一般地区	2.5	1
	风沙地区	5	2

注:汽车运水泥,当运距超过500 km时,袋装水泥损耗率增加0.5%。

(4)采购及保管费

材料采购及保管费是指在组织采购、保管过程中,所需的各项费用及工地仓库的材料储存损耗。材料采购及保管费,以材料的原价加运杂费及场外运输损耗的合计数为基数,乘采购及保管费率计算。钢材的采购及保管费率为 0.75%。燃料、爆破材料的采购及保管费率为3.26%,其余材料为 2.06%。商品水泥混凝土、沥青混合料和各类稳定土混合料、外购的构件、成品及半成品的预算价格计算方法与材料相同。商品水泥混凝土、沥青混合料和各类稳定土混合料不计采购及保管费,外购的构件、成品及半成品的采购及保管费费率为 0.42%。

【例 2-8】 已知 32.5 级水泥原价 380 元/t,运距 502 km,运价 0.5 元/(t·km),装卸费8.5 元/t,过磅等杂费 1 元/t,一次装卸,水泥包装回收价格为 0。计算水泥预算价格。

解: 由表 2.9 知水泥毛质量系数为 1.01,由表 2.10 知运距 502 km 一次装卸水泥场外运输损耗为 1%+0.5%=1.5%,水泥的采购及保管费率为 2.06%,

运杂费 =(502×0.5+8.5+1)×1.01=263.11(元/t)

水泥预算价格 =(380+263.11)×(1+1.5%)×(1+2.06%)=666.2(元/t)

【例 2-9】 将例 2-8 中的数据填入表 2.11。

表 2.11 材料预算单价计算表

| 代号 | 规格名称 | 单位 | 原价/元 | 运杂费 | | | | | 原价运费合计/元 | 场外运输损耗 | | 采购及保管费 | | 预算单价/元 |
				供应地点	运输方式/比重及运距	毛质量系数或单位毛质量	运杂费构成说明或计算式	单位运费/元		费率/%	金额/元	费率/%	金额/元	
5509001	32.5级水泥	t	380	水泥厂—工地	汽车、1、502 km	1.01	(502×0.5+8.5+1)×1.01	263.11	643.11	1.5	9.65	2.06	13.25	666.2

2.3.4 施工机械使用费

施工机械使用费指列入预算定额的工程机械和工程仪器仪表台班数量,按相应的施工机械台班费用定额计算的费用等。

施工机械使用费 = $\sum$(工程数量×机械台班定额×机械台班预算单价)+
$$\sum 工程数量×小型机具使用费 \qquad (2.15)$$

定额施工机械使用费 = $\sum$(工程数量×机械台班定额×定额机械台班单价)+
$$\sum 工程数量×小型机具使用费 \qquad (2.16)$$

机械台班消耗量 = 工程数量×机械台班定额 $\qquad (2.17)$

【例 2-10】 计算例 2-5 的施工机械使用费、定额施工机械使用费、机械台班消耗量。

解: 工程数量 = 工程量/定额单位 = 120/10 = 12

施工机械使用费 = 12×0.1×600 = 720(元)

定额施工机械使用费 = 12×0.1×585.22 = 702.26(元)

机械台班消耗量 = 12×0.1 = 1.2(台班)

2.3.4.1 施工机械定额

《公路工程预算定额》(JTG/T 3832—2018)机械定额消耗量已考虑工地合理的停置、空转和必要的备用量等因素。各类机械(除潜水设备、变压器和配电设备外)每台(艘)班均按 8 h计算,潜水设备每台班按 6 h 计算,变压器和配电设备每台班按一个昼夜计算。

2.3.4.2 施工机械台班预算单价

施工机械台班预算价格和工程仪器仪表台班预算价格应按现行《公路工程机械台班费用定额》(JTG/T 3833—2018)计算,台班人工费工日单价同生产工人人工费单价,动力燃料费用则按材料费的计算规定计算。工程仪器仪表使用费指机电工程施工作业所发生的仪器仪表使用费,以施工仪器仪表台班耗用量乘施工仪器仪表台班单价计算。

当工程用电为自行发电时,电动机械每 kW·h(度)电的单价计算公式为

$$A = 0.15 K/N \tag{2.15}$$

式中:A 为每度电单价(元);K 为发电机组的台班单价(元);N 为发电机组的总功率(kW)。

【例 2-11】 已知 200 kW 柴油发电机组机械台班单价为 2153.78 元,计算自发电的预算价格。

解:自发电预算价格 = 0.15×2153.78÷200 = 1.62 [元/(kW·h)]

机械台班单价由不变费用和可变费用组成。

(1)不变费用

不变费用包括折旧费、检修费、维护费、安拆辅助费等。

折旧费是指施工机械在规定的耐用总台班内,陆续收回其原值(含智能信息化管理设备费)的费用。

检修费是指施工机械在规定的耐用总台班内,按规定的检修间隔进行必要的检修,以恢复其正常功能所需的费用。

维护费指施工机械在规定的耐用总台班内,按规定的维护间隔进行各级维护和临时故障排除所需的费用,包括保障机械正常运转所需替换设备与随机配备工具附具的摊销费用、机械运转及日常维护所需润滑与擦拭的材料费及机械停滞期间的维护费用等。

安拆辅助费是指施工机械在现场进行安装与拆卸所需的人工、材料、机械和试运转费用,以及机械辅助设施的折旧、搭设、拆除等费用。

编制机械台班单价时,除青海、新疆、西藏等边远地区外,均应直接采用定额不变费用。当边远地区因机械使用年限差异及维修工资、配件材料等价差较大而需调整不变费用时,可根据具体情况,由各省级交通运输主管部门制定系数并执行。

(2)可变费用

可变费用包括机上人员人工费、动力燃料费、车船税。

机上人员人工费是指随机操作人员的工作日工资(包括工资、各类津贴、补贴、辅助工资、劳动保护费等)。

动力燃料费是指机械在运转施工作业中所耗用的电力、固体燃料(煤、木柴)、液体燃料

(汽油、柴油、重油)和水等的费用。

车船税是指施工机械按照国家、省(自治区、直辖市)规定应缴纳的车船税。

【例 2-12】 已知《公路工程机械台班费用定额》(JTG/T 3833—2018),人工单价为 150 元/工日,柴油预算单价为 8 元/kg,不变费用调整系数为 1,计算 1.0 m³ 以内轮胎式装载机(定额见表 2.5)的施工机械预算单价,填写《施工机械台班单价计算表》。

解:施工机械预算单价 = 114.16+1×150+49.03×8 = 656.4(元)

表 2.12 施工机械台班单价计算表   24 表

序号	代号	规格名称	台班单价/元	不变费用/元		可变费用/元				合计
				调整系数:1		人工:150 元/工日		柴油:8 元/kg		
				定额	调整值	定额	金额	定额	金额	
1	8001045	1.0 m³ 以内轮胎式装载机	656.4	114.16	114.16	1	150	49.03	392.24	542.24

2.4 公路工程预算定额应用

《公路工程预算定额》(JTG/T 3832—2018)反映了定额编制时间的社会平均水平,所采用的施工方法和工程质量标准根据国家现行的公路工程施工技术及验收规范、质量评定标准及安全操作规程取定,除定额中规定允许换算者外,定额消耗量均不得因具体工程的施工组织、操作方法和材料消耗与定额的规定不同而调整。

当分部分项工程的设计要求、工作内容与定额完全相符时,可直接套用预算定额,定额应用的大多数情况属于直接套用。当分部分项工程的设计要求、工作内容与定额不完全相符时,则不能直接套用定额,应对定额表的值进行必要的调整或抽换。定额调整包括定额表值乘系数、定额表值增减量和配合比不同等有关材料的抽换。定额应依据《公路工程预算定额》(JTG/T 3832—2018)的说明、注的相关规定,以及运距、厚度、材料强度等级、配合比等设计要求进行调整。

2.4.1 说明与注规定的定额调整

"注"位于定额表的下方,是定额的补充说明或规定。应用定额时,必须仔细阅读"注",以免发生错误。

【例 2-13】 已知《公路工程预算定额》(JTG/T 3832—2018)1-2-1-2 不带门架袋装砂井机袋装砂井处理软土地基定额、工料机基价和预算价格,如表 2.13 所示。

(1)计算直径 10 cm 砂井的定额基价。

(2)计算直径 10 cm、深 2000 m 砂井的直接费和定额直接费。

表 2.13　袋装砂井处理软土地基工程定额及单价

1-2-1 袋装砂井处理软土地基工程

工程内容(不带门架)：(1)装砂袋；(2)定位；(3)打钢管；(4)下砂袋；(5)拔钢管；(6)起重机、装机移位。

单位：1000 m 砂井

顺序号	项目	单位	代号	袋装砂井机不带门架	单价/元	
					定额单价	预算单价
1	人工	工日	1001001	3.9	106.28	120
2	塑料编织袋	个	5001052	1087	1.45	1.6
3	中(粗)砂	m³	5503005	4.56	87.38	90
4	其他材料费	元	7801001	11		
5	15t 以内履带式起重机	台班	8009002	1.16	804.31	820
6	袋装砂井机(不带门架)	台班	8011058	1.12	417.81	420
7	基价	元	9999001	3801		

注：本章定额按直径 7 cm 砂井编制。当砂井直径不同时，可按砂井截面积的比例关系调整中(粗)砂的用量，其他消耗量不作调整。

解：(1)直径 10 cm 沙井的定额基价

调整后中(粗)砂用量 $= 4.56 \times 10^2 \div 7^2 = 9.31(\mathrm{m}^3)$

调整后直接费基价 $= 3801 + (9.31 - 4.56) \times 87.38 = 4216(元)$

(2)直径 10 cm、深 2000 m 砂井的直接费和定额直接费

工程数量 $= 2000/1000 = 2$

直接费 $= 2 \times (3.9 \times 120 + 1087 \times 1.6 + 9.31 \times 90 + 11 + 1.16 \times 820 + 1.12 \times 420) = 8955(元)$

方法 1：定额直接费 $= 2 \times 4216 = 8432(元)$

方法 2：定额直接费 $= 2 \times (3.9 \times 106.28 + 1087 \times 1.45 + 9.31 \times 87.38 + 11 + 1.16 \times 804.31 + 1.12 \times 417.81) = 8432(元)$

2.4.2　定额的组合套用

当分部分项工程工程内容需要由几个定额联合起来才能完成时，应进行定额组合套用，如运距、厚度定额由主定额和辅定额组合。当组合定额表号相同时，组合定额编号表示为表号+主定额栏号+辅定额栏号×倍数。

【例 2-14】 已知《公路工程预算定额》(JTG/T 3832—2018)1-1-11 自卸汽车(质量 6 t 以内)运土方定额、机械台班基价和预算价格，如表 2.14 所示。写出运距 5 km 组合定额编号，计算运距 5 km 土方天然密实方量 2000 m³ 自卸汽车(质量 6 t 以内)运土方的直接费和定额直接费。

表 2.14　自卸汽车运土方定额及单价

1-1-11 自卸汽车运土方

工程内容：(1)等待装、运、卸；(2)空回。

单位：1000 m³ 天然密实方

顺序号	项目	单位	代号	土方，自卸汽车装载质量 6 t 以内		单价/元	
				第一个 1 km	每增运 0.5 km	定额单价	预算单价
				1	2		
1	6 t 以内自卸汽车	台班	8007013	11.19	1.44	575.79	600
2	基价	元	9999001	6443	829		

解：除了第一个 1 km，需要增运 4 km，增运定额倍数为 8，则运距 5 km 组合定额编号为 1-1-11-1+2×8。

工程数量 = 2000/1000 = 2

直接费 = 2×(11.19+1.44×8)×600 = 27252(元)

定额直接费 = 2×(11.19+1.44×8)×575.79 = 26152(元)

2.4.3　砂浆及混凝土强度的换算

定额换算是指定额中规定允许换算情况下，对定额消耗量、基价的调整。定额规定的设计配合比不同、混凝土外掺剂等情况的换算，规定如下：

①设计采用的混凝土、砂浆强度等级或水泥强度等级与定额所列强度等级不同时，可按《公路工程预算定额》(JTG/T 3832—2018)附录二配合比表进行换算。但实际施工配合比材料用量与定额配合比表用量不同时，除配合比表说明中允许换算者外，均不得调整。混凝土、砂浆配合比表的水泥用量，已综合考虑了采用不同品种水泥的因素，实际施工中不论采用何种水泥，均不得调整定额用量。

②定额中各类混凝土均未考虑外掺剂的费用，当设计需要添加外掺剂时，可按设计要求另行计算外掺剂的费用并适当调整定额中的水泥用量。

③定额中各类混凝土均按施工现场拌和进行编制；当采用商品混凝土时，可将相关定额中的水泥、中(粗)砂、碎石的消耗量扣除，并按定额中所列的混凝土消耗量增加商品混凝土的消耗。

④定额中各项目的施工机械种类、规格是按一般合理的施工组织确定的，如施工中实际采用机械的种类、规格与定额规定的不同时一律不得换算。

⑤项目所在地海拔超过 3000 m 以上，人工、材料、机械基价乘以系数 1.3。

【例 2-15】　已知《公路工程预算定额》(JTG/T 3832—2018)4-6-7-8 现浇混凝土拱桥拱圈跨径 5 m 以内定额、附录二泵送混凝土配合比，分别如表 2.15 和表 2.16 所示。将定额 C30 混凝土换算为 C40 混凝土。

(1)计算中(粗)砂、碎石和水泥消耗量。

(2)计算直接费基价。

表 2.15　现浇混凝土拱涵定额及单价

4-6-7 现浇混凝土拱涵

工程内容：(1)搭、拆脚手架及跳板；(2)模板安装、拆除、修理、涂脱模剂、堆放；(3)钢筋除锈、制作、电焊、绑扎及骨架吊装人模；(4)混凝土浇筑、捣固及养护。

单位：10m³ 实体

顺序号	项目	单位	代号	混凝土拱桥，拱圈混凝土，跨径 5 m 以内	单价/元
				8	
1	人工	工日	1001001	18	
2	泵 C30-32.5-4	m³	1503084	(10.4)	
3	HRB400	t	2001002	0.004	
4	钢模板	t	2003025	0.069	
5	铁件	kg	2009028	12.2	
6	水	m³	3005004	21	
7	锯材	m³	4003002	0.01	
8	中(粗)砂	m³	5503005	5.82	87.38
9	碎石(4 cm)	m³	5505013	7.59	86.41
10	32.5 级水泥	t	5509001	4.368	307.69
11	其他材料费	元	7801001	32.1	
12	60 m³/h 以内混凝土输送泵车	台班	8005039	0.3	
13	20 t 以内汽车起重机	台班	8009029	0.45	
14	小型机具使用费	元	8099001	9.7	
15	基价	元	9999001	5942	

表 2.16　混凝土配合比表　　　　单位：1 m³ 混凝土

序号	项目	单位	泵送混凝土，碎石最大粒径 40 mm，混凝土强度等级 C40，水泥强度等级 32.5
			56
1	中(粗)砂	m³	0.52
2	碎石	m³	0.7
3	水泥	kg	505

解：(1)中(粗)砂定额消耗量 = 10.4×0.52 = 5.408(m³)

碎石定额消耗量 = 10.4×0.7 = 7.28(m³)

水泥定额消耗量 = 10.4×0.505 = 5.252(t)

(2)换算后定额直接费基价 = 5942+(5.408-5.82)×87.38+

(7.28-7.59)×86.41+(5.252-4.368)×307.69 = 6151(元)

2.4.4　周转性材料消耗量的换算

除了工程实体消耗的材料，模板、支撑、脚手杆、脚手板和挡土板等周转性材料按照正常周转次数计算的周转摊销量确定消耗量，材料周转及摊销见《公路工程预算定额》(JTG/T 3832—2018)附录三。周转性材料消耗量的计算方法为

$$定额用量 = \frac{图纸一次使用量 \times (1 + 场内运输及操作损耗)}{周转次数(或摊销次数)} \qquad (2.16)$$

就地浇筑钢筋混凝土梁用的支架及拱圈用的拱盔、支架，因施工安排达不到规定的周转次数时，可根据具体情况进行换算并按规定计算回收，抽换后消耗量为

$$抽换后材料消耗量 = 定额消耗量 \times \frac{正常周转及摊销次数}{实际周转及摊销次数} \qquad (2.17)$$

【例 2-16】已知《公路工程预算定额》(JTG/T 3832—2018)4-9-2-1 桥梁满堂式木拱盔跨径 10 m 以内定额表(表 2.17)，现有跨径 8 m 2 孔石拱桥，制备 1 孔满堂式木拱盔，计算抽换后周转材料的定额消耗量。

表 2.17　桥梁拱盔工程定额

4-9-2　桥梁拱盔

工程内容：(1)拱盔制作、安装与拆除；(2)工作台的搭设与拆除；(3)桁架式拱盔，包括扒杆移动、吊装、拆除、架设及拆除缆风，地锚埋设与拆除。

单位：10 m² 立面积

顺序号	项目	单位	代号	满堂式木拱盔跨径 10 m 以内
				1
1	人工	工日	1001001	75.6
2	铁件	kg	2009028	76.5
3	铁钉	kg	2009030	2.1
4	原木	m³	4003001	1.12
5	锯材	m³	4003002	2.79
6	φ500 mm 以内木工圆锯机	台班	8015013	1.42
7	小型机具使用费	元	8099001	48.8
8	基价	元	9999001	14265

解：查询《公路工程预算定额》(JTG/T 3832—2018)附录三，可知拱盔周转性材料的正常周转及摊销次数，木料 5 次，铁件 5 次，铁钉 4 次。

依题意，2 孔桥拱盔实际周转及摊销次数为 2 次。

则抽换后，铁件消耗量 = 76.5×5÷2 = 191.25(kg)

铁钉消耗量 = 2.1×4÷2 = 4.2(kg)

原木消耗量 = 1.12×5÷2 = 2.8(m³)

锯材消耗量 = 2.79×5÷2 = 6.975(m³)

习 题

1. 简述定额的基本概念与分类。

2. 简述公路工程预算定额表的含义。

3. 已知桶装石油沥青原价，运距80 km，运价0.6 元/t·km，装卸费8 元/t，过磅等杂费1 元/t，一次装卸，包装回收价值0 元。试计算桶装沥青预算价格，填写《材料预算单价计算表》。（桶装石油沥青原价为"4000+学号后三位"元/t，如学号后三位为110，原价为4110 元/t，后同）

4. 已知人工单价，重油预算单价4.2 元/kg，不变费用调整系数为1.05。试计算智能张拉系统的施工机械预算单价，填写《施工机械台班单价计算表》。（综合工日单价为"100+学号后两位"元/工日）

5. 已知某路基工程采用10 m³ 以内自行式铲运机铲运土方，硬土5 万 m³，平均运距200 m，重车上坡坡度15%，机械无法覆盖需人工配合挖运部分按10%考虑。试根据预算定额确定该工程人工、机械消耗量。

6. 已知某15 cm 厚水泥稳定碎石基层(宽度9 m)工程，由6 t 以内自卸汽车配合摊铺机联合作业，自卸汽车运距2 km。试计算消耗的人工、机械数量。

7. 已知某隧道工程围岩为Ⅲ级，工作面距洞口长度为2500 m 以内，采用机械开挖，自卸汽车运输施工。试确定其人工、硝胺炸药和12 t 以内自卸汽车的预算定额值。

8. 已知某桥梁工程采用冲击钻机冲孔，设计桩深26 m，直径为100 cm，地层由上而下为黏土6 m、砂砾8 m、砾石7 m，砾石以下部分为次坚石，钢护筒干处施工。试确定该灌注桩工程的预算定额子目。

9. 已知某钢筋混凝土实体式墩台，C30 混凝土。试计算中(粗)砂定额、碎石定额、定额直接费。（工程量为"1000+学号后三位"m³）

10. 已知某汽车便道工程位于山岭重丘地区，长10 m，路基宽4.5 m，天然砂砾路面压实厚度15 cm，路面宽3.5 m，使用期36 个月，需要养护。试确定该便道工程的预算定额编号及养护所需的工料机数量。

第3章 公路工程概预算费用计算

3.1 公路工程概预算

公路工程概预算是根据公路工程各个阶段设计内容、相关法律及法规、交通运输部发布的定额等依据，预先计算和确定工程建设费用的经济文件，主要包括设计概算、施工图预算，以及招投标过程中的控制价、投标报价。

3.1.1 相关政策环境影响

《公路工程建设项目概算预算编制办法》（JTG 3830—2018）考虑 2007 年以来国家方针、政策、财税体制改革等社会经济环境变化的影响，对公路工程概预算费用组成、取费等作了较大调整，主要内容如下。

（1）交通运输部"五化"要求

公路建设管理工作"五化"是指发展理念人本化、项目管理专业化、工程施工标准化、管理手段信息化、日常管理精细化。以"五化"为重要抓手，加快推进现代工程管理，不断转变公路发展方式，全面提高公路建设管理水平。

《公路工程建设项目概算预算编制办法》（JTG 3830—2018）在建设项目管理费中增加了建设项目信息化费，用于基于全生命周期建筑信息模型（BIM）项目管理等费用开支。交通运输部发布了《公路工程信息模型应用统一标准》（JTG/T 2420—2021）、《公路工程设计信息模型应用标准》（JTG/T 2421—2021）、《公路工程施工信息模型应用标准》（JTG/T 2422—2021）一系列行业推荐性标准。BIM 数据模型集合了各种信息于一体，BIM 技术能够实现项目生命周期内规划与设计、虚拟建造、工程计价、协同管理等应用，有效降低了成本，方便企业规划和管理。

《公路工程建设项目概算预算编制办法》（JTG 3830—2018）建筑安装工程费中增加了施工场地建设费，施工场地建设费是围绕公路建设五化要求，为了推动标准化建设与管理、强化标准化施工、标准化管理而设置。

（2）营改增

财政部国家税务总局发布《关于全面推开营业税改征增值税试点的通知》（财税〔2016〕

36 号），从 2016 年 5 月 1 日执行营改增试点工作，推行"价税分离"原则。

《公路工程建设项目概算预算编制办法》（JTG 3830—2018）建筑安装工程费除专项费用外，其他均按"价税分离"计价规则计算，即各项费用均以不含增值税可抵扣进项税额的价格（费率）计算。

（3）安全要求

安全生产费在建安费中单独列项，分项工程费中不再计取。这是为了落实《企业安全生产费用提取和使用管理办法》（财企〔2012〕16 号）印发的要求，确保安全生产投入、保障安全生产需要，同时便于与项目实施阶段安全生产费单独计量相对应。

3.1.2　概预算费用组成

按照《公路工程建设项目概算预算编制办法》（JTG 3830—2018），公路工程概预算费用组成如图 3.1 所示。2018 版与《公路工程建设项目概算预算编制办法》（JTG B06—2007）比较变化较大，主要表现在以下几个方面。

①土地使用及拆迁补偿费从工程建设其他费中单列出来，因为现阶段公路工程建设征地拆迁及补偿费用占整个项目投资比重越来越大，单独计列突出了其在投资控制中的重要性。

②建设期贷款利息从工程建设其他费用中单列出来，因为现阶段对于公路建设项目（特别是 PPP 等融资项目），建设期贷款利息是一笔较大的融资财务费用，将其单列出来可以直观地反映财务成本及项目建设的静态和动态投资情况。

③将 2007 版设备、工具、器具及家具购置费拆分为两部分，其一设备购置费并入建筑安装工程费计算，其二工具、器具及家具购置费并入工程建设其他费的生产准备费。

④对建筑安装工程费，增加了专项费用（施工场地建设费、安全生产费）。

⑤对工程建设其他费用，取消了施工机构迁移费、供电贴费、固定资产投资方向调节税，新增了工程保通管理费、工程保险费和其他相关费用。将生产人员培训费并入生产准备费，生产准备费包括工器具购置、办公和生活用家具购置费、生产人员培训、应急保通设备购置。

⑥建设项目管理费中增加了建设项目信息化费，可用于基于全生命周期建筑信息模型（BIM）项目管理费用的开支。

⑦为了避免工料机价格上涨，导致措施费、企业管理费、建设单位（业主）管理费等其他费用的增加而出现"水涨船高"现象，取费基数由直接工程费、建安费，调整为定额直接费、定额人工费+定额施工机械使用费、定额建筑安装工程费。

⑧建筑安装工程费除专项费用外，其他均按"价税分离"计价规则计算，即各项费用均以不含增值税可抵扣进项税额的价格（费率）计算。

概预算总金额
- 建筑安装工程费
  - 直接费
    - 人工费
    - 材料费
    - 施工机械使用费
  - 设备购置费
  - 措施费
    - 冬季施工增加费
    - 雨季施工增加费
    - 夜间施工增加费
    - 特殊地区施工增加费
      - 高原地区施工增加费
      - 风沙地区施工增加费
      - 沿海地区施工加工费
    - 行车干扰施工增加费
    - 施工辅助费
    - 工地转移费
  - 企业管理费
    - 基本费用
    - 主副食运费补贴
    - 职工探亲路费
    - 职工取暖补贴
    - 财务费用
  - 规费
    - 养老保险费
    - 失业保险费
    - 医疗保险费
    - 工伤保险费
    - 住房公积金
  - 利润
  - 税金
  - 专项费用
    - 施工场地建设费
    - 安全生产费
- 土地使用及拆迁补偿费
- 工程建设其他费用
  - 建设项目管理费
    - 建设单位(业主)管理费
    - 建设项目信息化费
    - 工程监理费
    - 设计文件审查费
    - 竣(交)工验收试验检测费
  - 研究试验费
  - 建设项目前期工作费
  - 专项评价(估)费
  - 联合试运转费
  - 生产准备费
    - 工器具购置费
    - 办公和生活用家具购置费
    - 生产人员培训费
    - 应急保通设备购置费
  - 工程保通管理费
  - 工程保险费
  - 其他相关费用
- 预备费
  - 基本预备费
  - 价差预备费
- 建设期贷款利息

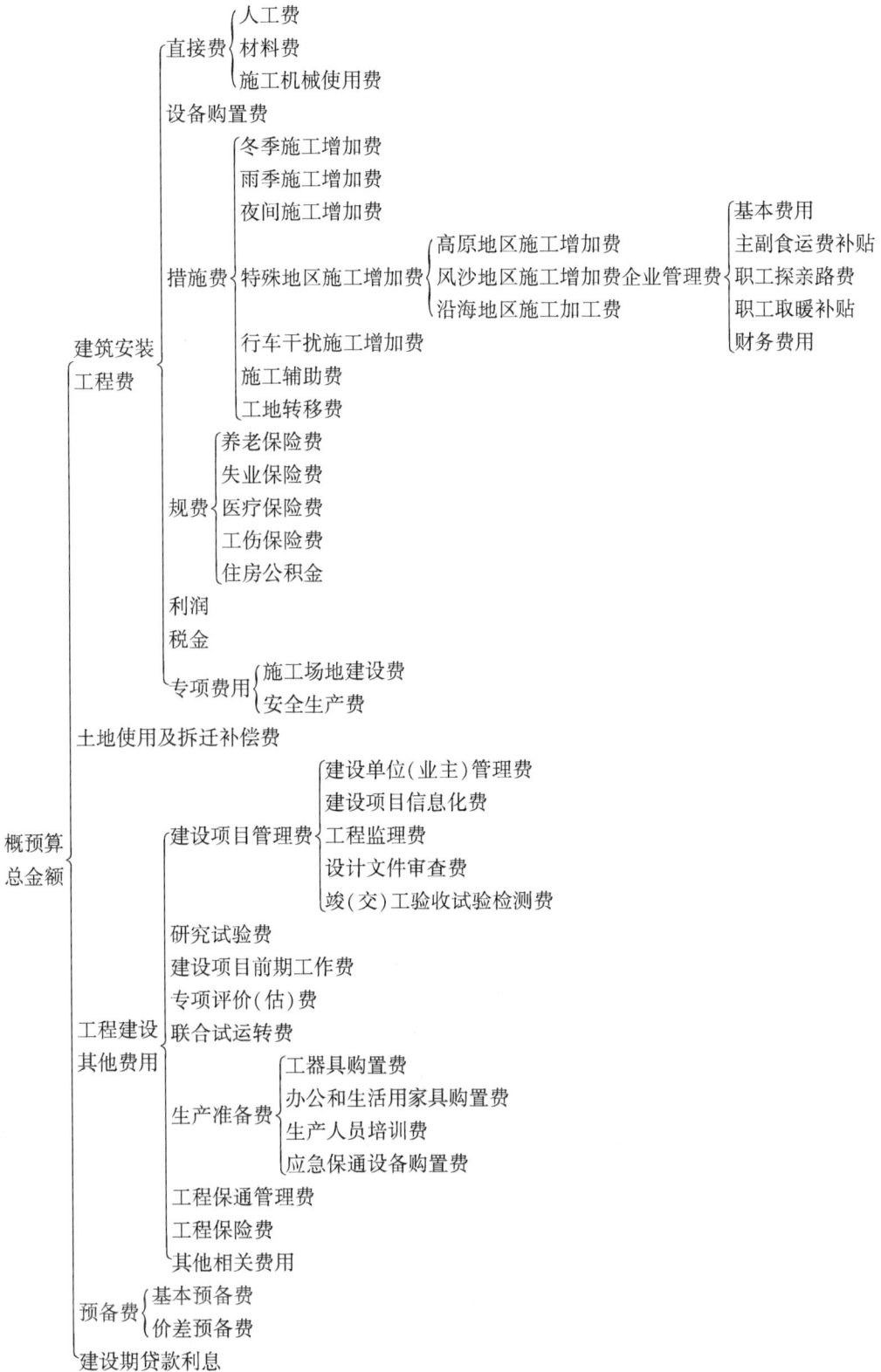

图 3.1　概预算费用组成

3.2 建筑安装工程费

3.2.1 计算方法

建筑安装工程费包括直接费、设备购置费、措施费、企业管理费、规费、利润、税金和专项费用。

建筑安装工程费计算方法如表 3.1 所示。

表 3.1 建筑安装工程费计算方法

序号	项目	说明及计算式
（一）	定额直接费	定额人工费+定额材料费+定额施工机械使用费
	定额人工费	Σ人工消耗量×人工基价
	定额材料费	Σ材料消耗量×材料基价
	定额施工机械使用费	Σ机械台班消耗量×机械台班基价
（二）	定额设备购置费	Σ设备购置数量×设备基价
（三）	直接费	人工费+材料费+施工机械使用费
	人工费	Σ人工消耗量×人工单价
	材料费	Σ材料消耗量×材料预算单价
	施工机械使用费	Σ机械台班消耗量×机械台班预算单价
（四）	设备购置费	Σ设备购置数量×设备预算单价
（五）	措施费	定额直接费×施工辅助费率+(定额人工费+定额施工机械使用费)×其余措施费综合费率
（六）	企业管理费	定额直接费×企业管理费综合费率
（七）	规费	各类工程人工费(含施工机械人工费)×规费综合费率
（八）	利润	(定额直接费+措施费+企业管理费)×利润率
（九）	税金	(直接费+设备购置费+措施费+企业管理费+规费+利润)×10%
（十）	专项费用	
	施工场地建设费	(定额直接费+定额设备购置费×40%+措施费+企业管理费+规费+利润+税金)×累进费率
	安全生产费	建筑安装工程费(不含安全生产费本身)×(≥1.5%)
（十一）	定额建筑安装工程费	定额直接费+定额设备购置费×40%+措施费+企业管理费+规费+利润税金+专项费用
（十二）	建筑安装工程费	直接费+设备购置费+措施费+企业管理费+规费+利润税金+专项费用

建筑安装工程费中人工、材料、机械使用和设备单价，按照合同、投标文件等定价依据，执行工程所在地及建设时间的人工单价、材料预算单价、机械台班预算单价和设备预算单价。

为避免人工、材料、机械使用和设备价格上涨对措施费、企业管理费、监理费等其他费用的影响，《公路工程建设项目概算预算编制办法》(JTG 3830—2018)给出了"定额+费"费用，即定额直接费、定额设备购置费和定额建筑安装工程费等。定额建筑安装工程费包括定额直接费、定额设备购置费的40%、措施费、企业管理费、规费、利润、税金和专项费用。

设备购置费是指为满足公路初期运营、管理需要购置的构成固定资产标准的设备和虽低于固定资产标准但属于设计明确列入设备清单的设备的费用，包括渡口设备，隧道照明、消防、通风的动力设备，公路收费、监控、通信、路网运行监测、供配电及照明设备等。设备购置费包括设备原价、运杂费、运输保险费、采购及保管费，各种税费按编制期有关部门规定计算。需要安装的设备，按建筑安装工程费的有关规定计算设备的安装工程费。

3.2.2　工程类别划分

以计算基数乘费率计算的措施费和企业管理费，需依据不同的工程类别进行取费，包括10个工程类别，见表3.2。

表 3.2　工程类别划分表

编号	工程类别	定义
1	土方	人工及机械施工的土方工程、路基掺灰、路基换填及台背回填
2	石方	人工及机械施工的石方工程
3	运输	用汽车、拖拉机、机动翻斗车、船舶等运送土石方、路面基层和面层混合料、水泥混凝土及预制构件、绿化苗木等工程
4	路面	路面所有结构层工程、路面附属工程、便道以及特殊路基处理工程(不含特殊路基处理中的圬工构造物，包括隧道路面和桥面铺装工程)
5	隧道	隧道土建工程(不含隧道的钢材及钢结构)
6	构造物 I	砍树挖根、拆除工程、排水、防护、特殊路基处理中的圬工构造物、涵洞、交通安全设施、拌和站(楼)安拆工程、便道、便涵、临时电力和电信设施、临时轨道、临时码头、绿化工程等工程
7	构造物 II	小桥、中桥、大桥、特大桥工程
8	构造物 III	商品水泥混凝土的浇筑、商品沥青混合料和各类商品稳定图混合料的铺筑、外购混凝土构件、设备安装工程等
9	技术复杂大桥	钢管拱桥、斜拉桥、悬索桥、单孔跨径在120 m以上(含120 m)和基础水深在10 m以上(含10 m)的大桥主桥部分的基础、下部和上部工程(不含桥梁的钢材及钢结构)
10	钢材及钢结构	所有工程的钢材及钢结构等工程

其中，构造物 I 中特殊路基处理不包含土石方和换填工程；安全设施不包括金属标志牌、防撞钢护栏、防眩板(网)、隔离栅、防护网等钢结构工程；机电工程不包括设备安装工程。构造物 II 中特大桥工程不包括技术复杂大桥工程。所有工程指路基、路面、桥梁、涵洞、

隧道、交通工程及沿线设施等。钢材及钢结构含钢筋及预应力钢材，钢沉井、钢围堰、钢套箱及钢护筒等基础工程，钢构件(含钢索塔、钢管拱、钢锚箱、钢锚梁、钢箱(桁)梁、索鞍、斜拉索、索股、索夹、吊杆、系杆)等安装工程，伸缩缝，支座，路基和隧道工程的锚杆、隧道管棚及钢支撑、金属标志牌、防撞钢护栏、防眩板(网)、隔离栅、防护网等。

3.2.3 措施费

3.2.3.1 冬季施工增加费

冬季施工增加费是指按照公路工程施工及验收规范所规定的冬季施工要求，为保证工程质量和安全生产所需采取的防寒保温设施、工效降低和机械作业效率降低以及技术操作过程的改变等所增加的有关费用。冬季施工增加费的内容包括：

① 因冬季施工所需增加的一切人工、机械与材料支出。

② 施工机械所需修建的暖棚(包括拆、移)，增加其他保温设备购置费用。

③ 因施工组织设计确定，需增加的一切保温、加温等有关支出。

④ 清除工作地点的冰雪等与冬季施工有关的其他各项费用。

冬季施工增加费以各类工程的定额人工费和定额施工机械使用费之和为基数，根据工程类别和工程所在地气温区，按表3.3的费率计算。工程所在地气温区按照附录3查询。冬季施工增加费的计算方法，是根据各类工程的特点，规定各气温区的取费标准。为了简化计算手续，采用全年平均摊销的方法，即不论是否在冬季施工，均按规定的取费标准计取冬季施工增加费。一条路线穿过两个以上的气温区时，可分段计算或按各区的工程量比例求得全线的平均增加率，计算冬季施工增加费。

表3.3 冬季施工增加费费率表 单位：%

工程类别	冬季期平均温度/℃								准一区	准二区
	−1 以上		−4～−1		−7～−4	−10～−7	−14～−10	−14 以下		
	冬一区		冬二区		冬三区	冬四区	冬五区	冬六区		
	Ⅰ	Ⅱ	Ⅰ	Ⅱ						
土方	0.835	1.301	1.800	2.270	4.288	6.094	9.140	13.720	—	—
石方	0.164	0.266	0.368	0.429	0.859	1.248	1.861	2.801	—	—
运输	0.166	0.250	0.354	0.437	0.832	1.165	1.748	2.643	—	—
路面	0.566	0.842	1.181	1.371	2.449	3.273	4.909	7.364	0.073	0.198
隧道	0.203	0.385	0.548	0.710	1.175	1.520	2.269	3.425	—	—
构造物Ⅰ	0.652	0.940	1.265	1.438	2.607	3.527	5.291	7.936	0.115	0.288
构造物Ⅱ	0.868	1.240	1.675	1.902	3.452	4.693	7.028	10.542	0.165	0.393
构造物Ⅲ	1.616	2.296	3.114	3.523	6.403	8.680	13.020	19.520	0.292	0.721
技术复杂大桥	1.019	1.444	1.975	2.230	4.057	5.479	8.219	12.338	0.170	0.446
钢材及钢结构	0.040	0.101	0.141	0.181	0.301	0.381	0.581	0.861	—	—

注：绿化工程不计冬季施工增加费。

3.2.3.2　雨季施工增加费

雨季施工增加费是指雨季期间施工为保证工程质量和安全生产所需采取的防雨、排水、防潮和防护措施、工效降低和机械作业率降低以及技术操作过程的改变等，所需增加的有关费用。雨季施工增加费的内容包括：

①因雨季施工所需增加的工、料、机费用的支出，包括工作效率的降低及易被雨水冲毁的工程所增加的清理坍塌基坑和堵塞排水沟、填补路基边坡冲沟等工作内容。

②路基土方工程的开挖和运输，因雨季施工(非土壤中水影响)而引起的黏附工具、降低工效所增加的费用。

③因防止雨水必须采取的挖临时排水沟、防止基坑坍塌所需的支撑、挡板等防护措施费用。

④材料因受潮、受湿的耗损费用。

⑤增加防雨、防潮设备的费用。

⑥因河水高涨致使工作困难等其他有关雨季施工所需增加的费用。

雨季施工增加费以各类工程的定额人工费和定额施工机械使用费之和为基数，根据工程类别、工程所在地雨量区和雨季区，按表 3.4 的费率计算。工程所在地雨量区和雨季区按照附录 4 查询。一条路线通过不同的雨量区和雨季区时，应分别计算雨季施工增加费或按工程量比例求得平均的增加率，计算全线雨季施工增加费。

表 3.4　雨季施工增加费费率表　　单位：%

	1	1.5	2		2.5		3		3.5		4		4.5		5		6		7	8
雨量区	I	I	I	II	I	II	I	II	I	II	I	II	I	II	I	II	I	II	II	II
土方	0.14	0.175	0.245	0.385	0.315	0.455	0.385	0.525	0.455	0.595	0.523	0.7	0.595	0.805	0.665	0.939	0.764	1.114	1.289	1.499
石方	0.105	0.14	0.212	0.349	0.28	0.42	0.349	0.491	0.418	0.563	0.487	0.667	0.555	0.772	0.626	0.876	0.701	1.018	1.194	1.373
运输	0.142	0.178	0.249	0.391	0.32	0.462	0.391	0.568	0.462	0.675	0.533	0.781	0.604	0.888	0.675	0.959	0.781	1.136	1.314	1.527
路面	0.115	0.153	0.23	0.366	0.306	0.48	0.366	0.557	0.425	0.634	0.501	0.71	0.578	0.825	0.654	0.94	0.749	1.093	1.267	1.459
构造物 I	0.098	0.131	0.164	0.262	0.196	0.295	0.229	0.36	0.262	0.426	0.327	0.491	0.393	0.557	0.458	0.622	0.524	0.753	0.884	1.015
构造物 II	0.106	0.141	0.177	0.282	0.247	0.353	0.282	0.424	0.318	0.494	0.388	0.565	0.459	0.636	0.53	0.742	0.6	0.883	1.059	1.201
构造物 III	0.2	0.266	0.366	0.565	0.466	0.699	0.565	0.832	0.665	0.998	0.765	1.164	0.898	1.331	1.031	1.497	1.164	1.73	1.996	2.295
技术复杂大桥	0.109	0.181	0.254	0.363	0.29	0.435	0.363	0.508	0.435	0.58	0.508	0.689	0.58	0.798	0.653	0.907	0.725	1.052	1.233	1.414

注：室内和隧道内工程及设备安装工程不计雨季施工增加费。

3.2.3.3 夜间施工增加费

夜间施工增加费是指根据设计、施工技术规范和合理的施工组织要求，必须在夜间施工或必须昼夜连续施工而发生的夜班补助费、夜间施工降效、施工照明设备摊销及照明用电等费用。夜间施工增加费以各类工程的定额人工费和定额施工机械使用费之和为基数，按表 3.5 的费率计算。

表 3.5　夜间施工增加费费率表

单位：%

工程类别	费率	工程类别	费率
构造物Ⅱ	0.903	构造物Ⅲ	1.702
技术复杂大桥	0.928	钢材及钢结构	0.874

注：设备安装工程及金属标志牌、防撞钢护栏、防眩板(网)、隔离栅、防护网等不计夜间施工增加费。

3.2.3.4 特殊地区施工增加费

特殊地区施工增加费包括高原地区施工增加费、风沙地区施工增加费和沿海地区施工增加费。

(1)高原地区施工增加费

高原地区施工增加费是指在海拔 2000 m 以上地区施工，由于受气候、气压的影响，致使人工、机械效率降低而增加的费用。高原地区施工增加费以各类工程的定额人工费和定额施工机械使用费之和为基数，按表 3.6 的费率计算。

一条路线通过两个以上(含两个)不同的海拔分区时，应分别计算高原地区施工增加费或按工程量比例求得平均的增加率，计算全线高原地区施工增加费。

表 3.6　高原地区施工增加费费率表

单位：%

工程类别	海拔/m						
	2001～2500	2501～3000	3001～3500	3501～4000	4001～4500	4501～5000	5000 以上
土方	13.295	19.700	27.455	38.875	53.102	70.162	91.853
石方	13.711	20.258	29.025	41.435	56.875	75.358	100.223
运输	13.288	19.666	26.575	37.205	50.493	66.438	85.040
路面	14.572	21.618	30.689	45.032	59.615	79.500	102.640
隧道	13.364	19.850	28.490	40.767	56.037	74.302	99.259
构造物Ⅰ	12.799	19.051	27.989	40.356	55.723	74.098	95.521
构造物Ⅱ	13.622	20.244	29.082	41.617	57.214	75.874	101.408
构造物Ⅲ	12.786	18.985	27.054	38.616	53.004	70.217	93.371
技术复杂大桥	13.912	20.645	29.257	41.670	57.134	75.640	100.205
钢材及钢结构	13.204	19.622	28.269	40.492	55.699	73.891	98.930

（2）风沙地区施工增加费

风沙地区施工增加费是指在沙漠地区施工时，由于受风沙影响，按照施工及验收规范的要求，为保证工程质量和安全生产而增加的有关费用。风沙地区施工增加费包括防风、防沙及气候影响的措施费，人工、机械效率降低增加的费用，以及积沙、风蚀的清理修复等费用。风沙地区施工增加费以各类工程的定额人工费和定额施工机械使用费之和为基数，根据工程所在地风沙区划及类别，按表 3.7 的费率计算。工程所在风沙区划按照附录 5 查询。

工程所在地气象资料及自然特征与附录 5 中的风沙地区划分有较大出入时，由所在地省级交通运输主管部门按当地气象资料和自然特征及上述划分标准确定工程所在地的风沙区划。一条路线穿过两个以上不同的风沙区时，按线路长度经过不同风沙区加权计算项目全线风沙地区施工增加费。

表 3.7　风沙地区施工增加费费率表　　　　　　　　单位：%

工程类别	风沙一区			风沙二区			风沙三区		
	沙漠类型								
	固定	半固定	流动	固定	半固定	流动	固定	半固定	流动
土方	4.558	8.056	13.674	5.618	12.614	23.426	8.056	17.331	27.507
石方	0.745	1.490	2.981	1.014	2.236	3.959	1.490	3.726	5.216
运输	4.304	8.608	13.988	5.380	12.912	19.368	8.608	18.292	27.976
路面	1.364	2.727	4.932	2.205	4.932	7.567	3.365	7.137	11.025
隧道	0.261	0.522	1.043	0.355	0.783	1.386	0.522	1.304	1.826
构造物 I	3.968	6.944	11.904	4.960	10.912	16.864	6.944	15.872	23.808
构造物 II	3.254	5.694	9.761	4.067	8.948	13.828	5.694	13.015	19.523
构造物 III	2.976	5.208	8.928	3.720	8.184	12.648	5.208	11.904	17.226
技术复杂大桥	2.778	4.861	8.333	3.472	7.638	11.805	8.861	11.110	16.077
钢材及钢结构	1.035	2.070	4.140	1.409	3.105	5.498	2.070	5.175	7.245

（3）沿海地区施工增加费

沿海地区施工增加费是指工程项目在沿海地区施工受海风、海浪和潮汐的影响，致使人工、机械效率降低等所需增加的费用。本项费用由沿海各省份省级交通运输主管部门制定具体的适用范围（地区）。沿海地区施工增加费以各类工程的定额人工费和定额施工机械使用费之和为基数，按表 3.8 的费率计算。

表 3.8　沿海地区施工增加费费率表　　　　　　　　单位：%

工程类别	费率	工程类别	费率
构造物 II	0.207	构造物 III	0.195
技术复杂大桥	0.212	钢材及钢结构	0.200

注：1. 表中的构造物 III 指桥梁工程所用的商品水泥混凝土浇筑及混凝土构件、钢构件的安装。2. 表中的钢材及钢结构指桥梁工程所用的钢材及钢结构。

3.2.3.5 行车干扰施工增加费

行车干扰施工增加费是指由于边施工边维持通车，受行人干扰的影响，致使人工、机械效率降低而增加的费用。行车干扰施工增加费以受行车影响部分的工程项目的定额人工费和定额施工机械使用费之和为基数，按照表3.9的费率计算。

表 3.9　行车干扰施工增加费费率表　　　　　　　单位：%

工程类别	施工期间平均每昼夜双向行车次数(机动车、非机动车合计)							
	51～100	101～500	501～1000	1001～2000	2001～3000	3001～4000	4001～5000	5000以上
土方	1.499	2.343	3.194	4.118	4.775	5.314	5.885	6.468
石方	1.279	1.881	2.618	3.479	4.035	4.492	4.973	5.462
运输	1.451	2.230	3.041	4.001	4.641	5.164	5.719	6.285
路面	1.390	2.098	2.802	3.487	4.046	4.496	4.987	5.475
构造物Ⅰ	0.924	1.386	1.858	2.320	2.693	2.988	3.313	3.647
构造物Ⅱ	1.007	1.516	2.014	2.512	2.915	3.244	3.593	3.943
构造物Ⅲ	0.948	1.417	1.896	2.365	2.745	3.044	3.373	3.713

注：新建工程、中断交通进行封闭施工或为保证交通正常通行而修建保通便道的改(扩)建工程，不计行车干扰施工增加费。

3.2.3.6 施工辅助费

施工辅助费包括生产工具用具使用费、检验试验费和工程定位复测、工程点交、场地清理等费用。其中：

①生产工具用具使用费是指施工所需不属于固定资产的生产工具、检验、试验用具及仪器、仪表等的购置、摊销和维修费，以及支付给生产工人自备工具的补贴费。

②检验试验费是指施工企业对建筑材料、构件和建筑安装工程进行一般鉴定、检查所发生的费用，包括自设试验室进行试验所耗用的材料和化学药品的费用，以及技术革新和研究试验费，不包括新结构、新材料的试验费和建设单位要求对具有出厂合格证明的材料进行检验、对构件破坏性试验机其他特殊要求检验的费用。

③高填方和软基沉降监测、高边坡稳定监测、桥梁施工监测、隧道施工监测量测、超前地质预报等施工监控费含在施工辅助费中，不得另行计算。

施工辅助费以各类工程的定额直接费为基数，按表3.10的费率计算。

表 3.10　施工辅助费费率表　　　　　　　单位：%

工程类别	费率	工程类别	费率
土方	0.512	构造物Ⅰ	1.201
石方	0.470	构造物Ⅱ	1.537
运输	0.154	构造物Ⅲ	2.729
路面	0.818	技术复杂大桥	1.677
隧道	1.195	钢材及钢结构	0.564

3.2.3.7　工地转移费

工地转移费包括：

①施工单位职工及随职工迁移的家属向新工地转移的车费、家具行李运费、途中住宿费、行程补助费、杂费等。

②公物、工具、施工设备器材、施工机械的运杂费，以及外租机械的往返费及施工机械、设备、公物、工具的转移费等。

工地转移费以各类工程的定额人工费和定额施工机械使用费之和为基数，按表 3.11 的费率计算。高速公路、一级公路及独立大桥、独立隧道项目转移距离按省人民政府所在城市至工地的里程计算。工地转移里程数在表列里程之间时，费率可内插计算。工地转移距离在 50 km 以内的工程按 50 km 计算。

表 3.11　工地转移费费率表　　　　　　　　　　　　单位：%

工程类别	工地转移距离/km					
	50	100	300	500	1000	每增加 100
土方	0.224	0.301	0.470	0.614	0.815	0.036
石方	0.176	0.212	0.363	0.476	0.628	0.030
运输	0.157	0.203	0.315	0.416	0.543	0.025
路面	0.321	0.435	0.682	0.891	1.191	0.062
隧道	0.257	0.351	0.549	0.717	0.959	0.049
构造物 I	0.262	0.351	0.552	0.720	0.963	0.051
构造物 II	0.333	0.449	0.706	0.923	1.236	0.066
构造物 III	0.622	0.841	1.316	1.720	2.304	0.119
技术复杂大桥	0.389	0.523	0.818	1.067	1.430	0.073
钢材及钢结构	0.351	0.473	0.737	0.961	1.288	0.063

3.2.3.8　辅助生产间接费

辅助生产间接费指由施工单位自行开采加工的砂、石等自采材料及施工单位自办的人工、机械装卸和运输的间接费。

①辅助生产间接费按定额人工费的 3% 计。该项费用并入材料预算单价内构成材料费，不直接出现在估算中。

②高原地区施工单位的辅助生产，可按高原地区施工增加费费率，以定额人工费与定额施工机械费之和为基数计算高原地区施工增加费（其中：人工采集、加工材料、人工装卸、运输材料按土方费率计算；机械采集、加工材料按石方费率计算；机械装、运输材料按运输费率计算）。辅助生产高原地区施工增加费不作为辅助生产间接费的计算基数。

3.2.4　企业管理费

3.2.4.1　基本费用

基本费用指建筑安装企业组织施工生产和经营管理所需的费用。基本费用如下。

(1)管理人员工资

管理人员的基本工资、绩效工资、津贴补贴及特殊情况下支付的工资,以及缴纳的养老、医疗、失业、工伤保险费和住房公积金等。

(2)办公费

企业管理办公用的文具、纸张、账表、印刷、通信、网络、书报、办公软件、会议、水电、烧水和集体取暖降温(包括现场临时宿舍取暖降温)用煤(电、气)等费用。

(3)差旅交通费

职工因公出差、调动工作的差旅费、住勤补助费,市内交通费和误餐补助费,劳动力招募费,职工退休、退职一次性路费,工伤人员就医路费,以及管理部门使用的交通工具的油料、燃料等费用。

(4)固定资产使用费

管理部门及附属生产单位使用的属于固定资产的房屋、设备等的折旧、大修、维修或租赁费。

(5)工具用具使用费

企业管理使用的不属于固定资产的工具、器具、家具、交通工具和检验、试验、测绘、消防用具等的购置、维修和摊销费。

(6)劳动保险费

企业支付的离退休职工的易地安家补助费、职工退职金、6个月以上的病假人员工资、职工死亡丧葬补助费、抚恤费、按规定支付给离休干部的各项经费。

(7)职工福利费

按国家规定标准计提的职工福利费。

(8)劳动保护费

企业按国家有关部门规定标准发放的劳动保护用品的购置费及修理费、防暑降温费、在有碍身体健康环境中施工的保健费用等。

(9)工会经费

指企业根据《中华人民共和国工会法》的规定按全部职工工资总额比例计提的工会经费。

(10)职工教育经费

按职工工资总额的规定比例计提,企业为职工进行专业技术和职业技能培训,专业技术人员继续教育、职工职业技能鉴定、职业资格认定,以及根据需要对职工进行各类文化教育所发生的费用,不含职工安全教育、培训费用。

(11)保险费

企业财产保险、管理用及生产用车辆等保险费用及人身意外伤害险的费用。

(12)工程排污费

施工现场按规定缴纳的排污费用。

（13）税金

指企业按规定缴纳的城市维护建设税、教育费附加、地方教育附加、房产税、车船税、土地使用税、印花税等。

（14）其他

上述项目以外的其他必要的费用支出，包括技术转让费、技术开发费、竣（交）工文件编制费、招投标费、业务招待费、绿化费、广告费、公证费、定额测定费、法律顾问费、审计费、咨询费，以及施工标准化、规范化、精细化管理等费用。

基本费用以各类工程的定额直接费为基数，按表 3.12 的费率计算。

表 3.12　基本费用费率表　　　　　　　　　　　　单位：%

工程类别	费率	工程类别	费率
土方	2.747	构造物 Ⅰ	3.587
石方	2.792	构造物 Ⅱ	4.726
运输	1.374	构造物 Ⅲ	5.976
路面	2.427	技术复杂大桥	4.143
隧道	3.569	钢材及钢结构	2.242

3.2.4.2　主副食运费补贴

主副食运费补贴指施工企业在远离城镇及乡村的野外施工购买生活必需品所需增加的费用。该费用以各类工程的定额直接费为基数，按表 3.13 的费率计算。

表 3.13　主副食运费补贴费率表　　　　　　　　　单位：%

工程类别	综合里程/km										每增加 10
	3	5	8	10	15	20	25	30	40	50	
土方	0.122	0.131	0.164	0.191	0.235	0.284	0.322	0.377	0.444	0.519	0.070
石方	0.108	0.117	0.149	0.175	0.218	0.261	0.293	0.346	0.405	0.473	0.063
运输	0.118	0.130	0.166	0.192	0.233	0.285	0.322	0.379	0.447	0.519	0.073
路面	0.066	0.088	0.119	0.130	0.165	0.194	0.224	0.259	0.308	0.356	0.051
隧道	0.096	0.104	0.130	0.152	0.185	0.229	0.260	0.304	0.359	0.418	0.054
构造物 Ⅰ	0.114	0.120	0.145	0.167	0.207	0.254	0.285	0.338	0.394	0.463	0.062
构造物 Ⅱ	0.126	0.140	0.168	0.196	0.242	0.292	0.338	0.394	0.467	0.540	0.073
构造物 Ⅲ	0.225	0.248	0.303	0.352	0.435	0.528	0.599	0.705	0.831	0.969	0.132
技术复杂大桥	0.101	0.115	0.143	0.165	0.205	0.245	0.280	0.325	0.389	0.452	0.063
钢材及钢结构	0.104	0.113	0.146	0.168	0.207	0.247	0.281	0.331	0.387	0.449	0.620

注：综合里程=粮食运距×0.06+燃料运距×0.09+蔬菜运距×0.15+水运距×0.70，粮食、燃料、蔬菜、水的运距均为全线平均运距；如综合里程数在表列里程之间时，费率可内插，综合里程在 3 km 以内的工程，按 3 km 计取本项费用。

3.2.4.3 职工探亲路费

职工探亲路费指按照有关规定发放给施工企业职工在探亲期间发生的往返交通费和途中住宿费等费用。该费用以各类工程的定额直接费为基数，按表3.14的费率计算。

表 3.14 职工探亲路费费率表 单位：%

工程类别	费率	工程类别	费率
土方	0.192	构造物Ⅰ	0.274
石方	0.204	构造物Ⅱ	0.348
运输	0.132	构造物Ⅲ	0.551
路面	0.159	技术复杂大桥	0.208
隧道	0.266	钢材及钢结构	0.164

3.2.4.4 职工取暖补贴

职工取暖补贴指按规定发放给施工企业职工的冬季取暖费和为职工在施工现场设置的临时取暖设施的费用。该费用以各类工程的定额直接费为基数，按工程所在地的气温区选用表3.15的费率计算。

表 3.15 职工取暖补贴费率表 单位：%

工程类别	气温区						
	准二区	冬一区	冬二区	冬三区	冬四区	冬五区	冬六区
土方	0.060	0.130	0.221	0.331	0.436	0.554	0.663
石方	0.054	0.118	0.183	0.279	0.373	0.472	0.569
运输	0.065	0.130	0.228	0.336	0.444	0.552	0.671
路面	0.049	0.086	0.155	0.229	0.302	0.376	0.456
隧道	0.045	0.091	0.158	0.249	0.318	0.409	0.488
构造物Ⅰ	0.065	0.130	0.206	0.304	0.390	0.499	0.607
构造物Ⅱ	0.070	0.153	0.234	0.352	0.481	0.598	0.727
构造物Ⅲ	0.126	0.264	0.425	0.643	0.849	1.067	1.297
技术复杂大桥	0.059	0.120	0.203	0.310	0.406	0.501	0.609
钢材及钢结构	0.047	0.082	0.141	0.222	0.293	0.363	0.433

3.2.4.5 财务费用

财务费用指施工企业为筹集资金提供投标担保、预付款担保、履约担保、职工工资支付担保等所发生的各种费用，包括企业经营期间发生的短期贷款利息净支出、汇兑净损失、调剂外汇手续费、金融机构手续费，以及企业筹集资金发生的其他财务费用。财务费用以各类工程的定额直接费为基数，按表 3.16 的费率计算。

表 3.16　财务费用费率表　　　　　　　　　　　　　　单位：%

工程类别	费率	工程类别	费率
土方	0.271	构造物Ⅰ	0.466
石方	0.259	构造物Ⅱ	0.545
运输	0.264	构造物Ⅲ	1.094
路面	0.404	技术复杂大桥	0.637
隧道	0.513	钢材及钢结构	0.653

3.2.5　规费

规费指按法律、法规、规章、规程规定施工企业必须缴纳的费用。

规费包含：

①施工企业按规定标准为职工缴纳的基本养老保险费。

②施工企业按规定标准为职工缴纳的失业保险费。

③施工企业按规定标准为职工缴纳的医疗保险费含生育保险费。

④施工企业按规定标准为职工缴纳的工伤保险费。

⑤施工企业按规定标准为职工缴纳的住房公积金。

各项规费以各类工程的人工费之和为基数，按国家或工程所在地法律、法规、规章、规程规定的标准计算。

3.2.6　利润

利润指施工企业完成所承包工程获得的盈利，按定额直接费、措施费与企业管理费之和的 7.42% 计算。

3.2.7　税金

税金指国家税法规定应计入建筑安装工程造价的增值税销项税额。

$$税金 = (直接费 + 设备购置费 + 措施费 + 企业管理费 + 规费 + 利润) \times 10\% \tag{3.1}$$

3.2.8　专项费用

3.2.8.1　施工场地建设费

施工场地建设费包括：

①按照工地建设标准化要求进行承包人驻地、工地试验室建设，钢筋集中加工、混合料集中拌制、构件集中预制等所需的办公、生活居住房屋（包括职工家属房屋及探亲房屋），公用房屋（如广播室、文体活动室、医疗室等）和生产用房屋（如仓库、加工厂、加工棚、发电

站、变电站、空压机站、停机棚、值班室等)等费用。

②包括场区平整(山岭重丘区的土石方工程除外)、场地硬化、排水、绿化、标志、污水处理设施、围墙隔离设施等的费用,不包括钢筋加工的机械设备、混合料拌和设备及安拆、预制构件台座、预应力张拉设备、起重及养护设备,以及概算、预算定额中临时工程的费用。

③包括以上范围内的各种临时工作便道(包括汽车、人力车道)、人行便道,工地临时用水、用电的水管支线和电线支线,临时构筑物(如水井、水塔等)、其他小型临时设施等的搭设或租赁、维修、拆除、清理的费用;但不包括红线范围内贯通便道、进出场的临时道路、保通便道作业的费用。

④工地试验室所发生的属于固定资产的试验设备和仪器等折旧、维修或租赁费用。

⑤施工扬尘污染防治措施费:指裸露的施工场地覆盖防尘网、施工便道和施工场地洒水或喷洒抑尘剂,运输车辆的苫盖和冲洗、环境敏感区设置围挡,防尘标识设置,环境监控与检测等所需要的费用。

⑥文明施工、职工健康生活的费用。

施工场地建设费以施工场地计费基数,按表3.17的费率,以累进法计算。施工场地计费基为定额建筑安装工程费扣除专项费。

表 3.17 施工场地建设费费率表

施工场地 计费基数/ 万元	费率/ %	算例/万元	
		施工场地 计费基数	施工场地建设费/元
500 及以下	5.338	500	500×5.338%=26.69
500~1000	4.228	1000	26.69+(1000−500)×4.228%=47.83
1000~5000	2.665	5000	47.83+(5000−1000)×2.222%=154.43
5000~10000	2.222	10000	154.43+(10000−5000)×1.785%=265.53
10000~30000	1.785	30000	265.53+(30000−10000)×1.694%=622.53
30000~50000	1.694	50000	622.53+(50000−30000)×1.579%=961.33
50000~100000	1.579	100000	961.33+(100000−50000)×1.498%=1750.83
100000~150000	1.498	150000	1750.83+(150000−100000)×1.415%=2499.83
150000~200000	1.415	200000	2499.83+(200000−150000)×1.348%=3207.33
200000~300000	1.348	300000	3207.33+(300000−200000)×1.289%=4555.33
300000~400000	1.289	400000	4555.33+(400000−300000)×1.235%=5844.33
400000~600000	1.235	600000	5844.33+(600000−400000)×1.235%=8314.33
600000~800000	1.188	800000	8314.33+(800000−600000)×1.188%=10690.33
800000~1000000	1.149	1000000	10690.33+(1000000−800000)×1.149%=12988.33
1000000 以上	1.118	1200000	12988.33+(1200000−1000000)×1.118%=15224.33

3.2.8.2　安全生产费

安全生产费包括完善、改造和维护安全设施设备费用，配备、维护、保养应急救援器材、设备费用，开展重大危险源和事故隐患评估和整改费用，安全生产检查、评价、咨询费用，配备和更新现场作业人员安全防护用品支出，安全生产宣传、教育、培训费用，安全设施及特种设备检测检验费用，施工安全风险评估、应急演练等有关工作及其他与安全生产直接相关的费用。

安全生产费按建筑安装工程费乘安全生产费费率计算，费率按不少于 1.5% 计取。

3.2.9　算例

按照《公路工程建设项目概算预算编制办法》(JTG 3830—2018) 甲组文件，建筑安装工程费计算表填入 03 表，综合费率计算表填入 04 表，综合费率包括措施费、企业管理费和规费。措施费按照计算基数不同，分为综合费率Ⅰ和综合费率Ⅱ，如表 3.18 所示。

表 3.18　措施费费率分类表

措施费费率	计算基数	措施费费用名称
综合费率Ⅰ	定额人工费+定额施工机械使用费	冬季施工增加费
		雨季施工增加费
		夜间施工增加费
		沿海地区施工增加费
		高原地区施工增加费
		风沙地区施工增加费
		行车干扰工程施工增加费
		工地转移费
综合费率Ⅱ	定额直接费	施工辅助费

【例 3-1】已知云南怒江兰坪县某桥梁现浇混凝土钢构，工程量 0.8×10^4 m³，海拔 2500 m，无夜间施工，无行车干扰，无设备购置费，定额直接费 320 万元，定额人工费与定额施工机械使用费之和为 210 万元，直接费 400 万元，人工费 100 万元，工地转移运距为 50 km，主副食运费补贴综合运距 20 km，规费综合费率为 39%。

(1)计算建筑安装工程费。

(2)填写甲组文件 03 表和 04 表。

解：(1)桥梁工程类别为构筑物Ⅱ。云南怒江兰坪县，冬季施工气温区划分为准一区，雨季施工雨量区划分为Ⅰ区，雨季期 5 个月。填写表 3.19 费率表。

表 3.19　费率表

费用名称		费率/%	计算基数	取费依据
措施费	冬季施工增加费	0.165	定额人工费+定额施工机械使用费	
	雨季施工增加费	0.530	定额人工费+定额施工机械使用费	
	高原地区施工增加费	13.622	定额人工费+定额施工机械使用费	
	施工辅助费	1.537	定额直接费	
	工地转移费	0.333	定额人工费+定额施工机械使用费	
	综合费率Ⅰ	14.650	定额人工费+定额施工机械使用费	
	综合费率Ⅱ	1.537	定额直接费	
企业管理费	基本费用	4.726	定额直接费	
	主副食运费补贴	0.292	定额直接费	
	职工探亲路费	0.348	定额直接费	
	财务费用	0.545	定额直接费	
	综合费率	5.911	定额直接费	
规费		39	人工费	
利润		7.42	定额直接费+措施费+企业管理费	
税金		10	直接费+设备购置费+措施费+企业管理费+规费+利润	
定额建筑安装工程费			定额直接费+措施费+企业管理费+规费+利润+税金+专项费用	
施工场地建设费		5.338	定额建筑安装工程费-专项费用	
安全生产费		1.5	建筑安装工程费	

措施费 = 210×14.650% + 320×1.537% = 35.68(万元)

企业管理费 = 320×5.911% = 18.92(万元)

规费 = 100×39% = 39(万元)

利润 = (320+35.68+18.92)×7.42% = 27.8(万元)

税金 = (400+35.68+18.92+39+27.8)×10% = 52.14(万元)

建筑安装工程费 - 专项费用 = 400+35.68+18.92+39+27.8+52.14 = 573.54(万元)

单价 = 573.54÷0.8 = 716.93(元/m³)

定额建筑安装工程费 - 专项费用 = 320+35.68+18.92+39+27.8+52.14 = 493.54(万元)

施工场地建设费 = 493.54×5.338% = 26.35(万元)

建筑安装工程费 - 安全生产费 = 400+35.68+18.92+39+27.8+52.14+26.35 = 599.89(万元)

建筑安装工程费 = 599.89÷(1-1.5%) = 609.03(万元)

安全生产费 = 609.03×1.5% = 9.14(万元)

(2)填写表 3.20 建筑安装工程费计算表(03 表)和表 3.21 综合费率计算表(04 表)。

表 3.20 建筑安装工程费计算表

建设项目名称：

编制范围：　　　　　　　　　　　　　　　　　　　　　　第　页　共　页　03 表

序号	分项编号	工程名称	单位	工程量/m³	定额直接费/万元	定额设备购置费/万元	直接费/万元				设备购置费	措施费	企业管理费	规费	利润/万元	税金/万元	金额合计	
							人工费	材料费	施工机械使费	合计					费率 7.42%	税率 10%	合计/万元	单价/(元·m⁻³)
1	104	桥梁工程																
2	QL0307	现浇混凝土刚构	m³	8000	320		100			400		35.68	18.92	39	27.8	52.14	609.03	761.13
	110	专项费用															35.49	
	11001	施工场地建设费															26.35	
	11002	安全生产费															9.14	
各项费用合计/万元																	609.03	

表 3.21 综合费率计算表

建设项目名称：

编制范围：　　　　　　　　　　　　　　　　　　　　　　第　页　共　页　04 表

序号	工程类别	措施费/%							企业管理费/%					规费/%
		冬季施工增加费	雨季施工增加费	高原地区施工增加费	施工辅助费	工地转移费	综合费率 I	综合费率 II	基本费用	主副食运费补贴	职工探亲路费	财务费用	综合费率	综合费率
1	构造物Ⅱ	0.165	0.53	13.622	1.537	0.333	14.65	1.537	4.726	0.292	0.348	0.545	5.911	39

▶ 3.3 土地使用及拆迁补偿费

土地使用及拆迁补偿费包含永久占地费、临时占地费、拆迁补偿费、水土保持补偿费、其他费用。

永久占地费包括土地补偿费、征用耕地安置补助费、耕地开垦费、森林植被恢复费、失地农民养老保险费。

①土地补偿费包括征地补偿费、被征用土地上的青苗补偿费，征用城市郊区的菜地等缴纳的菜地开发建设基金，耕地占用税，用地图编制费及勘界费等。

②征用耕地安置补助费指征用耕地需要安置农业人口的补助费。

③耕地开垦费指公路建设项目占用耕地的，应由建设项目法人（业主）负责补充耕地所发生的费用；没有条件开垦或者开垦的耕地不符合要求的，按规定缴纳的耕地开垦费。

④公路建设项目发生跨省域补充耕地国家统筹的，应执行《关于印发跨省域不从耕地国家统筹管理办法和城乡建设用地增减挂钩节余指标跨省域调剂管理办法的通知》（国办发〔2018〕16号）的规定；发生省内跨区域补充耕地的，执行本省相关规定。

⑤森林植被恢复费指公路建设项目需要占用、征用林地的，经县级以上林业主管部门审核同意或批准，建设项目法人（业主）单位按照省级人民政府有关规定向县级以上林业主管部门预缴的森林植被恢复费。

⑥失地农民养老保险费指根据国家规定为保障依法被征地农民养老而交纳的保险费用。失地农民养老保险费按项目所在地省级人民政府的相关规定进行计算。

临时占地费包括临时征地使用费、复耕费。

①临时征地使用费指为满足施工所需的承包人驻地、预制场、拌和场、仓库、加工厂（棚）、堆料场、取弃土场、进出场便道、便桥等所有的临时用地及其附着物的补偿费用。

②复耕费指临时占用的耕地、鱼塘等，在工程交工后将其恢复到原有标准所发生的费用。

拆迁补偿费指被征用或占用土地地上、地下的房屋及附属构筑物，公用设施、文物等的拆除、发掘及迁建补偿费，拆迁管理费等。

水土保持补偿费根据国家相关法律、法规规定缴纳。

其他费用指国务院行政主管部门及省级人民政府规定的与征地拆迁相关的费用。

土地使用及拆迁补偿费计算方法如下：

①土地使用及拆迁补偿费应根据设计文件确定的建设工程用地和临时用地面积及其附着物的情况，以及实际发生的费用项目，按国家有关规定及工程所在地的省（自治区、直辖市）颁布的有关规定和标准计算。

②森林植被恢复费应根据审批单位批准的建设工程占用林地的类型及面积，按国家有关规定及工程所在地的省（自治区、直辖市）颁布的有关规定和标准计算。

③当与原有的电力电信设施、管线、水利工程、铁路及铁路设施互相干扰时，应与有关部门联系，商定合理的解决方案和补偿金额，也可由这些部门按规定编制费用以确定补偿金额。

④水土保持补偿费按各省（自治区、直辖市）制定的水土保持补偿费收费标准进行计算。

3.4　工程建设其他费

工程建设其他费包括建设项目管理费、研究试验费、前期工作费、专项评价(估)费、联合试运转费、生产准备费、工程保通管理费、工程保险费、其他相关费用。

3.4.1　建设项目管理费

建设项目管理费包括建设单位(业主)管理费、建设项目信息化费、工程监理费、设计文件审查费、竣(交)工验收试验检测费。其中建设单位(业主)管理费、建设项目信息化费和工程监理费均为实施建设项目管理的费用,可根据建设单位(业主)、施工、监理单位所实际承担的工作内容和工作量统筹使用。

(1)建设单位(业主)管理费

建设单位(业主)管理费指建设单位(业主)为进行建设项目的立项、筹建、建设、竣(交)工验收、总结等工作所发生的费用。

建设单位(业主)管理费包括工作人员的工资、工资性津贴、施工现场津贴,社会保险费用(基本养老、基本医疗、失业、工伤保险)、住房公积金、职工福利费、工会经费、劳动保护费,办公费、会议费、差旅交通费、固定资产使用费(包括办公及生活房屋折旧、维修或租赁费,车辆折旧、维修、使用或租赁费,通信设备购置、使用费,测量、试验设备仪器折旧、维修或租赁费,其他设备折旧、维修或租赁费等)、零星固定资产购置费、招募生产工人费,技术图书资料费、职工教育培训经费,招标管理费,合同契约公证费、法律顾问费、咨询费,建设单位的临时设施费、完工清理费、竣(交)工验收费(含其他行业或部门要求的竣工验收费用、建设单位负责的竣(交)工文件编制费)、各种税费(包括房产税、车船税、印花税等),对建设项目前期工作、项目实施及竣工决算等全过程进行审计所发生的审计费用;境内外融资费用(不含建设期贷款利息)、业务招待费及工程质量、安全生产管理费和其他管理性开支。

建设单位(业主)管理费以定额建筑安装工程费为基数,按表 3.22 的费率,以累进方法计算。

表 3.22　建设单位(业主)管理费费率表

定额建筑安装工程费/万元	费率/%	算例/万元	
		定额建筑安装工程费	建设单位(业主)管理费
500 及以下	4.858	500	500×4.858% = 24.29
500~1000	3.813	1000	24.29+(1000−500)×3.813% = 43.355
1000~5000	3.049	5000	43.355+(5000−1000)×3.049% = 165.315
5000~10000	2.562	10000	165.315+(10000−5000)×2.562% = 293.415
10000~30000	2.125	30000	293.415+(30000−10000)×2.125% = 718.415
30000~50000	1.773	50000	718.415+(50000−30000)×1.773% = 1073.015

续表3.22

定额建筑安装工程费/万元	费率/%	算例/万元	
		定额建筑安装工程费	建设单位(业主)管理费
50000~100000	1.312	100000	1073.015+(100000−50000)×1.312%=1729.015
100000~150000	1.057	150000	1729.015+(150000−100000)×1.057%=2257.515
150000~200000	0.826	200000	2257.515+(200000−150000)×0.826%=2670.515
200000~300000	0.593	300000	2670.515+(300000−200000)×0.593%=3265.515
300000~400000	0.498	400000	3265.515+(400000−300000)×0.498%=3763.515
400000~600000	0.450	600000	3763.515+(600000−400000)×0.45%=4663.515
600000~800000	0.400	800000	4663.515+(800000−600000)×0.4%=5463.515
800000~1000000	0.375	1000000	5463.515+(1000000−800000)×0.375%=6213.515
1000000 以上	0.350	1200000	6213.515+(1200000−1000000)×0.35%=6913.515

双洞长度超过 5000 m 的独立隧道,水深大于 15 m、跨径大于或等于 400 m 的斜拉桥和跨径大于或等于 800 m 的悬索桥等独立特大型桥梁工程的建设单位(业主)管理费,按表 3.22 中的费率乘系数 1.3 计算;海上工作[指由于风浪影响,工程施工期(不包括封冻期)全年月平均工作日少于 15 d 的工程]的建设单位(业主)管理费,按表 3.22 中的费率乘系数 1.2 计算。

(2)建设项目信息化费

建设项目信息化费指建设单位(业主)和各参建单位用于建设项目的质量、安全、进度、费用等方面的信息化建设、运维及各种税费等费用,包括建设项目全寿命周期的建筑信息模型(BIM)等相关费用。建设项目信息化费以定额建筑安装工程费为基数,按表 3.23 的费率,以累进方法计算。

表3.23 建设项目信息化费费率表

定额建筑安装工程费/万元	费率/%	算例/万元	
		定额建筑安装工程费	建设项目信息化费
500 及以下	0.600	500	500×0.6%=3
500~1000	0.452	1000	3+(1000−500)×0.452%=5.26
1000~5000	0.356	5000	5.26+(5000−1000)×0.356%=19.5
5000~10000	0.285	10000	19.5+(10000−5000)×0.285%=33.75
10000~30000	0.252	30000	33.75+(30000−10000)×0.252%=84.15
30000~50000	0.224	50000	84.15+(50000−30000)×0.224%=128.95
50000~100000	0.202	100000	128.95+(100000−50000)×0.202%=229.95
100000~150000	0.171	150000	229.95+(150000−100000)×0.171%=315.45

续表3.23

定额建筑安装工程费/万元	费率/%	算例/万元	
		定额建筑安装工程费	建设项目信息化费
150000~200000	0.160	200000	315.45+(200000-150000)×0.16%=395.45
200000~300000	0.142	300000	395.45+(300000-200000)×0.142%=573.45
300000~400000	0.135	400000	537.45+(400000-300000)×0.135%=672.45
400000~600000	0.131	600000	672.45+(600000-400000)×0.131%=934.45
600000~800000	0.127	800000	934.45+(800000-600000)×0.127%=1188.45
800000~1000000	0.125	1000000	1188.45+(1000000-800000)×0.125%=1438.45
1000000 以上	0.122	1200000	1438.45+(1200000-1000000)×0.122%=1682.45

（3）工程监理费

工程监理费指建设单位(业主)委托具有监理资格的单位，按施工监理规范进行全面的监督和管理所发生的费用。

工程监理费内容包括工作人员的工资、工资性津贴、施工现场津贴、社会保险费用(基本养老、基本医疗、失业、工伤保险)、住房公积金、职工福利费、工会经费、劳动保护费，办公费、会议费、差旅交通费，办公、试验固定资产使用费(包括办公及生活房屋折旧、维修或租赁费，车辆折旧、维修、使用或租赁费，通信设备购置、使用费，测量、试验、检测设备仪器折旧、维修或租赁费，其他设备折旧、维修或租赁费等)、零星固定资产购置费、招募生产工人费，技术图书资料费、职工教育经费、投标费用，合同契约公证费、法律顾问费、咨询费、业务招待费、财务费用、监理单位的临时设施费、完工清理费、竣(交)工验收费、各种税费、安全生产管理费和其他管理性开支。

工程监理费以定额建筑安装工程费为基数，按表3.24的费率，以累进方法计算。

表 3.24　工程监理费费率表

定额建筑安装工程费/万元	费率/%	算例/万元	
		定额建筑安装工程费	工程监理费
500 及以下	3.00	500	500×3%=15
500~1000	2.40	1000	15+(1000-500)×2.4%=27
1000~5000	2.10	5000	27+(5000-1000)×2.1%=111
5000~10000	1.94	10000	111+(10000-5000)×1.94%=208
10000~30000	1.87	30000	208+(30000-10000)×1.87%=582
30000~50000	1.83	50000	582+(50000-30000)×1.83%=948
50000~100000	1.78	100000	948+(100000-50000)×1.78%=1838
100000~150000	1.72	150000	1838+(150000-100000)×1.72%=2698

续表3.24

定额建筑安装 工程费/万元	费率/ %	算例/万元	
		定额建筑 安装工程费	工程监理费
150000~200000	1.64	200000	2698+(200000−150000)×1.64%=3518
200000~300000	1.55	300000	3518+(300000−200000)×1.55%=5068
300000~400000	1.49	400000	5068+(400000−300000)×1.49%=6558
400000~600000	1.45	600000	6558+(600000−400000)×1.45%=9458
600000~800000	1.42	800000	9458+(800000−600000)×1.42%=12298
800000~1000000	1.37	1000000	12298+(1000000−800000)×1.37%=15038
1000000 以上	1.33	1200000	15038+(1200000−1000000)×1.33%=17698

(4)设计文件审查费

设计文件审查费指在项目审批前,建设单位(业主)为保证勘察设计工作的质量,组织有关专家或委托有资质的单位,对提交的建设项目可行性研究报告和勘察设计文件进行审查所需要的相关费用。设计文件审查费以定额建筑安装工程费为基数,按表3.25的费率,以累进方法计算。

建设项目若有地质勘察监理,费用在此项目开支。

设项目若有设计咨询(或称设计监理、设计双院制),其费用在此项目内开支。

表 3.25　设计文件审查费费率表

定额建筑安装 工程费/万元	费率/ %	算例/万元	
		定额建筑 安装工程费	设计文件审查费
5000 以下	0.077	5000	5000×%=3.85
5000~10000	0.072	10000	3.85+(10000−5000)×0.072%=7.45
10000~30000	0.069	30000	7.45+(30000−10000)×0.069%=21.25
30000~50000	0.066	50000	21.25+(50000−30000)×0.066%=34.45
50000~100000	0.065	100000	34.45+(100000−50000)×0.065%=66.95
100000~150000	0.061	150000	66.95+(150000−100000)×0.061%=97.45
150000~200000	0.059	200000	97.45+(200000−150000)×0.059%=126.95
200000~300000	0.057	300000	126.95+(300000−200000)×0.057%=183.95
300000~400000	0.055	400000	183.95+(400000−300000)×0.055%=238.95
400000~600000	0.053	600000	238.95+(600000−400000)×0.053%=344.95
600000~800000	0.052	800000	344.95+(800000−600000)×0.052%=448.95
800000~1000000	0.051	1000000	448.95+(1000000−800000)×0.051%=550.95
1000000 以上	0.050	1200000	550.95+(1200000−1000000)×0.05%=650.95

（5）竣（交）工验收试验检测费

竣（交）工验收试验检测费指在公路建设项目竣（交）工验收前，由建设单位（业主）或工程质量监督机构委托有资质的公路工程质量检测单位按照有关规定对建设项目的工程质量进行检测并出具检测试验意见，以及进行桥梁动（静）载试验或其他特殊检测等所需的费用。

竣（交）工验收试验检测费按表 3.26 规定的费率计算。道路工程按主线路基长度计算，桥梁工程以主线桥梁、分离式立交、匝道桥的长度之和进行计算，隧道按单洞长度计算。

道路工程，高速公路、一级公路按四车道计算，二级及二级以下公路按两车道计算，每增加 1 个车道，按表 3.26 的费用增加 10%。桥梁和隧道按双向四车道计算，每增加 1 个车道费用增加 15%。二级及二级以下公路的桥隧工程，按表 3.26 费用的 40% 计算。

表 3.26　竣（交）工验收试验检测费率表（%）

检测项目		竣（交）工验收 试验检测	备注
道路工程/（元·km^{-1}）	高速公路	23500	包括路基、路面、涵洞、通道、路段安全设施和机电、房建、绿化、环境保护及其他工程
	一级公路	17000	
	二级公路	11500	
	三级及三级 以下公路	5750	
桥梁工程	一般桥梁/ （元·延米$^{-1}$）	40	包括桥梁范围内的所有土建、安全设施和机电、电屏障等环境保护工程及必要的动（静）载试验
	—		
	技术复杂桥梁/ （元·延米$^{-1}$）　钢管拱	750	
	连续刚构	500	
	斜拉桥	600	
	悬索桥	560	
隧道工程/（元·延米$^{-1}$）		80	包括隧道范围内的所有土建、安全设施、机电、消防设施等

3.4.2　研究试验费

研究试验费指按项目特点和有关规定，在建设过程中必须进行的研究和试验所需的费用，以及支付科技成果、专利、先进技术的一次性技术转让费。研究试验费按设计提出的研究试验内容和要求进行编制。

研究试验费不包括：

①应由前期工作费（为建设项目提供或验证设计数据、资料等专题研究）开支的项目。

②应由科技三项费用（即新产品试制费、中间试验费和重要科学研究补助费）开支的项目。

③应由施工辅助费开支的施工企业对建筑材料、构件和建筑物进行一般鉴定、检查所发生的费用及技术革新研究试验费。

3.4.3 建设项目前期工作费

建设项目前期工作费指委托勘察设计单位、咨询单位对建设项目进行可行性研究、工程勘察设计，以及设计、监理、施工招标文件及招标标底或造价控制值文件编制时，按规定应支付的费用。

建设项目前期工作费包括：

①编制项目建议书（或预可行性研究报告）、可行性研究报告、投资估算，以及相应的勘察、设计等所需的费用。

②通过风洞试验、地震动参数、索塔足尺模型试验、桥墩局部冲刷试验、桩基承载力试验等为建设项目提供或验证设计数据所需的专题研究费用。

③初步设计和施工图设计的勘察费、设计费、概（预）算编制及调整概算编制费用等。

④设计、监理、施工招标及招标标底（或造价控制值或清单预算）文件编制费等。

建设项目前期工作费以定额建筑安装工程费为基数，按表 3.27 的费率，以累进方法计算。

表 3.27　建设项目前期工作费费率表

定额建筑安装 工程费/万元	费率/ %	算例/万元	
		定额建筑 安装工程费	建设项目前期工作费
500 及以下	3	500	500×3% = 15
500~1000	2.7	1000	15+(1000−500)×2.7% = 28.5
1000~5000	2.55	5000	28.5+(5000−1000)×2.55% = 130.5
5000~10000	2.46	10000	130.5+(10000−5000)×2.46% = 253.5
10000~30000	2.39	30000	253.5+(30000−10000)×2.39% = 731.5
30000~50000	2.34	50000	731.5+(50000−30000)×2.34% = 1199.5
50000~100000	2.27	100000	1199.5+(100000−50000)×2.27% = 2334.5
100000~150000	2.19	150000	2334.5+(150000−100000)×2.19% = 3429.5
150000~200000	2.08	200000	3429.5+(200000−150000)×2.08% = 4469.5
200000~300000	1.99	300000	4469.5+(300000−200000)×1.99% = 6459.5
300000~400000	1.94	400000	6459.5+(400000−300000)×1.94% = 8399.5
400000~600000	1.86	600000	8399.5+(600000−400000)×1.86% = 12119.5
600000~800000	1.8	800000	12119.5+(800000−600000)×1.8% = 15719.5
800000~1000000	1.76	1000000	15719.5+(1000000−800000)×1.76% = 19239.5
1000000 以上	1.72	1200000	19239.5+(1200000−1000000)×1.72% = 22679.5

3.4.4 专项评价（估）费

专项评价（估）费指依据国家法律、法规规定进行评价（评估）、咨询，按规定应支付的费用。专项评价（估）费依据委托合同，或参照类似工程已发生的费用进行计列。

专项评价(估)费包括环境影响评价费、水土保持评估费、地震安全性评价费、地质灾害危险性评价费、压覆重要矿床评估费、文物勘查费、通航论证费、行洪论证(评估)费、使用林地可行性研究报告编制费、用地预审报告编制费、项目风险评估费、节能评估费和社会风险评估费、放射性影响评估费、规划选址意见书编制费等费用。

3.4.5　联合试运转费

联合试运转费指建设项目的机电工程,按照有关规定标准,需要进行整套设备带负荷联合试运转所需的全部费用,不包括应由设备安装工程费中开支的调试费用。联合试运转费以定额建筑安装工程费为基数,按 0.04% 费率计算。

费用包括联合试运转期间所需的材料、燃料和动力的消耗,机械和检测设备使用费,工具用具和低值易耗品费,参加联合试运转的人员工资及其他费用等。

3.4.6　生产准备费

生产准备费指为保证新建、改扩建项目交付使用后满足正常的运行、管理发生的工器具购置、办公和生活用家具购置、生产人员培训、应急保通设备购置等费用。

①工器具购置费指建设项目交付使用后为满足初期正常运营必须购置的第一套不构成固定资产的设备、仪器、仪表、工卡模具、器具、工作台(框、架、柜)等的费用,不包括构成固定资产的设备、工器具和备品、备件,以及已列入设备费中的专用工具和备品、备件。工器具购置费由设计单位列出计划购置清单(包括规格、型号、数量),计算方法同设备购置费。

②办公和生活用家具购置费指新建、改扩建工程项目,为保证初期正常生产、使用和管理所购置的办公和生活用家具、用具的费用,包括行政、生产部门的办公室、会议室、资料档案室、阅览室、宿舍及生活福利设施等的家具、用具。办公和生活用家具购置费按表 3.28 的规定计算。

表 3.28　办公和生活用家具购置标准表

工程所在地	路线/(元·km^{-1})				单独管理或单独收费的桥梁、隧道/(元·座$^{-1}$)		
	高速公路	一级公路	二级公路	三、四级公路	特大、大桥		特长隧道
					一般桥梁	技术复杂大桥	
内蒙古、黑龙江、青海、新疆、西藏	21500	15600	7800	4000	24000	60000	78000
其他省、自治区、直辖市	17500	14600	5800	2900	19800	49000	63700

③生产人员培训费指为保证生产的正常运行,在工程交工验收交付使用前对运营部门生产人员和管理人员进行培训所需的费用,包括培训人员的工资、工资性津贴、职工福利费、差旅交通费、劳动保护费、培训及教学实习费等。该费用按设计定员和 3000 元/人的标准计算。

④应急保通设备购置费指新建、改扩建工程项目,为满足初期正常营运,购置保障抢修保通、应急处置,且构成固定资产的设备所需的费用。该费用由设计单位列出计划购置清单,计算方法同设备购置费。

3.4.7 工程保通管理费

工程保通管理费指新建或改扩建工程需边施工边维持通车或通航的建设项目,为保证公(铁)路运营安全、船舶航行安全及施工安全而进行交通(公路、航道、铁路)管制、交通(铁路)与船舶疏导所需的和媒体、公告等宣传费用及协管人员经费等。工程保通管理费应按设计需要进行列支。涉水项目施工期通航安全保障费用计算方法按照《公路工程建设项目概算预算编制办法》(JTG 3830—2018)附录 G 执行。

3.4.8 工程保险费

工程保险费指在合同执行期内,施工企业按合同条款要求办理保险的费用,包括建筑工程一切险和第三方责任险。工程保险费以建筑安装工程费(不含设备费)为基数,按 0.4%费率计算。

建筑工程一切险是为永久工程、临时工程和设备及已运至施工工地用于永久工程的材料和设备所投的保险。第三者责任险是对因实施合同工程而造成的财产(本工程除外)损失或损害,或人员(业主和承包人雇员除外)的死亡或伤残所负责进行的保险。

▶ 3.5 预备费

预备费由基本预备费和价差预备费两部分组成。

3.5.1 基本预备费

基本预备费是指在初步设计和概算、施工图设计和施工图预算中难以预料的工程费用。基本预备费包括:

①在进行技术设计、施工图设计和施工过程中,在批准的初步设计和概算范围内所增加的工程费用;

②在设备订货时,由于规格、型号改变的价差,材料货源变更、运输距离或方式的改变,以及因规格不同而代换使用等原因发生的价差;

③在项目主管部门组织竣(交)工验收时,验收委员(或小组)为鉴定工程质量必须开挖和修复隐蔽工程的费用。

基本预备费以建筑安装工程费、土地使用及拆迁补偿费、工程建设其他费之和为基数,按下列费率计算:

①设计概算按 5%计列;

②修正概算按 4%计列;

③施工图预算按 3%计列。

3.5.2　价差预备费

价差预备费系指设计文件编制年至工程交工年期间，建筑安装工程费用的人工费、材料费、设备费、施工机械使用费、措施费、企业管理费等由于政策、价格变化可能发生上浮而预留的费用，及外资贷款汇率变动部分的费用。

价差预备费以建筑安装工程费用总额为基数，按设计文件编制年始至建设项目工程交工年终的年数和年工程造价增长率计算。

▶ 3.6　建设期贷款利息

建设期贷款利息指工程项目使用的贷款部分在建设期内应计取的贷款利息，包括各种金融机构贷款、建设债券和外汇贷款等利息。

根据不同的资金来源分年度投资计算所需支付的利息。计算公式为

建设期贷款利息 = Σ（上年末付息贷款本息累计 + 本年度付息贷款额÷2）×年利率　　（3.2）

习　题

1. 举例分析某一政策变化所带来的公路工程概预算费用组成变化。

2. 已知机械轧碎石，碎石已筛分，碎石机装料口径 250 mm×400 mm，碎石最大粒径 5 cm，片石预算单价为 50 元/m³，电动颚式破碎机台班单价为 160 元/台班，滚筒式筛分机台班单价为 140 元/台班。计算机械轧碎石的料场单价，填写《自采材料料场价格计算表》。（综合工日单价为"100+学号后两位"元/工日）

3. 简述工程类别划分的方法及作用。

4. 简述建筑安装工程费的计算流程。

5. 已知某沥青混凝土路面摊铺工程，总造价 2400 万元，其中人工、机械两项约占总造价的 40%。总里程 600 km，其中海拔 2500~3000 m 路段 400 km，海拔 3000~3500 m 路段 200 km。求工程所在地高原地区施工增加费。

6. 已知某钢筋混凝土实体式墩台，C30 混凝土，无夜间施工，无行车干扰，无设备购置费，工地转移运距 50 km，主副食运费补贴综合运距 20 km，规费综合费率 39%。计算建筑安装工程费，填写《分项工程概（预）算表》《建筑安装工程费计算表》《综合费率计算表》。（建设地点为你的家乡，工程量为"1000+学号后三位"m³）

7. 简述《公路工程预算定额》（JTG 3832—2018）土地使用及拆迁补偿费的变化，并分析其原因。

8. 简述《公路工程预算定额》（JTG 3832—2018）建设项目管理费的变化，并分析其原因。

9. 简述基本预备费的主要内容。

10. 简述公路工程概预算费用组成。

第4章 公路工程工程量清单计价

4.1 工程量清单计价概述

4.1.1 建设工程工程量清单计价规范

工程量清单是载明清单项目的名称和相应数量以及规费、税金项目等内容的明细清单。工程量清单应采用综合单价计价。工程量清单计价通过市场竞争形成价格，是当前工程计价的主要方式，也是国际上的通用做法。

使用国有资金投资的建设工程发承包，必须采用工程量清单计价。非国有资金投资的建设工程，宜采用工程量清单计价。

2003年，我国颁布了首部《建设工程工程量清单计价规范》（GB 50500—2003）。2008年，对合同签订、工程计量与价款支付、合同价款调整、索赔和竣工结算等方面进行修订后，颁布了《建设工程工程量清单计价规范》（GB 50500—2008）。

《建设工程工程量清单计价规范》（GB 50050—2013）是2013年7月1日中华人民共和国住房和城乡建设部编写颁发的文件，是根据《中华人民共和国建筑法》《中华人民共和国合同法》《中华人民共和国招投标法》等法律以及最高人民法院《关于审理建设工程施工合同纠纷案件适用法律问题的解释》（法释200414号），在2008年版的基础上进行修订，按照我国工程造价管理改革的总体目标，本着国家宏观调控、市场竞争形成价格的原则制定的。

2013年，住建部还颁布了9个专业工程的清单工程量计量规范，即《房屋建筑与装饰工程工程量计算规范》（GB 50054—2013）、《仿古建筑工程工程量计算规范》（GB 50055—2013）、《通用安装工程工程量计算规范》（GB 50056—2013）、《市政工程工程量计算规范》（GB 50057—2013）、《园林绿化工程工程量计算规范》（GB 50058—2013）、《矿山工程工程量计算规范》（GB 50059—2013）、《构筑物工程工程量计算规范》（GB 50060—2013）、《城市轨道交通工程工程量计算规范》（GB 50061—2013）、《爆破工程工程量计算规范》（GB 50062—2013）。

4.1.2　公路工程工程量清单计价规定

公路工程专业没有全国范围行业统一的工程量清单计价规范。公路工程招标人按照交通运输部 2018 年 3 月 1 日实施的《公路工程标准施工招标文件》(2018 年版)规定编制工程量清单。《公路工程标准施工招标文件》(2018 年版)以国家九部委《标准施工招标文件》为基础,以《中华人民共和国招标投标法》《中华人民共和国招标投标法实施条例》《公路工程建设项目招标投标管理办法》(交通运输部令 2015 年第 24 号)等法律法规和部门规章为依据,结合公路工程施工招标特点和管理需要编制而成。《公路工程标准施工招标文件》适用于依法必须进行招标的各等级公路和桥梁、隧道建设项目,其他公路项目可参照执行。公路工程量清单计价体系与住建部《建设工程工程量清单计价规范》大致相同。

公路工程量清单计价执行《公路工程标准施工招标文件》(2018 年版)相应规定,包括第五章"工程量清单"、第七章"技术规范"和第八章"工程量清单计价规则",工程量清单表格样式应符合附录 2 的规定。

第五章"工程量清单"由招标人根据《公路工程标准施工招标文件》(2018 年版)、招标项目具体特点和实际需要编制,并与"投标人须知""通用合同条款""专用合同条款""技术规范""工程量清单计量规则""图纸"相衔接。第五章所附表格可根据有关规定作相应的调整和补充。第八章"工程量清单计价规则"是按照第七章"技术规范"的章节划分,给出了工程清单项目的分项(工程子目)及其工程量计量规则,各分项的工程量计量规则应与"技术规范"相应章节的施工规范结合起来理解、解释和应用。

4.1.3　工程量清单计价合同

(1)单价合同

实行工程量清单计价的工程,应采用单价合同。

单价合同是发承包双方约定以工程量清单及其综合单价进行合同价款计算、调整和确认的建设工程施工合同。施工中进行工程计量,当发现招标工程量清单中出现缺项、工程量偏差,或因工程变更引起工程量增减时,应按承包人在履行合同义务中完成的工程量计算。

(2)总价合同

建设规模较小,技术难度较低,工期较短,且施工图设计已审查批准的建设工程可采用总价合同。

总价合同是发承包双方约定以施工图及其预算和有关条件进行合同价款计算、调整和确认的建设工程施工合同。采用经审定批准的施工图纸及其预算方式发包形成的总价合同,除按照工程变更规定的工程量增减外,总价合同各项目的工程量应为承包人用于结算的最终工程量。

(3)成本加酬金合同

紧急抢险、救灾以及施工技术特别复杂的建设工程可采用成本加酬金合同。

成本加酬金合同是承包双方约定以施工工程成本再加合同约定酬金进行合同价款计算、调计算、调整和确认的建设工程施工合同。承包人为实施合同工程并达到质量标准,在确保安全施工的前提下,必须消耗或使用的人工、材料、工程设备、施工机械台班及其管理等方面发生的费用和按规定缴纳的规费和税金。

4.1.4　工程量清单计价意义

建设工程发承包及实施阶段的计价活动中，工程量清单计价工作包括招标工程量清单、招标控制价、投标报价、工程计量、合同价款调整、合同价款结算与支付、索赔、变更、竣工结算、竣工决算以及工程造价鉴定等工程造价文件的编制与核对。

工程量清单是招标人或招标代理人依据图纸、工程量清单计量规则和技术规范等计算所得的构成工程实体的工程数量表，体现了招标人要求投标人完成工程项目的名称及其相应的工程量明细清单。工程量清单为投标人投标竞争提供了一个平等和共同的基础。招标工程量清单由招标人提供，作为招标文件的组成部分，由招标人对其准确性和完整性负责，在公路工程的投标中，投标人的竞争活动就有了一个共同基础，投标人对于工程量清单受到的待遇是公正和公平的。

工程量清单是公路工程招标控制价和投标报价的依据。在招投标过程中，招标人根据工程量清单编制招标控制价，投标人依据企业自身的定额水平和市场价格计算投标价格，自主填报工程量清单所列项目的单价和合价。

工程量清单是工程付款和结算的依据。承发包签订合同后，招标工程量清单即为合同的组成部分。在施工阶段，发包人根据承包人完成的工程量清单规定内容和合同单价支付工程款。工程结算时，承发包双方按照工程量清单计价表中序号对已完成的分部分项工程或计价项目，按合同单价和相关合同条款核算结算价款。

工程量清单是调整工程价款、处理工程索赔的依据。发生工程变更和索赔时，根据合同条款，可以选用或者参照工程量清单中的分部分项工程或计价项目及合同单价来确定变更价款和索赔费用。

4.2　公路工程工程量清单

4.2.1　公路工程工程量清单主要内容

公路工程工程量清单是载明工程清单项目、暂估价、计日工、暂列金额项目的名称和相应数量等内容的明细清单。工程量清单包括招标工程量清单和已标价工程量清单。

（1）招标工程量清单

招标工程量清单（见表4.1）是随招标文件发布供投标报价的工程量清单，是招标人依据国家标准、招标文件、设计文件以及施工现场实际情况编制的，包括其说明和表格。

表4.1　招标工程量清单示例

子目号	子目名称	单位	数量
203-1	路基挖方		
-a	挖土方	m^3	120000
-b	挖石方	m^3	3000

（2）已标价工程量清单

已标价工程量清单（见表 4.2）指构成合同文件组成部分的已标明价格、经算术性错误修正及其他错误修正（如有）且承包人已确认的最终的工程量清单，包括工程量清单说明、投标报价说明、计日工说明、其他说明及工程量清单各项表格。

表 4.2 已标价工程量清单示例

子目号	子目名称	单位	数量	单价/(元·m⁻³)	合价/元
203-1	路基挖方				
-a	挖土方	m^3	120000	5	600000
-b	挖石方	m^3	3000	6	18000

工程量清单中所列工程数量是估算的或设计的预计数量，仅作为投标报价的共同基础，不能作为最终结算与支付的依据。实际支付应按实际完成的工程量，由承包人按工程量清单计量规则规定的计量方法，以监理人认可的尺寸、断面计量，按本工程量清单的单价和总额价计算支付金额；或根据具体情况，按合同条款规定，按监理人确定的单价或总额价计算支付额。投标人如果发现工程量清单中的数量与图纸中数量不一致时，应立即通知招标人核查，除非招标人以书面方式予以更正，否则，应以工程量清单中列出的数量为准。

【例 4-1】某公路工程项目为单价合同，招标文件工程量清单、招标控制价（150 万元）见表 4.3。其中钢筋工程量由于工作人员疏忽，把 1000 t 写成了 100 t。分析此错误带来的经济后果。

表 4.3 工程量清单及招标控制价

子目号	子目名称	单位	数量	单价	合价/元
203-1	路基挖方				
-a	挖土方	m^3	100000	11 元/m³	1100000
209-5	混凝土挡土墙				
-b	钢筋	t	100	4000 元/t	400000
					1500000

某投标人在投标过程中发现该错误后，进行不平衡报价，以总价 140 万优势中标，投标报价见表 4.4。

表 4.4 投标报价

子目号	子目名称	单位	数量	单价	合价/元
203-1	路基挖方				
-a	挖土方	m^3	100000	9 元/m³	900000
209-5	混凝土挡土墙				
-b	钢筋	t	100	5000 元/t	500000
					1400000

在合同履行中，承包合同是单价合同，结算须按合同中的单价结算，工程量按实际完成的工程量，则实际招标控制价与结算价如表4.5所示。施工单位获得了80万元的超额利润。因此，工程量清单应保证工程量的准确，误差最大不宜超过5%。

表4.5 实际招标控制价与结算价

子目号	子目名称	单位	数量	单价	合价/元
203-1	路基挖方				
-a	挖土方	m^3	100000	11（9）元/m^3	1100000（900000）
209-5	混凝土挡土墙				
-b	钢筋	t	1000	4000（5000）元/t	4000000（5000000）
					5100000（5900000）

4.2.2 公路工程工程量清单项目划分

公路工程清单项目分项按照章、节、目的形式设置，分为700章（见表4.6）。如203-1路基挖方，203-1-a路基挖土方，203-1-b路基挖石方，其中"-a"和"-b"为工程细目。根据实际情况，可按厚度、标号、规格等增列细目或子细目。

表4.6 公路工程清单项目划分

章次	名称
第100章	总则
第200章	路基
203-1	路基挖方
-a	挖土方
-b	挖石方
第500章	隧道
第600章	安全设施及预埋管线
第700章	绿化及环境保护设施

4.2.3 投标报价汇总表

工程量清单中的每一子目须填入单价或价格，且只允许有一个报价。除非合同另有规定，工程量清单中有标价的单价和总额价均已包括了为实施和完成合同工程所需的劳务、材料、机械、质检(自检)、安装、缺陷修复、管理、保险、税费、利润等费用，以及合同明示或暗示的所有责任、义务和一般风险。工程量清单中投标人没有填入单价或价格的子目，其费用视为已分摊在工程量清单中其他相关子目的单价或价格之中。承包人必须按监理人指令完成工程量清单中未填入单价或价格的子目，但不能得到结算与支付。

符合合同条款规定的全部费用应认为已被计入有标价的工程量清单所列各子目之中,未列子目不予计量的工作,其费用应视为已分摊在本合同工程的有关子目的单价或总额价之中。承包人用于本合同工程的各类装备的提供、运输、维护、拆卸、拼装等支付的费用,已包括在工程量清单的单价与总额价之中。

4.2.4　工程量清单单价

公路工程工程量清单的单价为综合单价,综合单价包括了为实施和完成合同工程所需的劳务、材料、机械、质检(自检)、安装、缺陷修复、管理、保险、税费、利润等费用,以及合同明示或暗示的所有责任、义务和一般风险。风险是隐含于已标价工程量清单综合单价中,用于化解发承包双方在工程合同中约定内容和范围内的市场价格波动风险的费用。

4.2.5　计日工

计日工是在工程实施过程中,一些临时性或新增加的零星项目,在工程量清单中没有相应项目的额外工作,需要按计日(计量)使用人工、材料和施工机械所需的费用,一般是指合同约定之外的或者因变更而产生的,尤其是时间不允许事先商定价格的额外工作。公路中这种例外的附加工作出现的可能性较高,且这种例外的附加工作很难估计工程量,用计日工的方法来估计劳务、材料和施工机械的数量,确定单价,以便发生时有计价的依据。计日工由省级行政主管部门有规定的按现行规定编制,如表4.7所示的清单预算中各专项工程招标的计日工比例规定。

表 4.7　计日工比例

项目	计日工比例
土建工程	2%
路面、交安、绿化工程	1%

计日工包括劳务、材料和施工机械,由招标人根据工程特点,列出可能发生的常规子目和估计数量。

(1)计日工劳务

在计算应付给承包人的计日工工资时,工时应从工人到达施工现场,并开始从事指定的工作算起,到返回原出发地点为止,扣去用餐和休息的时间。只有直接从事指定的工作,且能胜任该工作的工人才能计工,随同工人一起做工的班长应计算在内,但不包括领工(工长)和其他质检管理人员。

承包人可以得到用于计日工劳务的全部工时的支付,此支付按承包人填报的"计日工劳务单价表"所列单价计算,该单价应包括基本单价及承包人的管理费、税费、利润等所有附加费,说明如下:

①劳务基本单价包括:承包人劳务的全部直接费用,如工资、加班费、津贴、福利费及劳动保护费等。

②承包人的利润、管理、质检、保险、税费;易耗品的使用,水电及照明费,工作台、脚手架、临时设施费,手动机具与工具的使用及维修,以及上述各项伴随而来的费用。

（2）计日工材料

承包人可以得到计日工使用的材料费用（计日工劳务已计入劳务费内的材料费用除外）的支付，此费用按承包人"计日工材料单价表"中所填报的单价计算，该单价应包括基本单价及承包人的管理费、税费、利润等所有附加费，说明如下：

①材料基本单价按供货价加运杂费（到达承包人现场仓库）、保险费、仓库管理费以及运输损耗等计算；

②承包人的利润、管理、质检、保险、税费及其他附加费；

③从现场运至使用地点的人工费和施工机械使用费不包括在上述基本单价内。

（3）计日工施工机械

承包人可以得到用于计日工作业的施工机械费用的支付，该费用按承包人填报的"计日工施工机械单价表"中的租价计算。该租价应包括施工机械的折旧、利息、维修、保养、零配件、油燃料、保险和其他消耗品的费用以及全部有关使用这些机械的管理费、税费、利润和司机与助手的劳务费等费用。

在计日工作业中，承包人计算所用的施工机械费用时，应按实际工作小时支付。除非经监理人的同意，计算的工作小时才能将施工机械从现场某处运到监理人指令的计日工作业的另一现场往返运送时间包括在内。

4.2.6 暂估价

暂估价是招标人在工程量清单中给定用于支付必然发生但暂时不能确定价格的材料、设备以及专业工程的金额，包括材料、工程设备暂估单价、专业工程暂估价。

招标人应按照省级行政主管部门发布的工程造价信息或参考市场价格估算材料、设备价格，专业工程暂估价应分不同专业，按有关计价规定估算，如清单预算中暂估价一般不超过清单合计的 2%。

材料、工程设备、专业工程暂估价已包括在清单合计中，不应重复计入投标报价。

4.2.7 暂列金额

暂列金额指招标人在工程量清单中暂定并包括在合同价款中的一笔款项，用于在签订协议书时尚未确定或不可预见变更的施工及其所需材料、工程设备、服务等的金额，以暂列金额（不含计日工总额）形式给出。暂列金额的设置不宜超过工程量清单第 100 章~700 章合计金额的 3%。

暂列金额应由监理人报发包人批准后指令全部或部分地使用，或者根本不予动用。对于经发包人批准的每一笔暂列金额，监理人有权向承包人发出实施工程或提供材料、工程设备或服务的指令。这些指令应由承包人完成，监理人应根据约定的变更估价原则等规定，对合同价格进行相应调整。当监理人提出要求时，承包人应提供有关暂列金额支出的所有报价单、发票、凭证和账单或收据，除非该工作是根据已标价工程量清单列明的单价或总额价进行的估价。

4.3　投标报价

4.3.1　投标报价编制

(1)确定投标项目,组织投标报价班子

投标需要大量人力、物力和财力,对投标项目要有所选择。投标企业要认真研究项目的合同条件、施工条件,结合自身情况,确定恰当的项目。

投标较为复杂,时间又短,要在较短时间内拿出一份理想的报价,必须组建一个高效精干的投标班子。人员构成上要选派精通业务、掌握招投标知识、反应敏捷、应变能力强、有责任感的骨干人员,还应注意专业配套,分清任务和责任。

(2)现场调查、市场调查与询价

调查工程所在地的政治、经济、法律、社会、自然条件等对投标和中标后履行合同有影响的各种因素。

政治情况调查:对国际项目,应调查所在国的社会制度与政治制度;政局是否稳定,有无发生政变、暴动和内战的因素;与邻国的关系如何,有无发生边境冲突或封锁边界的可能;与我国的双边关系如何。

经济条件调查:项目所在地的经济发展情况和自然资源状况;港口、铁路、公路、航空交通运输及电信联络情况;当地的科学技术水平。

法律方面调查:项目所在地与承包活动有关的、地方性法规等。

社会情况调查:当地的生活习俗;居民的宗教信仰;民族或部族的关系;工会、社会团体的活动情况;社会治安状况。

自然条件调查:项目所在地的地理位置和地形、地貌;气象情况,包括气温、湿度、主导风向与风力、年降水量等;地震、洪水、台风与自然灾害情况,水文情况。

市场情况调查:建筑与安装材料、施工机械设备、燃料、动力、供水与生活用品的供应情况,价格水平,过去几年的物价指数,以及今后的变化趋势和预测;主要构件半成品及商品混凝土的供应能力和价格;劳务市场状况,包括工人的技术水平、工资水平、有关劳动保险和福利待遇的规定。

项目自身情况调查:特别是交通运输条件、地质、气候、劳动力来源、水电、材料供应、临时道路、利用永久工程的可能性、建设单位可提供的临时房屋等,在计算报价前必须详细掌握,并尽可能利用客观已有的有利条件。项目自身情况是决定投标报价的微观因素,在报价之前应尽可能详尽地了解。调查的主要内容包括:工程性质、规模、发包范围;工程的技术规模对材料性能、设备规格型号、供应商家,以及工人技术水平的要求;总工期和分批竣工交付使用的要求;施工现场的地形、土质、地下水位、交通运输、供水排水、供电、通信条件等情况;项目发包人的资信情况、管理水平、项目资金来源及落实情况;工程价款的支付方式等合同条款情况;监理工程师的资历与工作作风等。

(3)研究招标文件及工程量清单

在编制报价之前一定认真研究招标文件中的技术规范及工程量清单说明和子目划分,将清单子目与清单说明及技术规范中的计量规则和方法对应起来进行分析和理解，避免因理解不清造成缺项、漏项或重复计算，致使报价偏低或过高，影响中标概率。

（4）计算或复核工程量

采用工程量清单招标时，招标文件中有工程量清单，但工程数量有时会和图纸中的数量存在不一致的现象，核实工程量的主要作用有：全面掌握本项目需发生的各分项工程的数量，便于投标中进行准确的报价；及时发现工程量清单中关于工程量的错误和漏洞，为制定投标策略提供依据（可以使用不平衡报价法，工程量偏高的项目报低价，工程量偏低的项目报高价）；有利于促使投标单位对技术规范中的计量支付规定做进一步的研究，便于精确地编写各工程子目的单价。

有些项目不采用工程量清单计价，招标文件中不提供工程量清单，则要自行计算工程量。

（5）编制施工组织设计，确定主要施工方案

招标阶段的施工组织设计要依据调查的项目情况和企业自身的施工管理水平和施工方案情况编制，不同的施工组织设计对投标报价的影响很大。

施工组织设计着重考虑对报价影响较大的主体工程、辅助工程和临时工程方案，为报价提供依据。

（6）报价计算与分析

投标报价由企业根据合同、规范（标准）、政策、招标文件和现场情况，市场信息、分包询价、合作关系，以及施工装备、经营管理水平、投标策略、报价技巧等进行定价。为了在投标竞争中获胜又能赢利，投标报价由投标人自主确定，但不得低于成本。

根据工料机消耗量情况和市场价格确定工、料、机单价。材料、机械、劳务有合作关系的，应充分考虑其操作性和价格因素。单价应符合投标工程的实际情况，反映市场价格变化和自身的情况。根据项目所在地的地形地貌、气候、交通、通信等情况确定措施费。根据企业管理水平和经营状况等确定企业管理费；按规定确定规费。投标人应根据项目的工期、质量要求，规模、技术要求，工程所在地的实际情况，自身的经验等因素，对可能的风险进行逐个分析，确定一个比较合理的费用比率。投标利润确定，既要考虑可获得最大的可能利润，又要保证投标价格具有可靠的竞争性。投标人应充分考虑市场竞争情况、分包工程情况、存在的风险情况等，确定正确的投标策略，确定合理的利润率。

计算出来的投标报价可能存在偏差，甚至可能出现重、漏、不合理等情况，需要对其进行核对、调整，投标人应多角度对投标项目进行盈亏分析与预测，分析降价成本、增加盈利的措施，确定合理的总价和各分项综合单价，最终确定投标报价。

4.3.2　投标报价技巧

（1）不平衡报价法

不平衡报价法指在保持总价格水平的前提下，将某些项目的单价定得比正常水平高些，而另外一些项目的单价则可以比正常水平低些，但这种提高和降低又应保持在一定限度内，避免工程单价的明显不合理而导致废标。不平衡报价法通常有以下几种情况：

①为了将初期投入的资金尽早回收，以减少资金占用时间和贷款利息，而将待摊入单价中的各项费用多摊入早收款的项目（如基础工程、土方工程等），使这些项目的单价提高，而

将后期的项目单价适当降低。

②对在工程实施中可能增加工程量的项目适当提高单价,而在实施中可能减少工程量的项目则适当降低单价。

③图纸不明确或有错误的,估计今后有可能修改的项目单价可提高,工程内容说明不清楚的单价可降低,这样有利于以后的索赔。

④工程量清单中无工程量而只填单价的项目(如土方工程中的挖淤泥、岩石等备用单价)其单价宜高,这样做不会影响总标价,而一旦发生时可以多获利。

⑤对于暂定金额(或工程),分析其将来要做的可能性大的,价格可定高些;估计不一定发生的,价格可定低些,以增加中标的机会。

⑥零星用工(计日工作)一般可稍高于工程单价中的工资单价,因它不属于承包价的范围,发生时实报实销,也可多获利。如果招标文件中有“名义工程量”则不必提高零星用工单价。

(2)利用可谈判的“无形标价”

在投标文件中,某些不以价格形式表达的“无形价格”,在开标后有谈判余地,承包人可利用这种条件争取收益。

(3)调价系数的利用

多数施工承包合同中都包括有关价格调整的条款,并给出利用物价指数计算调价系数的公式,付款时承包人可根据该系数得到由于物价上涨的补偿。

(4)附加优惠条件

如附加带资承包、延期付款、缩短工期或留赠施工设备等可以吸引发包人,提高中标的可能性。

(5)多方案报价法

多方案报价法是利用工程说明书或合同条款不够明确之处,以争取达到修改工程说明书和合同为目的的一种报价方法。

当工程说明书和合同条款中有某些不够明确之处时,往往承包人要承担很大的风险。为了减少风险就须扩大工程单价,增加“不可预见费”,但这样做亦会因报价过高而增加被淘汰的可能性。

多方案报价法就是为了对付这种两难局面而出现的,其具体做法是在标书上报两个单价:一是按原工程说明书和合同条款一个价;二是加以注释“如工程说明书或合同条款可作某些改变时”,则可降低多少费用,使报价成为最低的,以吸引发包人修改说明书和合同条款。

(6)增加建议方案法

投标人在编制投标文件的过程中,如发现改进某些不合理的设计或利用某项新技术可以降低造价时,除对原设计提出报价外,还可以增加一个修改设计的比较方案及相应的低报价。这往往能得到发包人的赏识而达到理想的效果。当进行多方案报价、增加建议方案法时,要看招标文件是否允许采用,以免废标。

4.3.3　投标报价评标规定

投标报价有算术错误的,评标委员会按以下原则对投标报价进行修正,修正的价格经投标人书面确认后具有约束力。投标人不接受修正价格的，评标委员会应否决其投标。

①投标文件中的大写金额与小写金额不一致的，以大写金额为准；

②总价金额与依据单价计算出的结果不一致的，以单价金额为准修正总价，但单价金额小数点有明显错误的除外；

③当单价与数量相乘不等于合价时，以单价计算为准，如果单价有明显的小数点位置差错，应以标出的合价为准，同时对单价予以修正；

④当各子目的合价累计不等于总价时，应以各子目合价累计数为准，修正总价。

工程量清单中的投标报价有其他错误的，评标委员会按以下原则对投标报价进行修正，修正的价格经投标人书面确认后具有约束力。投标人不接受修正价格的，评标委员会应否决其投标。

①在招标人给定的工程量清单中漏报了某个工程子目的单价、合价或总额价，或所报单价、合价或总额价减少了报价范围，则漏报的工程子目单价、合价和总额价或单价、合价和总额价中减少的报价内容视为已含入其他工程子目的单价、合价和总额价之中。

②在招标人给定的工程量清单中多报了某个工程子目的单价、合价或总额价，或所报单价、合价或总额价增加了报价范围，则从投标报价中扣除多报的工程子目报价或工程子目报价中增加了报价范围的部分报价。

③当单价与数量的乘积与合价（金额）虽然一致，但投标人修改了该子目的工程数量，则其合价按招标人给定的工程数量乘投标人所报单价予以修正。

修正后的最终投标报价若超过最高投标限价（如有），评标委员会应否决其投标。修正后的最终投标报价仅作为签订合同的一个依据，不参与评标价得分的计算。

习　题

1. 简述建设工程、公路工程工程量清单计价规范的历史沿革与体系。
2. 建设工程量清单计价合同的主要内容及其适用范围。
3. 简述工程量清单计价的意义。
4. 已知水泥路面水泥混凝土面板厚 220 mm，工程量 100000 m²，编制招标工程量清单。
5. 已知习题 4 中清单单价为 1000 元/m²，编制已标价工程量清单。
6. 简述投标报价汇总表。
7. 简述工程量清单单价的基本概念及其作用。
8. 简述暂估价、暂列金额的基本概念，并分析两者的联系与区别。
9. 简述投标报价的编制方法。
10. 简述投标报价技巧。

第 5 章 公路工程工程量清单计量规则

公路工程清单项目分项计量规则应按照《公路工程标准施工招标文件》(2018 版)工程量清单计量规则执行。当出现计量规则中没有的子目，其工程量按照有合同约束力的图纸所标示尺寸的理论净量计算。计量采用中华人民共和国法定计量单位。

5.1 总则

本小节应按表 5.1 的规定执行。

表 5.1 通则

子目号	子目名称	单位	工程量计量	工程内容
101	通则			
101-1	保险费			
-a	按合同条款规定，提供建筑工程一切险	总额	1. 承包人按照合同条款约定的保险费率及保费计算方法办理建筑工程一切险，根据保险公司的保单金额以总额为单位计量； 2. 保险期为合同约定的施工期及缺陷责任期； 3. 承包人施工机械设备保险和雇用人员工伤事故保险费、人身意外伤害保险费由承包人承担	根据合同条款办理建筑工程一切险
-b	按合同条款规定，提供第三者责任险	总额	1. 承包人按照合同条款约定的保险费率及保费计算方法办理第三者责任险，根据保险公司的保单金额以总额为单位计量； 2. 保险期为合同约定的施工期及缺陷责任期	根据合同条款办理第三者责任险

5.1.1 工程管理

本小节工程量清单项目分项计量规则应按表 5.2 的规定执行。

表 5.2　工程管理

子目号	子目名称	单位	工程量计量	工程内容
102	工程管理			
102-1	竣工文件	总额	以总额为单位计量	按《公路工程竣(交)工验收办法》《公路工程竣(交)工验收办法实施细则》及合同条款规定进行编制
102-2	施工环保费	总额	以总额为单位计量	按招标文件技术规范 102.11 小节及合同条款规定落实环境保护
102-3	安全生产费	总额	按投标价的 1.5%(若招标人公布了最高投标限价时,按最高投标限价的 1.5%)以总额为单位计量	按招标文件技术规范 102.13 小节及合同条款规定落实安全生产
102-4	信息化系统(暂估价)	总额	以暂估价的形式按总额计量	1. 工程信息化系统的配置、维护、备份管理及网络构筑;2. 系统操作人员培训、劳务

5.1.2　临时工程与设施

本小节工程量清单项目分项计量规则应按表 5.3 的规定执行。

表 5.3　临时工程与设施

子目号	子目名称	单位	工程量计量	工程内容
103	临时工程与设施			
103-1	临时道路修建、养护与拆除(包括原道路的养护)	总额	以总额为单位计量	按招标文件技术规范 103.03 小节及合同条款规定完成临时道路的修建、养护与拆除
103-2	临时占地	总额	1. 以总额为单位计量;2. 取、弃土(渣)场的绿化、结构防护及排水在相应章节计量	1. 按招标文件技术规范 103.04 小节及合同条款规定办理及使用临时占地,并进行复垦;2. 临时占地范围包括承包人驻地的办公室、食堂、宿舍、道路和机械设备停放场、材料堆放场地、弃土(渣)场、预制场、拌和场、仓库、进场临时道路、临时便道、便桥等
103-3	临时供电设施架设、维护与拆除	总额	以总额为单位计量	按招标文件技术规范 103.02 小节及合同条款规定完成临时供电设施架设、维护与拆除
103-4	电信设施的提供、维修与拆除	总额	以总额为单位计量	按招标文件技术规范 103.02 小节及合同条款规定完成电信设施的提供、维修与拆除
103-5	临时供水与排污设施	总额	以总额为单位计量	按招标文件技术规范 103.02 小节及合同条款规定完成临时供水与排污设施的修建、维修与拆除

5.1.3　承包人驻地建设

本小节工程量清单项目分项计量规则应按表 5.4 的规定执行。

表 5.4　承包人驻地建设

子目号	子目名称	单位	工程量计量	工程内容
104	承包人驻地建设			
104-1	承包人驻地建设	总额	以总额为单位计量	1. 承包人驻地建设包括：施工与管理所需的办公室、住房、工地试验室、车间、工作场地、预制场地、仓库与储料场、拌和场、医疗卫生与消防设施等；2. 驻地的建设、管理与维护；3. 工程交工时，按照合同或协议要求将驻地移走、清除、恢复原貌

5.1.4　施工标准化

本小节工程量清单项目分项计量规则应按表 5.5 的规定执行。

表 5.5　施工标准化

子目号	子目名称	单位	工程量计量	工程内容
105	施工标准化			
105-1	施工驻地	总额	以总额为单位计量	按招标文件技术规范第 105 节施工标准化的内容和要求执行
105-2	工地试验室	总额	以总额为单位计量	按招标文件技术规范第 105 节施工标准化的内容和要求执行
105-3	拌和站	总额	以总额为单位计量	按招标文件技术规范第 105 节施工标准化的内容和要求执行
105-4	钢筋加工场	总额	以总额为单位计量	按招标文件技术规范第 105 节施工标准化的内容和要求执行
105-5	预制场	总额	以总额为单位计量	按招标文件技术规范第 105 节施工标准化的内容和要求执行
105-6	仓储存放地	总额	以总额为单位计量	按招标文件技术规范第 105 节施工标准化的内容和要求执行
105-7	各场（厂）区、作业区连接道路及施工主便道	总额	以总额为单位计量	按招标文件技术规范第 105 节施工标准化的内容和要求执行

5.2 路基

本小节包括材料标准、路基施工的一般要求。本节工作内容均不作计量，其所涉及的作业应包含在与其相关工程子目之中。

5.2.1 场地清理

本小节工程量清单项目分项计量规则应按表 5.6 的规定执行。

表 5.6　场地清理

子目号	子目名称	单位	工程量计量	工程内容
202	场地清理			
202-1	清理与掘除			
-a	清理现场	m²	依据图纸所示位置及范围(路基范围以外临时工程用地清场等除外)，按路基开挖线或填筑边线之间的水平投影面积以平方米为单位计量	1.灌木、竹林、胸径小于 10 cm 树木的砍伐及挖根；2.清除场地表面 0~30 cm 内的垃圾、废料、表土(腐殖土)、石头、草皮；3.与清理现场有关的一切挖方、坑穴的回填、整平、压实；4.适用材料的装卸、移运、堆放及非适用材料的移运处理；5.现场清理
-b	砍伐树木	棵	依据图纸所示路基范围内胸径 10 cm 以上(含 10 cm)的树木，按实际砍伐数量以棵为单位计量	1.砍伐；2.截锯；3.装卸、移运至指定地点堆放；4.现场清理
-c	挖除树根	棵	依据图纸所示路基范围内胸径 10 cm 以上(含 10 cm)树木的树根，按实际挖除数量以棵为单位计量	1.挖除树根；2.装卸、移运至指定地点堆放；3.现场清理
202-2	挖除旧路面	m³	依据图纸所示位置，挖除路基范围内原有的旧路面，按不同的路面结构类型以立方米为单位计量	1.挖除；2.装卸、移运处理；3.场地清理、平整
202-3	拆除结构物			
-a	钢筋混凝土结构	m³	依据图纸所示位置，拆除路基范围内原有的钢筋混凝土结构以立方米为单位计量	1.挖除；2.装卸、移运处理；3.场地清理、平整

续表5.6

子目号	子目名称	单位	工程量计量	工程内容
-b	混凝土结构	m³	依据图纸所示位置，拆除路基范围内原有的混凝土结构以立方米为单位计量	1.挖除；2.装卸、移运处理；3.场地清理、平整
-c	砖、石及其他砌体结构	m³	依据图纸所示位置，拆除路基范围内原有的砖、石及其他砌体结构，以立方米为单位计量	1.挖除；2.装卸、移运处理；3.场地清理、平整
-d	金属结构	kg	1.依据图纸所示位置，拆除路基范围内原有的金属结构，以千克为单位计量；2.金属回收按合同有关规定办理	1.切割、挖除；2.装卸、移运、堆放；3.场地清理、平整
202-4	植物移栽			
-a	移栽乔(灌)木	棵	依据图纸所示位置，起挖路基范围内原有的乔(灌)木并移栽，按成活的各类乔(灌)木数量，以棵为单位计量	1.起挖；2.植物保护、装卸、运输；3.坑(穴)开挖；4.种植；5.支撑、养护；6.场地清理
-b	移栽草皮	m²	依据图纸所示位置，起挖路基范围内原有的草皮并移栽，按成活的草皮面积，以平方米为单位计量	1.起挖；2.植物保护、装卸、运输；3.坑(穴)开挖；4.种植；5.养护；6.场地清理

5.2.2　挖方路基

本小节工程量清单项目分项计量规则应按表 5.7 的规定执行。

表 5.7　挖方路基

子目号	子目名称	单位	工程量计量	工程内容
203	挖方路基			
203-1	路基挖方			
-a	挖土方	m³	1.依据图纸所示地面线、路基设计横断面图、路基土石比例，采用平均断面面积法计算，包括边沟、排水沟、截水沟的土方，按照天然密实体积以立方米为单位计量；2.路床顶面以下挖松深300 mm 再压实作为挖土方的附属工作，不另行计量；3.取弃土场的绿化、防护工程、排水设施在相应章节内计量	1.挖、装、运输、卸车；2.填料分理、弃土整型、压实；3.施工排水处理；4.边坡整修、路床顶面以下挖松深300 mm 再压实、路床清理

续表5.7

子目号	子目名称	单位	工程量计量	工程内容
-b	挖石方	m³	1.依据图纸所示地面线、路基设计横断面图、路基土石比例,按平均断面积法计算,包括边沟、排水沟、截水沟的石方,按照天然体积以立方米为单位计量; 2.弃土场绿化、防护工程、排水设施在相应章节内计量	1.石方爆破;2.挖、装、运输、卸车;3.填料分理、弃土整型、压实;4.施工排水处理;5.边坡整修、路床顶面凿平或填平压实、路床清理
-c	挖除非适用材料(不含淤泥、岩盐、冻土)	m³	1.依据图纸所示位置,挖除路基范围内非适用材料(不含淤泥、岩盐、冻土)以立方米为单位计量; 2.弃土场绿化、防护工程、排水设施在相应章节内计量	1.施工排水处理;2.挖除、装载、运输、卸车、堆放;3.现场清理
-d	挖淤泥	m³	1.依据图纸所示位置,挖除路基范围内淤泥以立方米为单位计量; 2.弃土场绿化、防护工程、排水设施在相应章节内计量	1.施工排水处理;2.挖除、装载、运输、卸车、堆放;3.现场清理
-e	挖岩盐	m³	1.依据图纸所示地面线、路基设计横断面图、路基土石比例,按平均断面积法计算,按照天然体积以立方米为单位计量; 2.弃土场绿化、防护工程、排水设施在相应章节内计量	1.石方爆破或机械开挖;2.挖、装、运输、卸车;3.填料分理;4.施工排水处理;5.路床顶面岩盐破碎、润洒饱和卤水、碾压整平、路床清理
-f	挖冻土	m³	1.依据图纸所示地面线、路基设计横断面图、路基土石比例,按平均断面积法计算,按照天然体积以立方米为单位计量; 2.弃土场绿化、防护工程、排水设施在相应章节内计量	1.爆破或机械开挖;2.挖除、装载、运输、卸车、堆放;3.施工排水处理;4.现场清理
203-2	改河、改渠、改路挖方			
-a	挖土方	m³	1.依据图纸所示地面线、设计横断面图、土石比例,按平均断面面积法计算,以立方米为单位计量; 2.路床顶面以下挖松深300 mm再压实作为挖土方的附属工作,不另行计量; 3.取弃土场的绿化、防护工程、排水设施在相应章节内计量	1.挖、装、运输、卸车;2.填料分理、弃土整型、压实;3.施工排水处理;4.边坡整修、路床顶面以下挖松深300 mm再压实、路床清理

续表5.7

子目号	子目名称	单位	工程量计量	工程内容
-b	挖石方	m³	1.依据图纸所示地面线、设计横断面图、土石比例,按平均断面面积法计算,以立方米为单位计量; 2 弃土场绿化、防护工程、排水设施在相应章节内计量	1.石方爆破;2.挖、装、运输、卸车;3.填料分理、弃土整型、压实;4.施工排水处理;5.边坡整修、路床顶面凿平或填平压实、路床清理
-c	挖除非适用材料(不含淤泥、岩盐、冻土)	m³	1.依据图纸所示位置,挖除非适用材料(不含淤泥、岩盐、冻土)以立方米为单位计量; 2.弃土场绿化、防护工程、排水设施在相应章节内计量	1.施工排水处理;2.挖除、装载、运输、卸车、堆放;3.现场清理
-d	挖淤泥	m³	1.依据图纸所示位置,挖除淤泥以立方米为单位计量; 2.弃土场绿化、防护工程、排水设施在相应章节内计量	1.施工排水处理;2.挖除、装载、运输、卸车、堆放;3.现场清理
-e	挖岩盐	m³	1.依据图纸所示位置,挖岩盐以立方米为单位计量; 2.路床顶面岩盐破碎、润洒卤水、碾压整平等作为挖岩盐的附属工作,不另行计量	1.石方爆破或机械开挖;2.挖、装、运输、卸车;3.填料分理;4.施工排水处理;5.路床顶面岩盐破碎、润洒饱和卤水、碾压整平、路床清理
-f	挖冻土	m³	1.依据图纸所示位置,挖冻土以立方米为单位计量; 2.弃土场绿化、防护工程、排水设施在相应章节内计量	1.爆破或机械开挖;2.挖除、装载、运输、卸车、堆放;3.施工排水处理;4.现场清理

5.2.3 填方路基

本小节工程量清单项目分项计量规则应按表5.8的规定执行。

表 5.8 填方路基

子目号	子目名称	单位	工程量计量	工程内容
204	填方路基			
204-1	路基填筑(包括填前压实)			

续表5.8

子目号	子目名称	单位	工程量计量	工程内容
-a	利用土方	m³	1.依据图纸所示地面线、路基设计横断面图,按平均断面面积法计算压实的体积,以立方米为单位计量; 2.当填料中石料含量小于30%时,适用于本条; 3.满足施工需要,预留路基宽度宽填的填方量作为路基填筑的附属工作,不另行计量; 4.填前压实、地面下沉增加的填方量按填料来源参照本条计量	1.基底翻松、压实、挖台阶; 2.临时排水、翻晒;3.分层摊铺;4.洒水、压实、刷坡; 5.整型
-b	利用石方	m³	1.依据图纸所示地面线、路基设计横断面图,按平均断面面积法计算压实的体积,以立方米为单位计量; 2.当填料中石料含量大于70%时,适用于本条; 3.地面下沉增加的填方量按填料来源参照本条计量	1.基底翻松、压实、挖台阶; 2.临时排水、翻晒;3.边坡码砌;4.分层摊铺;5.小石块(或石屑)填缝、找补; 6.洒水、压实;7.整型
-c	利用土石混填	m³	1.依据图纸所示地面线、路基设计横断面图,按平均断面面积法计算压实的体积,以立方米为单位计量; 2.当填料中石料含量大于30%,小于70%时,适用于本条; 3.满足施工需要,预留路基宽度宽填的填方量作为路基填筑的附属工作,不另行计量; 4.地面下沉增加的填方量按填料来源参照本条计量	1.基底翻松、压实、挖台阶; 2.临时排水、翻晒;3.边坡码砌;4.分层摊铺;5.洒水、压实、刷坡;6.整型
-d	借土填方	m³	1.依据图纸所示地面线、路基设计横断面图,按平均断面面积法计算压实的体积,以立方米为单位计量; 2.借土场绿化、防护工程、排水设施、临时用地在相应章节内计量; 3.满足施工需要,预留路基宽度宽填的填方量作为路基填筑的附属工作,不另行计量; 4.地面下沉增加的填方量按填料来源参照本条计量	1.借土场场地清理、清除不适用材料;2.简易便道、基底翻松、压实、挖台阶;3.挖、装、运输、卸车;4.分层摊铺;5.洒水、压实、刷坡;6.施工排水处理;7.整型

续表5.8

子目号	子目名称	单位	工程量计量	工程内容
-e	粉煤灰及矿渣路堤	m³	1. 依据图纸所示地面线、路基设计横断面图，按平均断面面积法计算压实的体积，以立方米为单位计量； 2. 满足施工需要，预留路基宽度宽填的填方量作为路基填筑的附属工作，不另行计量； 3. 地面下沉增加的填方量按填料来源参照本条计量	1. 材料选择；2. 基底翻松、压实、挖台阶；3. 挖、装、运输、卸车；4. 分层摊铺；5. 洒水、压实、土质护坡；6. 施工排水处理；7. 整型
-f	吹填砂路堤	m³	1. 依据图纸所示地面线、路基设计横断面图，按平均断面面积法计算压实的体积，以立方米为单位计量； 2. 满足施工需要，预留路基宽度宽填的填方量作为路基填筑的附属工作，不另行计量； 3. 地面下沉增加的填方量按填料来源参照本条计量	1. 吹砂设备安设；2. 吹填；3. 施工排水处理（排水沟、反滤层设置）；4. 封闭及整形
-g	EPS 路堤	m³	依据图纸所示，按铺筑的 EPS 体积以立方米为单位计量	1. 下承层处理；2. 铺设垫层；3. EPS 块加工及铺装
-h	结构物台背回填	m³	1. 依据图纸所示结构物台背回填数量，按照压实的体积以立方米为单位计量； 2. 挡土墙墙背回填不另行计量	1. 基底翻松、压实、挖台阶；2. 填料的选择；3. 临时排水；4. 分层摊铺；5. 洒水、压实；6. 整型
-i	锥坡及台前溜坡填土	m³	依据图纸所示锥坡及台前溜坡填土数量，按照压实的体积以立方米为单位计量	1. 基底翻松、压实、挖台阶；2. 填料的选择；3. 临时排水；4. 分层摊铺；5. 洒水、压实；6. 整型
204-2	改河、改渠、改路填筑			
-a	利用土方	m³	1. 依据图纸所示地面线、设计横断面图，按平均断面面积法计算压实的体积，以立方米为单位计量； 2. 当填料中石料含量小于 30% 时，适用于本条； 3. 满足施工需要，预留路基宽度宽填的填方量作为路基填筑的附属工作，不另行计量	1. 基底翻松、压实、挖台阶；2. 临时排水；3. 分层摊铺；4. 洒水、压实、刷坡；5. 整型

续表5.8

子目号	子目名称	单位	工程量计量	工程内容
-b	利用石方	m³	1. 依据图纸所示地面线、设计横断面图，按平均断面面积法计算压实的体积，以立方米为单位计量； 2. 当填料中石料含量大于70%时，适用于本条； 3. 满足施工需要，预留路基宽度宽填的填方量作为路基填筑的附属工作，不另行计量	1. 基底翻松、压实，挖台阶； 2. 临时排水；3. 边坡码砌； 4. 分层摊铺；5. 小石块（或石屑）填缝、找补；6. 洒水、压实；7. 整型
-c	利用土石混填	m³	1. 依据图纸所示地面线、设计横断面图，按平均断面面积法计算压实的体积，以立方米为单位计量； 2. 当填料中石料含量大于30%，小于70%时，适用于本条； 3. 满足施工需要，预留路基宽度宽填的填方量作为路基填筑的附属工作，不另行计量	1. 基底翻松、压实、挖台阶； 2. 临时排水；3. 分层摊铺； 4. 洒水、压实、刷坡；5. 整型
-d	借土填方	m³	1. 依据图纸所示借方填筑数量，按照压实的体积以立方米为单位计量； 2. 借土场绿化、防护工程、排水设施、临时用地在相应章节内计量； 3. 满足施工需要，预留路基宽度宽填的填方量作为路基填筑的附属工作，不另行计量	1. 借土场场地清理；2. 基底翻松、压实、挖台阶；3. 挖、装、运输、卸车；4. 分层摊铺；5. 洒水、压实、刷坡；6. 施工排水处理；7. 整型

5.2.4　特殊地区路基处理

本小节工程量清单项目分项计量规则应按表5.9的规定执行。

表5.9　特殊地区路基处理

子目号	子目名称	单位	工程量计量	工程内容
205	特殊地区路基处理			
205-1	软土路基处理			
-a	抛石挤淤	m³	依据图纸所示位置和范围，按照抛石体积的片石数量，以立方米为单位计量	1. 临时排水；2. 抛填片石；3. 小石块、石屑填塞垫平；4. 重型压路机压实

续表5.9

子目号	子目名称	单位	工程量计量	工程内容
-b	爆炸挤淤	m³	依据图纸所示位置和范围,按照设计的爆炸挤淤的淤泥体积,以立方米为单位计量	1.超高填石;2.爆炸设计;3.布置炸药;4.爆破;5.填石;6.钻探(或物探)检查
-c	垫层			
-c-1	砂垫层	m³	1.依据图纸所示位置和断面尺寸,按图示砂垫层密实体积以立方米为单位计量; 2.因换填而挖除的非适用材料列入203-1相关子目计量	1.基底清理;2.临时排水;3.分层铺筑;4.分层碾压
-c-2	砂砾垫层	m³	1.依据图纸所示位置和断面尺寸,按图示砂砾垫层密实体积以立方米为单位计量; 2.因换填而挖除的非适用材料列入203-1相关子目计量	1.基底清理;2.临时排水;3.分层铺筑;4.分层碾压
-c-3	碎石垫层	m³	1.依据图纸所示位置和断面尺寸,按图示碎石垫层密实体积以立方米为单位计量; 2.因换填而挖除的非适用材料列入203-1相关子目计量	1.基底清理;2.临时排水;3.分层铺筑;4.路基边部片石砌护;5.分层碾压
-c-4	碎石土垫层	m³	1.依据图纸所示位置和断面尺寸,按图示碎石土垫层密实体积以立方米为单位计量; 2.因换填而挖除的非适用材料列入203-1相关子目计量	1.基底清理;2.临时排水;3.分层铺筑;4.分层碾压
-c-5	灰土垫层	m³	1.依据图纸所示位置和断面尺寸,按图示石灰土垫层密实体积以立方米为单位计量; 2.因换填而挖除的非适用材料列入203-1相关子目计量	1.基底清理;2.临时排水;3.石灰购置、运输、消解、拌和;4.分层铺筑;5.分层碾压
-d	土工合成材料			
-d-1	反滤土工布	m²	1.依据图纸所示位置和规格,按土层中分层铺设反滤土工布的累计净面积以平方米为单位计量; 2.接缝的重叠面积和边缘的包裹面积不予计量	1.清理下承层;2.铺设及固定;3.接缝处理(搭接、缝接、黏接);4.边缘处理

续表5.9

子目号	子目名称	单位	工程量计量	工程内容
-d-2	防渗土工膜	m²	1.依据图纸所示位置和规格,按土层中分层铺设防渗土工膜的累计净面积以平方米为单位计量; 2.接缝的重叠面积和边缘的包裹面积不予计量	1.清理下承层;2.铺设及固定;3.接缝处理(搭接、缝接、黏接);4.边缘处理
-d-3	土工格栅	m²	1.依据图纸所示位置和规格、型号,按土层中分层铺设土工格栅的累计净面积以平方米为单位计量; 2.接缝的重叠面积和边缘的包裹面积不予计量	1.清理下承层;2.铺设及固定;3.接缝处理(搭接、缝接、黏接);4.边缘处理
-d-4	土工格室	m²	1.依据图纸所示位置和规格、型号,按设置土工格室的累计净面积以平方米为单位计量; 2.接缝的重叠面积和边缘的包裹面积不予计量	1.清理下承层;2.铺设及固定;3.接缝处理(搭接、缝接、黏接);4.边缘处理
-e	预压与超载预压			
-e-1	真空预压	m²	1.依据图纸所示的沿密封沟内缘线密封膜覆盖的路基面积以平方米为单位计量; 2.真空联合堆载预压的堆载土方在205-1-e-2子目计量; 3.砂垫层作为真空预压的附属工作不另行计量	1.场地清理及埋设沉降观测设施;2.铺设砂垫层及密封薄膜;3.施工密封沟;4.安装真空设备;5.抽真空、沉降观测;6.拆除、清理场地;7.围堰与临时排水
-e-2	超载预压	m³	依据图纸所示预压范围(宽度、高度、长度)预压后体积以立方米为单位计量	1.场地清理及埋设沉降观测设施;2.指标试验;3.围堰及临时排水;4.挖运、堆载、整型及碾压;5.沉降观测;6.卸载
-f	袋装砂井	m	依据图纸所示位置和断面尺寸,按不同直径袋装砂井的长度以米为单位计量	1.场地清理;2.(轨道铺、拆)装砂袋;3.桩机定位;4.打钢管;5.下砂袋;6.拔钢管;7.起重机(门架)、桩机移位
-g	塑料排水板	m	1.依据图纸所示位置和断面尺寸,按图示不同类型的塑料排水板长度以米为单位计量; 2.不计伸入垫层内的塑料排水板长度	1.场地清理;2.(轨道铺、拆)桩机定位;3.穿塑料排水板;4.安桩靴;5.打拔钢管;6.剪断排水板;7.起重机(门架)、桩机移位
-h	粒料桩			

续表5.9

子目号	子目名称	单位	工程量计量	工程内容
-h-1	砂桩	m	依据图纸所示位置和断面尺寸，按图示不同桩径的砂桩长度以米为单位计量	1.场地清理；2.成桩设备安装与就位；3.成孔；4.灌砂；5.桩机移位
-h-2	碎石桩	m	依据图纸所示位置和断面尺寸，按图示不同桩径的碎石桩长度以米为单位计量	1.场地清理；2.成桩设备安装与就位；3.成孔；4.灌碎石；5.桩机移位
-i	加固土桩			
-i-1	粉喷桩	m	依据图纸所示位置和断面尺寸，按图示不同桩径的粉喷桩长度以米为单位计量	1.场地清理；2.钻机安装与就位；3.钻孔；4.喷（水泥）粉，搅拌；5.复喷、二次搅拌；6.桩机移位
-i-2	浆喷桩	m	依据图纸所示位置和断面尺寸，按图示不同桩径的浆喷桩长度以米为单位计量	1.场地清理；2.钻机定位；3.钻进、4.上提喷浆、强制搅拌；5.复搅；6.提杆出孔；7.钻机移位
-j	CFG 桩	m	依据图纸所示位置和断面尺寸，按图示不同桩径的 CFG 桩长度以米为单位计量	1.场地清理；2.钻机定位；3.钻进成孔；4.CFG 桩混合料拌制；5.灌注及拔管；6.桩头处理；7.钻机移位
-k	Y 形沉管灌注桩	m	依据图纸所示位置和断面尺寸，按图示不同规格的 Y 形沉管灌注桩长度以米为单位计量	1.场地清理；2.打桩机定位；3.沉管；4.混合料拌制；5.灌注及拔管；6.桩头处理；7.打桩机移位
-l	薄壁筒型沉管灌注桩	m	依据图纸所示位置和断面尺寸，按图示不同规格的薄壁筒型沉管灌注桩长度以米为单位计量	1.场地清理；2.打桩机定位；3.沉管；4.混合料拌制；5.灌注及拔管；6.桩头处理；7.打桩机移位
-m	静压管桩	m	依据图纸所示位置和断面尺寸，按图示不同规格的静压管桩长度以米为单位计量	1.场地清理；2.管桩制作；3.静力压桩机定位；4.压桩；5.桩身连接；6.桩头处理；7.压桩机移位
-n	强夯及强夯置换			
-n-1	强夯	m²	依据图纸所示位置和处理面积，按图示路堤底面积以平方米为单位计量	1.场地清理；2.拦截、排除地表水；3.防止地表水下渗等防渗措施；4.强夯处理；5.路基整型；6.压实；7.沉降观测

续表5.9

子目号	子目名称	单位	工程量计量	工程内容
-n-2	强夯置换	m³	依据图纸所示位置,按图示置换的体积以立方米为单位计量	1.场地清理;2.拦截、排除地表水;3.防止地表水下渗等防渗措施;4.挖除材料;5.铺设置换材料;6.强夯;7.路基整型;8.承载力检测
205-2	红黏土及膨胀土路基处理			
-a	石灰改良土	m³	1.依据图纸所示位置和断面尺寸,对不良填料进行掺石灰改良处理,按不同掺灰量的压实体积,以立方米为单位计量; 2.本条内容仅指石灰改良土作业,包括石灰的购置、运输、消解、拌和、洒水; 3.土石方挖运、摊平、压实、整型在表5.8计量; 4.包边土方在表5.8计量	1.原状土开挖翻松及晾晒;2.石灰消解;3.掺灰拌和
-b	水泥改良土	m³	1.依据图纸所示位置和断面尺寸,对不良填料进行掺水泥改良处理,按不同掺水泥量的压实体积,以立方米为单位计量; 2.本条内容仅指水泥改良土作业,包括水泥的购置、运输、消解、拌和、洒水; 3.土石方挖运、摊平、压实、整型在表5.8计量; 4.包边土方在表5.8计量	1.原状土开挖翻松及晾晒;2.水泥消解;3.掺水泥拌和
205-3	滑坡处理			
-a	清除滑坡体	m³	依据图纸所示位置,按照清除滑坡体土方与石方的天然体积分别以立方米为单位计量	1.地表水引排、防渗、地下水疏导引离;2.挖除、装载;3.运输到指定地点堆放;4.现场清理
205-4	岩溶洞处理			
-a	回填	m³	依据图纸所示位置和范围,按照图纸要的回填材料的密实体积以立方米为单位计量	1.清除覆土;2.炸开顶板;3.地下水疏导引离;4.挖除充填物;5.分层回填;6.碾压、夯实
205-5	湿陷性黄土路基处理			

续表5.9

子目号	子目名称	单位	工程量计量	工程内容
-a	陷穴处理			
-a-1	灌砂	m³	依据图纸所示位置,按照灌砂的体积,以立方米为单位计量	1.施工排水处理;2.开挖;3.灌砂;4.压实
-a-2	灌水泥砂浆	m³	依据图纸所示位置,按照灌水泥砂浆的体积,以立方米为单位计量	1.施工排水处理;2.开挖;3.水泥砂浆拌制;4.灌水泥砂浆
-b	强夯及强夯置换			
-b-1	强夯	m²	依据图纸所示位置和处理面积,按图示路堤底面积以平方米为单位计量	1.场地清理;2.拦截、排除地表水;3.防止地表水下渗等防渗措施;4.强夯处理;5.路基整型;6.压实;7.沉降观测
-b-2	强夯置换	m³	依据图纸所示位置,按图示置换的体积以立方米为单位计量	1.场地清理;2.拦截、排除地表水;3.防止地表水下渗等防渗措施;4.挖除材料;5.铺设置换材料;6.强夯;7.路基整型;8.承载力检测
-c	石灰改良土	m³	1.依据图纸所示位置和断面尺寸,对不良填料进行掺石灰改良处理,按不同掺灰量的压实体积,以立方米为单位计量; 2.本条内容仅指石灰改良土作业,包括石灰的购置、运输、消解、拌和、洒水; 3.土石方挖运、摊平、压实、整型在表5.8计量	1.原状土开挖翻松及晾晒;2.石灰消解;3.掺灰拌和
-d	灰土桩	m	依据图纸所示位置和断面尺寸,按图示不同直径的灰土桩的长度以米为单位计量	1.场地清理;2.钻机安装与就位;3.钻孔;4.喷(水泥)粉,搅拌;5.复喷、二次搅拌;6.桩机移位
205-6	盐渍土路基处理			
-a	垫层			
-a-1	砂垫层	m³	1.依据图纸所示位置和断面尺寸,按图示砂垫层密实体积以立方米为单位计量; 2.因换填而挖除的非适用材料列入203-1相关子目计量	1.基底清理;2.临时排水;3.分层铺筑;4.分层碾压

续表5.9

子目号	子目名称	单位	工程量计量	工程内容
-a-2	砂砾垫层	m³	1.依据图纸所示位置和断面尺寸,按图示砂砾垫层密实体积以立方米为单位计量; 2.因换填而挖除的非适用材料列入203-1相关子目计量	1.基底清理;2.临时排水;3.分层铺筑;4.分层碾压
-b	土工合成材料			
-b-1	防渗土工膜	m²	1.依据图纸所示位置和规格,按土层中分层铺设防渗土工膜的累计净面积以平方米为单位计量; 2.接缝的重叠面积和边缘的包裹面积不予计量	1.清理下承层;2.铺设及固定;3.接缝处理(搭接、缝接、黏接);4.边缘处理
-b-2	土工格栅	m²	1.依据图纸所示位置和规格、型号,按土层中分层铺设土工格栅的累计净面积以平方米为单位计量; 2.接缝的重叠面积和边缘的包裹面积不予计量	1.清理下承层;2.铺设及固定;3.接缝处理(搭接、缝接、黏接);4.边缘处理
205-7	风积沙路基处理			
-a	土工合成材料			
-a-1	土工格栅	m²	1.依据图纸所示位置和规格、型号,按土层中分层铺设土工格栅的累计净面积以平方米为单位计量; 2.接缝的重叠面积和边缘的包裹面积不予计量	1.清理下承层;2.铺设及固定;3.接缝处理(搭接、缝接、黏接);4.边缘处理
-a-2	土工格室	m²	1.依据图纸所示位置和规格、型号,按设置土工格室的累计净面积以平方米为单位计量; 2.接缝的重叠面积和边缘的包裹面积不予计量	1.清理下承层;2.铺设及固定;3.接缝处理(搭接、缝接、黏接);4.边缘处理
-a-3	蜂窝式塑料网	m²	1.依据图纸所示位置和规格、型号,按设置蜂窝式塑料的累计净面积以平方米为单位计量; 2.接缝的重叠面积和边缘的包裹面积不予计量	1.清理下承层;2.铺设及固定;3.接缝处理(搭接、缝接、黏接);4.边缘处理
205-8	冻土路基处理			
-a	隔热层			

续表5.9

子目号	子目名称	单位	工程量计量	工程内容
-a-1	XPS 保温板	m²	依据图纸所示位置和断面形状、尺寸,按图示粘贴的 XPS 保温板面积,以平方米为单位计量	1. 备保温板、运输;2. 裁剪保温板;3. 清理粘贴面;4. 涂刷或批刮黏结胶浆;5. 贴到图示墙面或地面
-b	通风管	m	依据图纸所示位置和断面形状、尺寸,按设置的通风管长度以米为单位计量	1. 基础开挖;2. 通风管制作;3. 通风管安装;4. 回填砂砾;5. 压实
-c	热棒	根	依据图纸所示位置和尺寸,按图示设置的热棒数量以根为单位计量	1. 场地清理;2. 备水电、材料、机具设备;3. 钻机定位;4. 钻进、成孔;5. 起吊安装热棒;6. 热棒四周灌砂密实;7. 钻机移位

5.2.5　路基整修

本小节包括路堤整修和路堑边坡的修整,达到符合图纸所示的线性、纵坡、边坡、边沟和路基断面的作业。本节工作内容均不作计量。

5.2.6　坡面排水

本小节工程量清单项目分项计量规则应按表 5.10 的规定执行。

表 5.10　坡面排水

子目号	子目名称	单位	工程量计量	工程内容
207	坡面排水			
207-1	边沟			
-a	浆砌片石	m³	依据图纸所示位置及断面尺寸,按浆砌片石的体积以立方米为单位计量	1. 场地清理;2. 地基平整夯实,断面补挖;3. 铺设垫层;4. 砂浆拌制;5. 浆砌片石、勾缝、抹面、养护;6. 回填
-b	浆砌块石	m³	依据图纸所示位置及断面尺寸,按照不同强度等级浆砌块石的体积以立方米为单位计量	1. 场地清理;2. 地基平整夯实,断面补挖;3. 铺设垫层;4. 砂浆拌制;5. 浆砌块石、勾缝、抹面、养护;6. 回填
-c	现浇混凝土	m³	依据图纸所示位置及断面尺寸,按照不同强度等级混凝土浇筑的边沟的体积以立方米为单位计量	1. 场地清理;2. 地基平整夯实,断面补挖;3. 铺设垫层;4. 模板制作、安装、拆除;5. 钢筋制作与安装;6. 混凝土拌和、运输、浇筑、养护;7. 回填

续表5.10

子目号	子目名称	单位	工程量计量	工程内容
-d	预制安装混凝土	m³	依据图纸所示位置及断面尺寸，按照不同强度等级混凝土预制的边沟的体积以立方米为单位计量	1.场地清理；2.地基平整夯实，断面补挖；3.铺设垫层；4.模板制作、安装、拆除；5.预制件预制、运输、装卸；6.预制件安装；7.回填
-e	预制安装混凝土盖板	m³	依据图纸所示位置及断面尺寸，按照不同强度等级混凝土预制的盖板体积以立方米为单位计量	1.场地清理；2.模板制作、安装、拆除；3.钢筋制作与安装；4.预制件预制、运输、装卸；5.预制件安装
-f	干砌片石	m³	依据图纸所示位置及断面尺寸，按干砌片石的体积以立方米为单位计量	1.场地清理；2.地基平整夯实，断面补挖；3.铺设垫层；4.铺砌片石；5.回填
207-2	排水沟			
-a	浆砌片石	m³	依据图纸所示位置及断面尺寸，按浆砌片石的体积以立方米为单位计量	1.场地清理；2.地基平整夯实，断面补挖；3.铺设垫层；4.砂浆拌制；5.浆砌片石、勾缝、抹面、养护；6.回填
-b	浆砌块石	m³	依据图纸所示位置及断面尺寸，按照不同强度等级浆砌块石的体积以立方米为单位计量	1.场地清理；2.地基平整夯实，断面补挖；3.铺设垫层；4.砂浆拌制；5.浆砌块石、勾缝、抹面、养护；6.回填
-c	现浇混凝土	m³	依据图纸所示位置及断面尺寸，按照不同强度等级混凝土浇筑的排水沟的体积以立方米为单位计量	1.场地清理；2.地基平整夯实，断面补挖；3.铺设垫层；4.模板制作、安装、拆除；5.钢筋制作与安装；6.混凝土拌和、运输、浇筑、养护；7.回填
-d	预制安装混凝土	m³	依据图纸所示位置及断面尺寸，按照不同强度等级混凝土预制的排水沟的体积以立方米为单位计量	1.场地清理；2.地基平整夯实，断面补挖；3.铺设垫层；4.模板制作、安装、拆除；5.预制件预制、运输、装卸；6.预制件安装；7.回填
-e	预制安装混凝土盖板	m³	依据图纸所示位置及断面尺寸，按照不同强度等级混凝土预制的盖板体积以立方米为单位计量	1.场地清理；2.模板制作、安装、拆除；3.钢筋制作与安装；4.预制件预制、运输、装卸；5.预制件安装
-f	干砌片石	m³	依据图纸所示位置及断面尺寸，按干砌片石的体积以立方米为单位计量	1.场地清理；2.地基平整夯实，断面补挖；3.铺设垫层；4.铺砌片石；5.回填
207-3	截水沟			

续表5.10

子目号	子目名称	单位	工程量计量	工程内容
-a	浆砌片石	m³	依据图纸所示位置及断面尺寸，按浆砌片石的体积以立方米为单位计量	1.场地清理；2.地基平整夯实，断面补挖；3.铺设垫层；4.砂浆拌制；5.浆砌片石、勾缝、抹面、养护；6.回填
-b	浆砌块石	m³	依据图纸所示位置及断面尺寸，按照不同强度等级浆砌块石的体积以立方米为单位计量	1.场地清理；2.地基平整夯实，断面补挖；3.铺设垫层；4.砂浆拌制；5.浆砌块石、勾缝、抹面、养护；6.回填
-c	现浇混凝土	m³	依据图纸所示位置及断面尺寸，按照不同强度等级混凝土浇筑的截水沟的体积以立方米为单位计量	1.场地清理；2.地基平整夯实，断面补挖；3.铺设垫层；4.模板制作、安装、拆除；5.混凝土拌和、运输、浇筑、养护；6.回填
-d	预制安装混凝土	m³	依据图纸所示位置及断面尺寸，按照不同强度等级混凝土预制的截水沟的体积以立方米为单位计量	1.场地清理；2.地基平整夯实，断面补挖；3.铺设垫层；4.模板制作、安装、拆除；5.预制件预制、运输、装卸；6.预制件安装；7.回填
-e	干砌片石	m³	依据图纸所示位置及断面尺寸，按干砌片石的体积以立方米为单位计量	1.场地清理；2.地基平整夯实，断面补挖；3.铺设垫层；4.铺砌片石；5.回填
207-4	跌水与急流槽			
-a	干砌片石	m³	依据图纸所示位置及断面尺寸，按干砌片石的体积以立方米为单位计量	1.场地清理；2.基础开挖；3.铺设垫层；4.铺砌片石；5.回填
-b	浆砌片石	m³	依据图纸所示位置及断面尺寸，按照不同强度等级浆砌片石的体积以立方米为单位计量	1.场地清理；2.基础开挖；3.铺设垫层；4.砂浆拌制；5.浆砌片石、勾缝、抹面、养护；6.回填
-c	现浇混凝土	m³	依据图纸所示位置及断面尺寸，按照不同强度等级混凝土浇筑的体积以立方米为单位计量	1.场地清理；2.地基平整夯实，断面补挖；3.铺设垫层；4.模板制作、安装、拆除；5.混凝土拌和、运输、浇筑、养护；6.回填
-d	预制安装混凝土	m³	依据图纸所示位置及断面尺寸，按照不同强度等级混凝土预制的体积以立方米为单位计量	1.场地清理；2.地基平整夯实，跌水与急流槽断面补挖；3.铺设垫层；4.模板制作、安装、拆除；5.预制件预制、运输、装卸；6.预制件安装；7.回填

续表5.10

子目号	子目名称	单位	工程量计量	工程内容
207-5	渗沟	m	依据图纸所示位置及断面尺寸,分不同类型及规格的渗沟,按长度以米为单位计量	1. 基础开挖;2. 进出水口处理;3. 铺设防渗材料;4. 铺设透水管及泄水管;5. 填料填筑及夯实;6. 设置反滤层;7. 设置封闭层;8. 现场清理
207-6	蒸发池			
-a	挖土(石)方	m³	依据图纸所示地面线、断面尺寸、土石比例,按开挖的天然密实体积以立方米为单位计量	1. 场地清理;2. 开挖、集中、装运;3. 施工排水处理;4. 弃方处理
-b	圬工	m³	依据图纸所示位置及断面尺寸,分不同类型及强度等级,按圬工体积以立方米为单位计量	1. 场地清理;2. 基坑开挖及弃方处理;3. 地基平整夯实,断面补挖;4. 浆砌片石、勾缝、抹面、养护;5. 回填
207-7	涵洞上下游改沟、改渠铺砌			
-a	浆砌片石铺砌	m³	依据图纸所示位置及断面尺寸,按照不同强度等级水泥砂浆铺砌的片石体积以立方米为单位计量	1. 场地清理;2. 地基平整夯实,沟、渠断面补挖;3. 铺设垫层;4. 砂浆拌制;5. 浆砌片石、勾缝、抹面、养护;6. 回填
-b	现浇混凝土铺砌	m³	依据图纸所示位置及断面尺寸,按照不同强度等级混凝土浇筑的沟、渠铺砌体积以立方米为单位计量	1. 场地清理;2. 地基平整夯实,沟、渠断面补挖;3. 铺设垫层;4. 模板制作、安装、拆除;5. 混凝土拌和、运输、浇筑、养护;6. 回填
-c	预制混凝土铺砌	m³	依据图纸所示位置及断面尺寸,按照不同强度等级混凝土预制的沟、渠铺砌体积以立方米为单位计量	1. 场地清理;2. 地基平整夯实,沟、渠断面补挖;3. 铺设垫层;4. 模板制作、安装、拆除;5. 预制件预制、运输、装卸;6. 预制件安装;7. 回填
207-8	现浇混凝土坡面排水结构物	m³	依据图纸所示位置及断面尺寸,按照不同强度等级混凝土浇筑的坡面排水结构物体积以立方米为单位计量	1. 场地清理;2. 地基平整夯实,坡面排水结构物断面补挖;3. 铺设垫层;4. 模板制作、安装、拆除;5. 混凝土拌和、运输、浇筑、养护;6. 回填
207-9	预制混凝土坡面排水结构物	m³	依据图纸所示位置及断面尺寸,按照不同强度等级混凝土预制的坡面排水结构物体积以立方米为单位计量	1. 场地清理;2. 地基平整夯实,坡面排水结构物断面补挖;3. 铺设垫层;4. 模板制作、安装、拆除;5. 预制件预制、运输、装卸;6. 预制件安装;7. 回填
207-10	仰斜式排水孔			

续表5.10

子目号	子目名称	单位	工程量计量	工程内容
-a	钻孔	m	依据图纸所示位置及孔径,按照不同孔径排水孔长度以米为单位计量	1.搭拆脚手架;2.安拆钻机;3.布眼、钻孔、清孔;4.现场清理
-b	排水管	m	依据图纸所示位置及排水管材质,按照不同管径排水管长度以米为单位计量	1.搭拆脚手架;2.管体制作、包裹渗水土工布;3.安装排水管,排水口处理;4.现场清理
-c	软式透水管	m	依据图纸所示位置及排水管材质,按照不同管径排水管长度以米为单位计量	1.搭拆脚手架;2.管体制作、包裹渗水土工布(反滤膜);3.安装透水管,排水口处理;4.现场清理

5.2.7　护坡、护面墙

本小节工程量清单项目分项计量规则应按表5.11的规定执行。

表 5.11　护坡、护面墙

子目号	子目名称	单位	工程量计量	工程内容
208	护坡、护面墙			
208-1	护坡垫层	m³	依据图纸所示位置和密实厚度,按照不同材料类别的垫层体积以立方米为单位计量	1.坡面清理、修整;2.垫层材料铺筑;3.压实、捣固;4.弃渣处理
208-2	干砌片石护坡	m³	1.依据图纸所示位置和铺砌厚度,扣除急流槽所占部分,以立方米为单位计量; 2.含碎落台、护坡平台满铺干砌片石数量	1.清理边坡,坡面夯实,基础开挖;2.铺砌片石;3.回填;4.清理现场
208-3	浆砌片石护坡			
-a	满铺浆砌片石护坡	m³	1.依据图纸所示位置和铺砌厚度、水泥砂浆强度,按照铺砌体积以立方米为单位计量; 2.含碎落台、护坡平台满铺浆砌片石数量; 3.扣除急流槽所占体积	1.清理边坡,坡面夯实,基础开挖;2.浆砌片石;3.勾缝、抹面、养护;4.回填;5.清理现场
-b	浆砌骨架护坡	m³	1.依据图纸所示位置和铺砌厚度、骨架形式、水泥砂浆强度,按照护坡体体积以立方米为单位计量; 2.含碎落台、护坡平台浆砌骨架数量; 3.扣除急流槽所占体积	1.清理边坡,坡面夯实,基础开挖;2.浆砌片石;3.勾缝、抹面、养护;4.回填;5.清理现场

续表5.11

子目号	子目名称	单位	工程量计量	工程内容
-c	现浇混凝土	m³	依据图纸所示位置及断面尺寸,按照不同强度等级混凝土浇筑的现浇混凝土体积以立方米为单位计量	1.清理边坡,坡面夯实,基坑开挖;2.模板制作、安装、拆除;3.混凝土拌和、运输、浇筑、养护;4.回填;5.清理现场
208-4	混凝土护坡			
-a	现浇混凝土满铺护坡	m³	1.依据图纸所示位置及断面尺寸,按照不同强度等级混凝土浇筑的实体体积以立方米为单位计量;2.含碎落台、护坡平台满铺混凝土数量;3.扣除急流槽所占体积	1.清理边坡,坡面夯实,基坑开挖;2.模板制作、安装、拆除;3.混凝土拌和、运输、浇筑、养护;4.回填;5.清理现场
-b	混凝土预制件满铺护坡	m³	1.依据图纸所示位置和构造尺寸,按照不同强度等级混凝土预制件铺砌坡面的实体体积以立方米为单位计量;2.含碎落台、护坡平台满铺混凝土数量;3.扣除急流槽所占体积	1.清理边坡,坡面夯实,基坑开挖;2.预制场建设;3.预制件预制、运输、装卸;4.预制件安装;5.回填;6.清理现场
-c	现浇混凝土骨架护坡	m³	依据图纸所示位置及断面尺寸,按照不同强度等级混凝土浇筑的骨架护坡体积以立方米为单位计量	1.清理边坡,坡面夯实,基坑开挖;2.模板制作、安装、拆除;3.混凝土拌和、运输、浇筑、养护;4.回填;5.清理现场
-d	混凝土预制件骨架护坡	m³	依据图纸所示位置和构造尺寸,按照不同强度等级混凝土预制件骨架护坡的体积以立方米为单位计量	1.清理边坡,坡面夯实,基坑开挖;2.预制场建设;3.预制件预制、运输、装卸;4.预制件安装;5.回填;6.清理现场
-e	浆砌片石	m³	依据图纸所示位置和铺砌厚度,按照不同强度等级水泥砂浆砌筑的浆砌片石护坡体积以立方米为单位计量	1.清理边坡,坡面夯实,基础开挖;2.浆砌片石;3.勾缝、抹面、养护;4.回填;5.清理现场
208-5	护面墙			
-a	浆砌片(块)石护面墙	m³	1.依据图纸所示位置和断面尺寸,按图示不同强度等级水泥砂浆砌片(块)石的体积以立方米为单位计量;2.不扣除沉降缝、泄水孔、预埋件所占体积	1.基坑开挖、地基平整夯实、废方弃运;2边坡清理夯实;3.浆砌片石,设泄水孔及其滤水层;4.接缝处理;5.勾缝、抹面、墙背排水设施设置、填料分层填筑;6.清理现场

续表5.11

子目号	子目名称	单位	工程量计量	工程内容
-b	现浇混凝土护面墙	m³	1. 依据图纸所示位置和断面尺寸，按图示不同强度等级混凝土体积以立方米为单位计量； 2. 不扣除沉降缝、泄水孔、预埋件所占体积	1. 场地清理；2. 基坑开挖，地基平整夯实，废方弃运；3. 边坡清理夯实；4. 模板制作、安装、拆除；5. 混凝土拌和、运输、浇筑、养护；6. 泄水孔及其滤水层、沉降缝设置；7. 墙背排水设施设置、填料分层填筑；8. 清理现场
-c	预制安装混凝土护面墙	m³	1. 依据图纸所示位置及断面尺寸，按照不同强度等级混凝土预制件体积以立方米为单位计量； 2. 不扣除沉降缝、泄水孔、预埋件所占体积	1. 预制场建设；2. 预制件预制、运输、装卸；3. 预制件安装；4. 墙背排水设施设置、填料分层填筑；5. 清理现场
208-6	封面			
-a	封面	m²	依据图纸所示位置及断面尺寸，按照不同厚度的封面面积以平方米为单位计量	1. 坡面清理；2. 封面施工；3. 清理现场
208-7	捶面			
-a	捶面	m²	依据图纸所示位置及断面尺寸，按照不同厚度的捶面面积以平方米为单位计量	1. 坡面清理；2. 捶面施工；3. 清理现场
208-8	坡面柔性防护			
-a	主动防护系统	m²	1. 依据图纸所示，按主动防护系统防护的坡面面积以平方米为单位计量； 2. 网片搭接部分作为附属工作，不另行计量	1. 坡面清理；2. 脚手架安设、拆除、完工清理和保养；3. 支撑绳穿绳、张拉、固定；4. 挂网、网片连接、缝合、固定；5. 钻孔、清孔、套管装拔，锚杆制作、安装、锚固、锚头处理；6. 浆液制备、注浆、养护；7. 网面调整
-b	被动防护系统	m²	1. 依据图纸所示，按被动防护系统网面面积以平方米为单位计量； 2. 网片搭接部分作为附属工作，不另行计量	1. 坡面清理；2. 基础及立柱施工；3. 支撑绳穿绳、张拉、固定；4. 挂网、网片连接、缝合、固定；5. 钻孔、清孔、套管装拔，锚杆制作、安装、锚固、锚头处理；6. 浆液制备、注浆、养护；7. 网面调整

5.2.8 挡土墙

本小节工程量清单项目分项计量规则应按表 5.12 的规定执行。

表 5.12 挡土墙

子目号	子目名称	单位	工程量计量	工程内容
209	挡土墙			
209-1	垫层	m³	依据图纸所示位置及垫层密实厚度，按照不同材料的垫层体积以立方米为单位计量	1. 基底清理；2. 临时排水；3. 铺筑垫层；4. 夯实
209-2	基础			
-a	浆砌片(块)石基础	m³	依据图纸所示位置和断面尺寸，按图示不同强度等级水泥砂浆砌石体积以立方米为单位计量	1. 基坑开挖、清理、平整、夯实，废方弃运；2. 拌、运砂浆；3. 砌筑、养护；4. 回填
-b	混凝土基础	m³	依据图纸所示位置和断面尺寸，按图示不同强度等级混凝土体积以立方米为单位计量	1. 基坑开挖、清理、平整、夯实；2. 混凝土制作、运输；3. 浇筑、振捣；4. 养护；5. 回填；6. 清理现场
209-3	砌体挡土墙			
-a	浆砌片(块)石	m³	1. 依据图纸所示位置和断面尺寸，按图示不同强度等级水泥砂浆砌石体积以立方米为单位计量； 2. 不扣除沉降缝、泄水孔、预埋件所占体积	1. 基坑开挖、清理、平整、夯实；2. 浆砌片(块)石，设泄水孔及其滤水层；3. 接缝处理；4. 勾缝、抹面、墙背排水设施设置、墙背填料分层填筑；5. 清理、废方弃运
209-4	干砌挡土墙	m³	1. 依据图纸所示位置和断面尺寸，按图示干砌体积以立方米为单位计量； 2. 不扣除沉降缝、泄水孔所占体积	1. 基坑开挖、清理、平整、夯实；2. 砌筑片(块)石，泄水孔及其滤水层；3. 接缝处理；4. 抹面；5. 墙背排水设施设置、墙背填料分层填筑；6. 清理、废方弃运
209-5	混凝土挡土墙			
-a	混凝土	m³	1. 依据图纸所示位置和断面尺寸，按图示不同强度等级混凝土体积以立方米为单位计量； 2. 不扣除沉降缝、泄水孔、预埋件所占体积	1. 基坑开挖、清理、平整、夯实；2. 模板制作、安装、拆除；3. 混凝土拌和、运输、浇筑、养护；4. 泄水孔及其滤水层、沉降缝设置；5. 墙背填料分层填筑；6. 清理，弃方处理
-b	钢筋	kg	1. 依据图纸所示及钢筋表所列钢筋质量以千克为单位计量； 2. 固定钢筋的材料、定位架立钢筋、钢筋接头、吊装钢筋、钢板、铁丝作为钢筋作业的附属工作，不另行计量	1. 钢筋的保护、储存及除锈；2. 钢筋整直、接头；3. 钢筋截断、弯曲；4. 钢筋安设、支承及固定

5.2.9 锚杆、锚定板挡土墙

本小节工程量清单项目分项计量规则应按表5.13的规定执行。

表 5.13 锚杆、锚定板挡土墙

子目号	子目名称	单位	工程量计量	工程内容
210	锚杆、锚定板挡土墙			
210-1	锚杆挡土墙			
-a	现浇混凝土立柱	m³	依据图纸所示位置及断面尺寸,按照不同强度等级混凝土体积以立方米为单位计量	1. 基坑开挖、清理、平整、夯实;2. 模板制作、安装、拆除;3. 混凝土拌和、运输、浇筑、养护;4. 锚头制作、防锈及防水封闭;5. 清理现场
-b	预制安装混凝土立柱	m³	依据图纸所示位置及断面尺寸,按照不同强度等级混凝土立柱体积以立方米为单位计量	1. 基础开挖;2. 预制场建设;3. 预制件预制、运输、装卸;4. 预制件安装;5. 锚头制作、防锈及防水封闭;6. 清理现场
-c	预制安装混凝土挡板	m³	依据图纸所示位置和断面尺寸,按图示不同强度等级混凝土体积以立方米为单位计量	1. 沟槽开挖;2. 预制场建设;3. 预制件预制、运输、装卸;4. 预制件安装;5. 墙背回填及墙背排水系统施工;6. 清理,弃方处理
210-2	锚定板挡土墙			
-a	现浇混凝土肋柱	m³	依据图纸所示位置及断面尺寸,按照不同强度等级混凝土体积以立方米为单位计量	1. 基坑开挖、清理、平整、夯实;2. 模板制作、安装、拆除;3. 混凝土拌和、运输、浇筑、养护;4. 锚头制作、防锈及防水封闭;5. 清理现场
-b	预制安装混凝土肋柱	m³	依据图纸所示位置及断面尺寸,按照不同强度等级混凝土体积以立方米为单位计量	1. 基础开挖;2. 预制场建设;3. 预制件预制、运输、装卸;4. 预制件安装;5. 锚头制作、防锈及防水封闭;6. 清理现场
-c	预制安装混凝土锚定板	m³	依据图纸所示位置及断面尺寸,按照不同强度等级混凝土体积以立方米为单位计量	1. 沟槽开挖;2. 预制场建设;3. 预制件预制、运输、装卸;4. 预制件安装;5. 墙背回填及墙背排水系统施工;6. 清理现场
210-3	现浇墙身混凝土、附属部位混凝土			

续表5.13

子目号	子目名称	单位	工程量计量	工程内容
-a	现浇混凝土墙身	m³	1. 依据图纸所示位置和断面尺寸，按图示不同强度等级混凝土体积以立方米为单位计量；2. 不扣除沉降缝、泄水孔、预埋件所占体积	1. 模板制作、安装、拆除；2. 混凝土拌和、运输、浇筑、养护；3. 墙背回填及墙背排水系统施工；4. 清理现场
-b	现浇附属部位混凝土	m³	依据图纸所示断面尺寸，按照不同强度等级混凝土体积以立方米为单位计量	1. 模板制作、安装、拆除；2. 混凝土拌和、运输、浇筑、养护；3. 清理现场
210-4	现浇桩基混凝土	m³	1. 依据图纸所示位置及断面尺寸，按照不同强度等级混凝土体积以立方米为单位计量；2. 护壁混凝土为桩基混凝土的附属工作，不另行计量	1. 钻孔；2. 模板制作、安装、拆除；3. 护壁及桩身混凝土拌和、运输、浇筑、养护；4. 墙背回填、压实、排水措施施工；5. 清理现场
210-5	锚杆及拉杆			
-a	锚杆	kg	依据图纸所示位置，按照锚杆设计长度和规格计算质量以千克为单位计量	1. 坡面清理；2. 钻孔；3. 制作安放锚杆；4. 灌浆；5. 拉拔试验；6. 锚固；7. 锚头处理
-b	拉杆	kg	依据图纸所示位置及，按照拉杆设计长度和规格计算质量以千克为单位计量	1. 拉杆沟槽开挖、废方弃运；2. 拉杆制作、防锈处理、安装；3. 拉杆与肋柱、锚定板连接处的防锈处理；4. 锚头制作、防锈处理、防水封闭、养护
210-6	钢筋	kg	1. 依据图纸所示及钢筋表所列钢筋质量以千克为单位计量；2. 固定钢筋的材料、定位架立钢筋、钢筋接头、吊装钢筋、钢板、铁丝作为钢筋作业的附属工作，不另行计量	1. 钢筋的保护、储存及除锈；2. 钢筋整直、接头；3. 钢筋截断、弯曲；4. 钢筋安设、支承及固定

5.2.10 加筋土挡土墙

本小节工程量清单项目分项计量规则应按表5.14的规定执行。

表5.14 加筋土挡土墙

子目号	子目名称	单位	工程量计量	工程内容
211	加筋土挡土墙			
211-1	基础			

续表5.14

子目号	子目名称	单位	工程量计量	工程内容
-a	浆砌片石基础	m³	依据图纸所示位置和断面尺寸，按图示不同强度等级水泥砂浆砌石体积以立方米为单位计量	1. 基坑开挖、清理、平整、夯实，废方弃运；2. 拌、运砂浆；3. 砌筑；4. 养护；5. 回填
-b	混凝土基础	m³	依据图纸所示位置和断面尺寸，按图示不同强度等级混凝土体积以立方米为单位计量	1. 基坑开挖、清理、平整、夯实；2. 混凝土制作、运输；3. 浇筑、振捣；4. 养护；5. 回填；6. 清理现场
211-2	混凝土帽石			
-a	现浇帽石混凝土	m³	依据图纸所示断面尺寸，按照不同强度等级混凝土体积以立方米为单位计量	1. 模板制作、安装、拆除；2. 混凝土拌和、运输、浇筑、养护；3. 清理现场
211-3	预制安装混凝土墙面板	m³	1. 依据图纸所示位置及断面尺寸，按照不同强度等级混凝土体积以立方米为单位计量；2. 加筋土挡土墙的路堤填筑表5.8计量	1. 沟槽开挖；2. 预制场建设；3. 预制件预制、运输、装卸；4. 预制件安装；5. 墙背回填(不含路堤填料的回填)及墙背排水系统施工；6. 清理现场
211-4	加筋带			
-a	扁钢带	kg	依据图纸所示位置和断面尺寸，按铺设数量换算为质量以千克为单位计量	1. 场地清理；2. 铺设加筋带；3. 填料摊平；4. 分层压实
-b	钢筋混凝土带	m³	1. 依据图纸所示位置和断面尺寸，按不同强度等级混凝土体积以立方米为单位计量；2. 混凝土中的钢筋作为加筋带的附属工作，不另行计量	1. 场地清理；2. 铺设加筋带；3. 填料摊平；4. 分层压实
-c	塑钢复合带	kg	依据图纸所示位置和断面尺寸，按铺设数量换算为质量以千克为单位计量	1. 场地清理；2. 铺设加筋带；3. 填料摊平；4. 分层压实
-d	塑料土工格栅	m²	1. 依据图纸所示位置和规格、型号，按土层中分层铺设土工格栅的累计净面积以平方米为单位计量；2. 接缝的重叠面积和边缘的包裹面积不予计量	1. 场地清理；2. 铺设加筋带；3. 填料摊平；4. 分层压实
-e	聚丙烯土工带	kg	依据图纸所示位置和断面尺寸，按铺设数量换算为质量以千克为单位计量	1. 场地清理；2. 铺设加筋带；3. 填料摊平；4. 分层压实

续表5.14

子目号	子目名称	单位	工程量计量	工程内容
211-5	钢筋	kg	1. 依据图纸所示及钢筋表所列钢筋质量以千克为单位计量; 2. 固定钢筋的材料、定位架立钢筋、钢筋接头、吊装钢筋、钢板、铁丝作为钢筋作业的附属工作,不另行计量; 3. 加筋带中的钢筋不另行计量	1. 钢筋的保护、储存及除锈; 2. 钢筋整直、接头; 3. 钢筋截断、弯曲; 4. 钢筋安设、支承及固定

5.2.11　喷射混凝土和喷浆边坡防护

本小节工程量清单项目分项计量规则应按表5.15的规定执行。

表5.15　喷射混凝土和喷浆边坡防护

子目号	子目名称	单位	工程量计量	工程内容
212	喷射混凝土和喷浆边坡防护			
212-1	挂网土工格栅喷浆防护边坡			
-a	喷浆防护边坡	m²	依据图纸所示位置及砂浆强度等级,按照不同厚度喷浆防护面积以平方米为单位计量	1. 岩面清理; 2. 设备安装与拆除; 3. 水泥砂浆拌制; 4. 喷射; 5. 养护
-b	铁丝网	kg	1. 依据图纸所示位置,按照设计数量以千克为单位计量; 2. 因搭接而增加的铁丝网不予计量	1. 清理坡面; 2. 铁丝网安设、支承及固定
-c	土工格栅	m²	1. 依据图纸所示位置和规格、型号,按分层铺设土工格栅的累计净面积以平方米为单位计量; 2. 接缝的重叠面积和边缘的包裹面积不予计量	1. 清理坡面; 2. 铺设; 3. 接缝处理(搭接、缝接、黏接)
-d	锚杆	kg	依据图纸所示位置,按照锚杆设计长度和规格计算质量以千克为单位计量	1. 清理坡面; 2. 钻孔; 3. 制作安放锚杆; 4. 灌浆
212-2	挂网锚喷混凝土防护边坡(全坡面)			

续表5.15

子目号	子目名称	单位	工程量计量	工程内容
-a	喷射混凝土防护边坡	m²	依据图纸所示位置及混凝土浆强度等级，按照不同厚度喷射混凝土防护面积以平方米为单位计量	1.岩面清理；2.设备安装与拆除；3.混凝土拌制；4.喷射；5.沉降缝设置；6.养护
-b	钢筋网	kg	1.依据图纸所示位置，按照设计数量以千克为单位计量；2.因搭接而增加的钢筋网不予计量	1.清理坡面；2.钢筋网安设、支承及固定
-c	铁丝网	kg	1.依据图纸所示位置，按照设计数量以千克为单位计量；2.因搭接而增加的铁丝网不予计量	1.清理坡面；2.铁丝网安设、支承及固定
-d	土工格栅	m²	1.依据图纸所示位置和规格、型号，按分层铺设土工格栅的累计净面积以平方米为单位计量；2.接缝的重叠面积和边缘的包裹面积不予计量	1.清理坡面；2.铺设；3.接缝处理(搭接、缝接、黏接)
-e	锚杆	kg	依据图纸所示位置，按照锚杆设计长度和规格计算质量以千克为单位计量	1.清理坡面；2.钻孔；3.制作安放锚杆；4.灌浆
212-3	坡面防护			
-a	喷浆边坡防护	m²	依据图纸所示位置及砂浆强度等级，按照不同厚度喷浆防护面积以平方米为单位计量	1.岩面清理；2.设备安装与拆除；3.水泥砂浆拌制；4.喷射；5.养护
-b	喷射混凝土边坡防护	m²	依据图纸所示位置及混凝土强度等级，按照不同厚度喷射混凝土面积以平方米为单位计量	1.岩面清理；2.设备安装与拆除；3.混凝土拌制；4.喷射；5.养护
212-4	土钉支护			
-a	钻孔注浆钉	m	依据图纸所示位置，按图示不同直径的土钉钻孔桩长度以米为单位计量	1.清理坡面；2.钻孔；3.制作安放土钉钢筋；4.浆体配置、运输、注浆
-b	击入钉	kg	依据图纸所示位置，按图示击入金属钉的质量以千克为单位计量	1.清理坡面；2.土钉制作；3.土钉击入
-c	喷射混凝土	m²	依据图纸所示位置及混凝土强度等级，按照不同厚度喷射混凝土面积以平方米为单位计量	1.清理坡面；2.混凝土拌制；3.喷射混凝土；4.沉降缝设置；5.养护

续表5.15

子目号	子目名称	单位	工程量计量	工程内容
-d	钢筋	kg	1.依据图纸所示及钢筋表所列钢筋质量以千克为单位计量； 2.固定钢筋的材料、定位架立钢筋、钢筋接头、铁丝作为钢筋作业的附属工作，不另行计量； 3.土钉用钢材不予计量	1.钢筋的保护、储存及除锈； 2.钢筋整直、接头；3.钢筋截断、弯曲；4.钢筋安设、支承及固定
-e	钢筋网	kg	1.依据图纸所示位置，按照设计数量以千克为单位计量； 2.因搭接而增加的钢筋网不予计量	1.清理坡面；2.钢筋网安设、支承及固定
-f	网格梁、立柱、挡土板	m³	依据图纸所示位置及断面尺寸，按照混凝土体积以立方米为单位计量	1.边坡清理及土槽开挖；2.模板制作、安装、拆除；3.混凝土制作、运输、浇筑、养护；4.清理现场
-g	土工格栅	m²	1.依据图纸所示位置和规格、型号，按分层铺设土工格栅的累计净面积以平方米为单位计量； 2.接缝的重叠面积和边缘的包裹面积不予计量	1.清理坡面；2.铺设；3.接缝处理(搭接、缝接、黏接)

5.2.12　预应力锚索边坡加固

本小节工程量清单项目分项计量规则应按表5.16的规定执行。

表5.16　预应力锚索边坡加固

子目号	子目名称	单位	工程量计量	工程内容
213	预应力锚索边坡加固			
213-1	预应力钢绞线	m	依据图纸所示位置和钢绞线规格，按照各类锚索锚固端底至锚具外侧的长度，以米为单位计量	1.坡面清理；2.脚手架安设、拆除、完工清理和保养；3.钻孔、清孔；4.锚索成束、支架及导向头制作安装、锚固；5.浆液制备、注浆、养护；6.锚头防腐处理、封锚
213-2	无黏结预应力钢绞线	m	依据图纸所示位置和钢绞线规格，按照各类锚索锚固端底至锚具外侧的长度，以米为单位计量	1.坡面清理；2.脚手架安设、拆除、完工清理和保养；3.钻孔、清孔；4.锚索成束、支架及导向头制作安装、锚固；5.浆液制备、注浆、养护；6.锚头防腐处理、封锚

续表5.16

子目号	子目名称	单位	工程量计量	工程内容
213-3	锚杆			
-a	钢筋锚杆	kg	依据图纸所示位置和规格、型号，按照安装的锚杆质量以千克为单位计量	1.坡面清理；2.脚手架安设、拆除、完工清理和保养；3.钻孔、清孔、套管装拔；4.锚杆制作、安装、锚固、锚头处理；5.浆液制备、注浆、养护
-b	预应力钢筋锚杆	kg	依据图纸所示位置和规格、型号，按照安装的锚杆质量以千克为单位计量	1.坡面清理；2.脚手架安设、拆除、完工清理和保养；3.钻孔、清孔、套管装拔；4.锚杆制作、安装；5.浆液制备、一次注浆、锚固；6.张拉、二次注浆
213-4	混凝土框格梁	m³	依据图纸所示位置及断面尺寸，按照不同强度等级混凝土浇筑体积以立方米为单位计量	1.边坡清理；2.模板制作、安装、拆除；3.混凝土制作、运输、浇筑、养护；4.清理现场
213-5	混凝土锚固板	m³	依据图纸所示位置及断面尺寸，按照不同强度等级混凝土浇筑体积以立方米为单位计量	1.边坡清理；2.模板制作、安装、拆除；3.混凝土制作、运输、浇筑、养护；4.清理现场
213-6	钢筋	kg	1.依据图纸所示及钢筋表所列钢筋质量以千克为单位计量；2.固定钢筋的材料、定位架立钢筋、钢筋接头、吊装钢筋、钢板、铁丝作为钢筋作业的附属工作，不另行计量	1.钢筋的保护、储存及除锈；2.钢筋整直、接头；3.钢筋截断、弯曲；4.钢筋安设、支承及固定

5.2.13　抗滑桩

本小节工程量清单项目分项计量规则应按表5.17的规定执行。

表 5.17　抗滑桩

子目号	子目名称	单位	工程量计量	工程内容
214	抗滑桩			
214-1	现浇混凝土桩			
-a	混凝土	m³	1.依据图纸所示位置及断面尺寸，按照不同强度等级混凝土体积以立方米为单位计量；2.护壁混凝土及护壁钢筋为桩基混凝土的附属工作，不另行计量；3.声测管为现浇混凝土桩的附属工作，不另行计量	1.场地清理；2.成孔；3.模板制作、安装、拆除；4.护壁及桩身混凝土制作、运输、浇筑、养护；5.桩的无损检测；6.清理现场

续表5.17

子目号	子目名称	单位	工程量计量	工程内容
214-2	桩板式抗滑挡墙			
-a	挡土板	m³	依据图纸所示位置及断面尺寸，按照不同强度等级混凝土体积以立方米为单位计量	1. 沟槽开挖；2. 预制场建设；3. 预制件预制、运输、装卸；4. 预制件安装；5. 墙背回填及墙背排水系统施工；6. 清理现场
214-3	钢筋	kg	1. 依据图纸所示及钢筋表所列钢筋质量以千克为单位计量；2. 固定钢筋的材料、定位架立钢筋、钢筋接头、吊装钢筋、钢板、铁丝作为钢筋作业的附属工作，不另行计量；3. 抗滑桩的护壁钢筋不予计量	1. 钢筋的保护、储存及除锈；2. 钢筋整直、接头；3. 钢筋截断、弯曲；4. 钢筋安设、支承及固定

5.2.14 河道防护

本小节工程量清单项目分项计量规则应按表5.18的规定执行。

表5.18 河道防护

子目号	子目名称	单位	工程量计量	工程内容
215	河道防护			
215-1	河床铺砌			
-a	浆砌片石铺砌	m³	依据图纸所示位置和断面尺寸，按图示不同强度等级水泥砂浆铺砌体积以立方米为单位计量	1. 临时排水；2. 基坑开挖；3. 拌、运砂浆；4. 砌筑；5. 养护；6. 清理现场
-b	混凝土铺砌	m³	依据图纸所示位置及断面尺寸，按照不同强度等级混凝土铺筑体积以立方米为单位计量	1. 临时排水；2. 基坑开挖；3. 模板制作、安装、拆除；4. 混凝土拌和、运输、浇筑、养护；5. 清理现场
215-2	导流设施(护岸墙、顺坝、丁坝、调水坝、锥坡)			
-a	浆砌片石	m³	图纸所示位置和断面尺寸，按图示不同强度等级水泥砂浆砌石体积以立方米为单位计量	1. 围堰、临时排水工程施工；2. 基坑修整、清理夯实，废方弃运；3. 拌、运砂浆；4. 砌筑、勾缝、抹面、养护；5. 墙背回填、夯实

续表5.18

子目号	子目名称	单位	工程量计量	工程内容
-b	混凝土	m³	依据图纸所示位置及断面尺寸，按照不同强度等级混凝土浇筑体积以立方米为单位计量	1.围堰、临时排水工程施工；2.基坑修整、清理夯实，废方弃运；3.模板制作、安装、拆除、修理及保养；4.混凝土制作、运输、浇筑、振捣、养护；5.墙背回填、夯实
-c	石笼	m³	1.依据图纸所示位置和构造类型、结构尺寸，按照实际铺筑的石笼防护体积以立方米为单位计量；2.石笼钢筋（铁丝）网片不另行计量，含在石笼报价之中	1.备材料及补助设施；2.编织网片、装入块石、封闭成石笼；3.抛到图纸指定处；4.石笼间连接牢固
215-3	抛石防护	m³	依据图纸所示位置和断面尺寸，按照抛填石料体积以立方米为单位计量	1.移船定位；2.抛填；3.测量检查

▶ 5.3 路面

本小节包括材料标准、路面施工的一般要求、材料取样与试验、试验路段、料场作业、拌和场场地硬化及遮雨棚、雨季施工。本节工作内容均不作计量，其所涉及的作业应包含在与其相关工程子目之中。

5.3.1 垫层

本小节工程量清单项目分项计量规则应按表5.19的规定执行。

表 5.19 垫层

子目号	子目名称	单位	工程量计量	工程内容
302	垫层			
302-1	碎石垫层	m²	依据图纸所示压实厚度，按照铺筑的顶面面积以平方米为单位计量	1.检查、清除路基上的浮土、杂物，并洒水湿润；2.摊铺；3.整平、整型；4.洒水、碾压、整修
302-2	砂砾垫层	m²	依据图纸所示压实厚度，按照铺筑的顶面面积以平方米为单位计量	1.检查、清除路基上的浮土、杂物，并洒水湿润；2.摊铺；3.整平、整型；4.洒水、碾压、整修

续表5.19

子目号	子目名称	单位	工程量计量	工程内容
302-3	水泥稳定土垫层	m²	依据图纸所示压实厚度，按照铺筑的顶面面积以平方米为单位计量	1.检查、清除路基上的浮土、杂物，并洒水湿润；2.拌和、运输、摊铺；3.整平、整型；4.洒水、碾压、整修、初期养护
302-4	石灰稳定土垫层	m²	依据图纸所示压实厚度，按照铺筑的顶面面积以平方米为单位计量	1.检查、清除路基上的浮土、杂物，并洒水湿润；2.拌和、运输、摊铺；3.整平、整型；4.洒水、碾压、整修、初期养护

5.3.2 石灰稳定土底基层、基层

本小节工程量清单项目分项计量规则应按表5.20的规定执行。

表5.20 石灰稳定土底基层、基层

子目号	子目名称	单位	工程量计量	工程内容
303	石灰稳定土底基层、基层			
303-1	石灰稳定土底基层	m²	依据图纸所示压实厚度，按照铺筑的顶面面积以平方米为单位计量	1.检查、清理下承层、洒水；2.拌和、运输、摊铺；3.整平、整型；4.洒水、碾压、初期养护
303-2	搭板、埋板下石灰稳定土底基层	m³	依据图纸所示尺寸、范围，按照铺筑体积以立方米为单位计量	1.检查、清理下承层、洒水；2.拌和、运输、摊铺；3.整平、整型；4.洒水、碾压、初期养护
303-3	石灰稳定土基层	m²	依据图纸所示压实厚度，按照铺筑的顶面面积以平方米为单位计量	1.检查、清理下承层、洒水；2.拌和、运输、摊铺；3.整平、整型；4.洒水、碾压、初期养护

5.3.3 水泥稳定土底基层、基层

本小节工程量清单项目分项计量规则应按表5.21的规定执行。

表5.21 水泥稳定土底基层、基层

子目号	子目名称	单位	工程量计量	工程内容
304	水泥稳定土底基层、基层			
304-1	水泥稳定土底基层	m²	依据图纸所示压实厚度，按照铺筑的顶面面积以平方米为单位计量	1.检查、清理下承层、洒水；2.拌和、运输、摊铺；3.整平、整型；4.洒水、碾压、初期养护

续表5.21

子目号	子目名称	单位	工程量计量	工程内容
304-2	搭板、埋板下水泥稳定土底基层	m³	依据图纸所示尺寸、范围,按照铺筑体积以立方米为单位计量	1. 检查、清理下承层、洒水;2.拌和、运输、摊铺;3. 整平、整型;4.洒水、碾压、初期养护
304-3	水泥稳定土基层	m²	依据图纸所示压实厚度,按照铺筑的顶面面积以平方米为单位计量	1. 检查、清理下承层、洒水;2.拌和、运输、摊铺;3. 整平、整型;4.洒水、碾压、初期养护

5.3.4　石灰粉煤灰稳定土底基层、基层

本小节工程量清单项目分项计量规则应按表5.22的规定执行。

表 5.22　石灰粉煤灰稳定土底基层、基层

子目号	子目名称	单位	工程量计量	工程内容
305	石灰粉煤灰稳定土底基层、基层			
305-1	石灰粉煤灰稳定土底基层	m²	依据图纸所示压实厚度,按照铺筑的顶面面积以平方米为单位计量	1.检查、清理下承层、洒水;2.拌和、运输、摊铺;3. 整平、整型;4.洒水、碾压、初期养护
305-2	搭板、埋板下石灰粉煤灰稳定土底基层	m³	依据图纸所示尺寸、范围,按照铺筑体积以立方米为单位计量	1.检查、清理下承层、洒水;2.铺筑材料拌和、运输、摊铺;3.整平、整型;4.洒水、碾压、初期养护
305-3	石灰粉煤灰稳定土基层	m²	依据图纸所示压实厚度,按照铺筑的顶面面积以平方米为单位计量	1.检查、清理下承层、洒水;2.铺筑材料拌和、运输、摊铺;3.整平、整型;4.洒水、碾压、初期养护
305-4	石灰煤渣稳定土基层	m²	依据图纸所示压实厚度,按照铺筑的顶面面积以平方米为单位计量	1.检查、清理下承层、洒水;2.铺筑材料拌和、运输、摊铺;3.整平、整型;4.洒水、碾压、初期养护

5.3.5　级配碎(砾)石底基层、基层

本小节工程量清单项目分项计量规则应按表5.23的规定执行。

表 5.23　级配碎(砾)石底基层、基层

子目号	子目名称	单位	工程量计量	工程内容
306	级配碎(砾)石底基层、基层			

续表5.23

子目号	子目名称	单位	工程量计量	工程内容
306-1	级配碎石底基层	m²	依据图纸所示压实厚度,按照铺筑的顶面面积以平方米为单位计量	1.检查、清理下承层、洒水;2.铺筑材料拌和、运输、摊铺;3.整平、整型;4.洒水、碾压
306-2	搭板、埋板下级配碎石底基层	m³	依据图纸所示尺寸、范围,按照铺筑体积以立方米为单位计量	1.检查、清理下承层、洒水;2.铺筑材料拌和、摊铺;3.整平、整型;4.洒水、碾压
306-3	级配碎石基层	m²	依据图纸所示压实厚度,按照铺筑的顶面面积以平方米为单位计量	1.检查、清理下承层、洒水;2.铺筑材料拌和、运输、摊铺;3.整平、整型;4.洒水、碾压
306-4	级配砾石底基层	m²	依据图纸所示压实厚度,按照铺筑的顶面面积以平方米为单位计量	1.检查、清理下承层、洒水;2.铺筑材料拌和、运输、摊铺;3.整平、整型;4.洒水、碾压
306-5	搭板、埋板下级配砾石底基层	m³	依据图纸所示尺寸、范围,按照铺筑体积以立方米为单位计量	1.检查、清理下承层、洒水;2.铺筑材料拌和、运输、摊铺;3.整平、整型;4.洒水、碾压
306-6	级配砾石基层	m²	依据图纸所示压实厚度,按照铺筑的顶面面积以平方米为单位计量	1.检查、清理下承层、洒水;2.铺筑材料拌和、运输、摊铺;3.整平、整型;4.洒水、碾压

5.3.6 沥青稳定碎石基层(ATB)

本小节工程量清单项目分项计量规则应按表5.24的规定执行。

表5.24 沥青稳定碎石基层(ATB)

子目号	子目名称	单位	工程量计量	工程内容
307	沥青稳定碎石基层(ATB)			
307-1	沥青稳定碎石基层(ATB)	m²	依据图纸所示级配类型、铺筑压实厚度,按照铺筑的顶面面积以平方米为单位计量	1.检查和清理下承层;2.拌和设备安装、调试、拆除;3.沥青铺筑材料加热、保温、输送,配运料,矿料加热烘干、拌和、出料;4.运输、摊铺、压实、成型;5.接缝;6.初期养护

5.3.7 透层和黏层

本小节工程量清单项目分项计量规则应按表5.25的规定执行。

表 5.25　透层和黏层

子目号	子目名称	单位	工程量计量	工程内容
308	透层和黏层			
308-1	透层	m²	依据图纸所示沥青品种、规格、喷油量，按照洒布面积以平方米为单位计量	1. 检查和清扫下承层；2. 材料制备、运输；3. 试洒；4. 沥青洒布车均匀喷洒并检测洒布用量；5. 初期养护
308-2	黏层	m²	依据图纸所示沥青品种、规格、喷油量，按照洒布面积以平方米为单位计量	1. 检查和清扫下承层；2. 材料制备、运输；3. 试洒；4. 沥青洒布车均匀喷洒并检测洒布用量；5. 初期养护

5.3.8　热拌沥青混合料面层

本小节工程量清单项目分项计量规则应按表 5.26 的规定执行。

表 5.26　热拌沥青混合料面层

子目号	子目名称	单位	工程量计量	工程内容
309	热拌沥青混合料面层			
309-1	细粒式沥青混凝土	m²	依据图纸所示级配类型及铺筑压实厚度，按照铺筑的顶面面积以平方米为单位计量	1. 检查和清理下承层；2. 拌和设备安装、调试、拆除；3. 沥青加热、保温、输送，配运料，矿料加热烘干，拌和、出料；4. 运输、摊铺、碾压、成型；5. 接缝；6. 初期养护
309-2	中粒式沥青混凝土	m²	依据图纸所示级配类型及铺筑压实厚度，按照铺筑的顶面面积以平方米为单位计量	1. 检查和清理下承层；2. 拌和设备安装、调试、拆除；3. 沥青加热、保温、输送，配运料，矿料加热烘干，拌和、出料；4. 运输、摊铺、碾压、成型；5. 接缝；6. 初期养护
309-3	粗粒式沥青混凝土	m²	依据图纸所示级配类型及铺筑压实厚度，按照铺筑的顶面面积以平方米为单位计量	1. 检查和清理下承层；2. 拌和设备安装、调试、拆除；3. 沥青加热、保温、输送，配运料，矿料加热烘干，拌和、出料；4. 运输、摊铺、碾压、成型；5. 接缝；6. 初期养护

5.3.9　沥青表面处置与封层

本小节工程量清单项目分项计量规则应按表 5.27 的规定执行。

表 5.27 沥青表面处置与封层

子目号	子目名称	单位	工程量计量	工程内容
310	沥青表面处置与封层			
310-1	沥青表面处置	m²	依据图纸所示沥青种类、厚度、喷油量，按照沥青表面处置面积以平方米为单位计量	1.检查和清理下承层；2.安拆除熬油设备；3.熬油、运油；4.沥青洒布车洒油；5.整型、碾压、找补；6.初期养护
310-2	封层	m²	依据图纸所示沥青种类、厚度，按照封层面积以平方米为单位计量	1.检查和清扫下承层；2.试验段施工；3.专用设备洒布或施工封层；4.整型、碾压、找补；5.初期养护

5.3.10 改性沥青及改性沥青混合料

本小节工程量清单项目分项计量规则应按表 5.28 的规定执行。

表 5.28 改性沥青及改性沥青混合料

子目号	子目名称	单位	工程量计量	工程内容
311	改性沥青及改性沥青混合料			
311-1	细粒式改性沥青混合料路面	m²	依据图纸所示级配类型及压实厚度，按照铺筑的顶面面积以平方米为单位计量	1.检查和清理下承层；2.拌和设备安装、调试、拆除；3.改性沥青混合料生产；4.混合料运输、摊铺、碾压、成型；5.接缝；6.初期养护
311-2	中粒式改性沥青混合料路面	m²	依据图纸所示级配类型及压实厚度，按照铺筑的顶面面积以平方米为单位计量	1.检查和清理下承层；2.拌和设备安装、调试、拆除；3.改性沥青混合料生产；4.混合料运输、摊铺、碾压、成型；5.接缝；6.初期养护
311-3	SMA 路面	m²	依据图纸所示级配类型及压实厚度，按照铺筑的顶面面积以平方米为单位计量	1.检查和清理下承层；2.拌和设备安装、调试、拆除；3.改性沥青混合料生产；4.混合料运输、摊铺、碾压、成型；5.接缝；6.初期养护

5.3.11 水泥混凝土面板

本小节工程量清单项目分项计量规则应按表 5.29 的规定执行。

表 5.29　水泥混凝土面板

子目号	子目名称	单位	工程量计量	工程内容
312	水泥混凝土面板			
312-1	水泥混凝土面板	m³	依据图纸所示厚度和混凝土强度等级，按照铺筑体积以立方米为单位计量	1. 检查和清理下承层、洒水湿润；2. 模板制作、架设、安装、修理、拆除；3. 混凝土拌和物配合比设计、配料、拌和、运输、浇筑、振捣、真空吸水、抹平、压(刻)纹、养护；4. 切缝、灌缝；5. 初期养护
312-2	钢筋	kg	1. 依据图纸所示水泥混凝土路面钢筋按图示质量以千克为单位计量；2. 因搭接而增加的钢筋作为附属工作，不另行计量	1. 钢筋的保护、储存及除锈；2. 钢筋整直、连接；3. 钢筋截断、弯曲；4. 钢筋安设、支承及固定

5.3.12　路肩培土、中央分隔带回填土、土路肩加固及路缘石

本小节工程量清单项目分项计量规则应按表 5.30 的规定执行。

表 5.30　路肩培土、中央分隔带回填土、土路肩加固及路缘石

子目号	子目名称	单位	工程量计量	工程内容
313	路肩培土、中央分隔带回填土、土路肩加固及路缘石			
313-1	路肩培土	m³	依据图纸所示断面尺寸，按照压实体积以立方米为单位计量	1. 挖运土；2. 路基整修、培土、整型；3. 分层填筑、压实；4. 修整路肩横坡
313-2	中央分隔带回填土	m³	依据图纸所示断面尺寸，按照压实体积以立方米为单位计量	1. 挖运土；2. 路基整修、培土、整型；3. 分层填筑、压实
313-3	现浇混凝土加固土路肩	m³	依据图纸所示断面尺寸和混凝土强度等级，按照浇筑体积以立方米为单位计量	1. 路基整修；2. 模板制作、安装、拆除、修理、涂脱模剂；3. 混凝土拌和、制备、运输、摊铺、振捣、养护
313-4	混凝土预制块加固土路肩	m³	依据图纸所示断面尺寸和混凝土强度等级，按照预制安装体积以立方米为单位计量	1. 预制场地平整、硬化处理；2. 预制块预制、装运；3. 路基整修；4. 预制块铺砌、勾缝
313-5	混凝土预制块路缘石	m³	依据图纸所示断面尺寸和混凝土强度等级，按照预制安装体积以立方米为单位计量	1. 预制场地平整、硬化处理；2. 路缘石预制、装运；3. 路基整修、基槽开挖与回填，废方弃运；4. 基槽夯实；5. 路缘石铺砌、勾缝；6. 路缘石后背回填夯实

5.3.13 路面及中央分隔带排水

本小节工程量清单项目分项计量规则应按表 5.31 的规定执行。

表 5.31 路面及中央分隔带排水

子目号	子目名称	单位	工程量计量	工程内容
314	路面及中央分隔带排水			
314-1	排水管	m	依据图纸所示位置，分不同类型及规格，按埋设管长以米为单位计量	1. 基槽开挖填筑、废方弃运；2. 垫层（基础）铺筑；3. 排水管制作；4. 安放排水管；5. 接头处理；6. 回填、压实；7. 出水口处理
314-2	纵向雨水沟(管)	m	依据图纸所示位置，分不同类型及规格，按埋设长度以米为单位计量	1. 基槽开挖、废方弃运；2. 垫层（基础）铺筑；3. 模板制作、安装、拆除、修理；4. 钢筋制作与安装；5. 盖板预制及安装；6. 混凝土拌和、运输、浇筑；7. 养护；8. 安放排水管；9. 接头处理；10. 回填、压实；11. 出水口处理
314-3	集水井	座	依据图纸所示位置，分不同类型及规格，按设置的集水井数量，以座为单位计量	1. 基坑开挖及废方弃运；2. 地基平整夯实，垫层及基础施工；3. 模板制作、安装、拆除、修理；4. 钢筋制作与安装；5. 混凝土拌和、运输、浇筑、养护；6. 井壁外围回填，夯实
314-4	中央分隔带渗沟	m	依据图纸所示位置，分不同类型，按埋设长度以米为单位计量	1. 基槽开挖、废方弃运；2. 垫层（基础）铺筑；3. 制管、打孔；4. 安放排水管；5. 接头处理；6. 填碎石、铺设土工布；7. 回填、压实
314-5	沥青油毡防水层	m²	依据图纸所示位置，按铺设的防水层面积以平方米为单位计量	1. 下承层清理；2. 喷涂黏结层；3. 铺油毡；4. 接缝处理
314-6	路肩排水沟	m	依据图纸所示位置及断面尺寸，按照不同类型的路肩排水沟的长度，以米为单位计量	1. 场地清理；2. 地基平整夯实，排水沟断面补挖；3. 铺设垫层；4. 模板制作、安装、拆除；5. 钢筋制作、安装；6. 混凝土拌和、运输、浇筑、养护；7. 预制件预制（现浇）、运输、装卸、安装；8. 回填、清理
314-7	拦水带	m	依据图纸所示位置及断面尺寸，分不同类型，按照拦水带长度以米为单位计量	1. 混凝土制作，运输，浇筑，振捣，养护，拆模，刷漆；2. 开槽；3. 预制块装运、安装、接缝防漏处理；4. 沥青混凝土配运料、拌和、运输、摊铺、压实、成型、初期养护；5. 清理

5.4　桥梁涵洞

本小节通则应按表 5.32 的规定执行。

表 5.32　通则

子目号	子目名称	单位	工程量计量	工程内容
401	通则			
401-1	桥梁荷载试验（暂估价）	总额	依据图纸及桥梁荷载试验委托合同中约定的试验项目以暂估价形式按总额为单位计量	1. 选择有资质的单位签订桥梁荷载试验委托合同；2. 按图纸所示及合同约定的测试项目现场试验；3. 数据采集、分析、编写提交试验报告
401-2	桥梁施工监控（暂估价）	总额	依据图纸及桥梁施工监控委托合同中约定的监控量测项目以暂估价形式按总额为单位计量	1. 选择有资质的单位签订桥梁施工监控委托合同；2. 按图纸所示及合同约定的测试项目及量测频率对现场实施监控量测；3. 数据采集、分析、编写提交监控量测报告
401-3	地质钻探及取样试验（暂定工程量）	m	按实际发生的地质钻探及取样试验分不同钻径以米为单位计量	1. 场地清理；2. 钻机安拆、钻探；3. 取样、试验

5.4.1　模板、拱架和支架

本小节包括模板、拱架和支架的设计制作、安装、拆卸施工等有关作业。本节工作作为有关工程的附属工作，均不作计量。

5.4.2　钢筋

本小节工程量清单项目分项计量规则应按表 5.33 的规定执行。

表 5.33　钢筋

子目号	子目名称	单位	工程量计量	工程内容
403	钢筋			
403-1	基础钢筋（含灌注桩、承台、桩系梁、沉桩、沉井等）	kg	1. 依据图纸所示及钢筋表所列钢筋质量以千克为单位计量；2. 固定钢筋的材料、定位架立钢筋、钢筋接头、吊装钢筋、钢板、铁丝作为钢筋作业的附属工作，不另行计量	1. 钢筋的保护、储存及除锈；2. 钢筋整直、接头；3. 钢筋截断、弯曲；4. 钢筋安设、支承及固定

续表5.33

子目号	子目名称	单位	工程量计量	工程内容
403-2	下部结构钢筋	kg	1. 依据图纸所示及钢筋表所列钢筋质量以千克为单位计量； 2. 固定钢筋的材料、定位架立钢筋、钢筋接头、吊装钢筋、钢板、铁丝作为钢筋作业的附属工作，不另行计量	1. 钢筋的保护、储存及除锈；2. 钢筋整直、接头；3. 钢筋截断、弯曲；4. 钢筋安设、支承及固定
403-3	上部结构钢筋	kg	1. 依据图纸所示及钢筋表所列钢筋质量以千克为单位计量； 2. 固定钢筋的材料、定位架立钢筋、钢筋接头、吊装钢筋、钢板、铁丝作为钢筋作业的附属工作，不另行计量	1. 钢筋的保护、储存及除锈；2. 钢筋整直、接头；3. 钢筋截断、弯曲；4. 钢筋安设、支承及固定
403-4	附属结构钢筋	kg	1. 依据图纸所示及钢筋表所列钢筋质量以千克为单位计量； 2. 缘石、人行道、防撞墙、栏杆、桥头搭板、枕梁、抗震挡块、支座垫块等构造物，其所用钢筋以及伸缩缝预埋的钢筋，均列入本子目计量； 3. 固定钢筋的材料、定位架立钢筋、钢筋接头、吊装钢筋、钢板、铁丝作为钢筋作业的附属工作，不另行计量	1. 钢筋的保护、储存及除锈；2. 钢筋整直、接头；3. 钢筋截断、弯曲；4. 钢筋安设、支承及固定

5.4.3　基坑开挖及回填

本小节工程量清单项目分项计量规则应按表5.34的规定执行。

表 5.34　基坑开挖及回填

子目号	子目名称	单位	工程量计量	工程内容
404	基坑开挖及回填			
404-1	干处挖土方	m³	1. 根据图示，取用底、顶面间平均高度的棱柱体体积，分别按干处、水下及土、石，以立方米为单位计量； 2. 在地下水位以上开挖的为干处挖方；在地下水位以下开挖的为水下挖方； 3. 基坑底面、顶面及侧面的确定应符合下列规定： a. 基坑开挖底面：按图纸所示的基底高程线计算； b. 基坑开挖顶面：按设计图纸横断面上所示的原地面线计算； c. 基坑开挖侧面：按顶面到底面，以超出基底周边0.5 m的竖直面为界	1. 场地清理；2. 围堰、排水；3. 基坑开挖；4. 基坑支护；5. 基坑检查、修整；6. 基坑回填、压实；7. 弃方清运
404-2	水下挖土方	m³		1. 场地清理；2. 围堰、排水；3. 基坑开挖；4. 基坑支护；5. 基坑检查、修整；6. 基坑回填、压实；7. 弃方清运
404-3	干处挖石方	m³		1. 场地清理；2. 围堰、排水；3. 钻爆；4. 出渣；5. 基坑支护；6. 基坑检查、修整；7. 基坑回填、压实 8. 弃方清运
404-4	水下挖石方	m³		1. 场地清理；2. 围堰、排水；3. 钻爆；4. 出渣；5. 基坑支护；6. 基坑检查、修整；7. 基坑回填、压实 8. 弃方清运

5.4.4　钻孔灌注桩

本小节工程量清单项目分项计量规则应按表 5.35 的规定执行。

表 5.35　钻孔灌注桩

子目号	子目名称	单位	工程量计量	工程内容
405	钻孔灌注桩			
405-1	钻孔灌注桩			
-a	陆上钻孔灌注桩	m	1. 依据图纸所示桩长及混凝土强度等级，按照不同桩径的桩长以米为单位计量； 2. 施工图设计水深小于 2 m(含 2 m)的为陆上钻孔灌注桩； 3. 桩长为桩底高程至承台底面或系梁底面。对于与桩连为一体的柱式墩台，如无承台或系梁时，则以桩位处原始地面线为分界线，地面线以下部分为灌注桩桩长。若图纸有标示的，按图纸标示为准	1. 安设护筒及设置钻孔平台；2. 钻机安拆，就位；3. 钻孔、成孔、成孔检查；4. 安装声测管；5. 混凝土制拌、运输、浇筑；6. 破桩头；7. 按招标文件技术规范405.11 的规定进行桩基检测
-b	水中钻孔灌注桩	m	1. 依据图纸所示桩长及混凝土强度等级，按照不同桩径的桩长以米为单位计量； 2. 施工图设计水深大于 2 m 的为水中钻孔灌注桩； 3. 桩长为桩底高程至承台底面或系梁底面。对于与桩连为一体的柱式墩台，如无承台或系梁时，则以桩位处原始地面线为分界线，地面线以下部分为灌注桩桩长。若图纸有标示的，按图纸标示为准	1. 搭设水中钻孔平台、筑岛或围堰、横向便道；2. 钻机安拆，就位；3. 钻孔、成孔、成孔检查；4. 安装声测管；5. 混凝土制拌、运输、浇筑；6. 破桩头；7. 按招标文件技术规范405.11 的规定进行桩基检测
405-2	钻取混凝土芯样检测（暂定工程量）	m	1. 按实际钻取的混凝土芯样长度，分不同钻径以米为单位计量； 2. 如混凝土质量合格，钻取的芯样给予计量，否则，不予计量	1. 场地清理；2. 钻机安拆、钻芯；3. 取样、试验
405-3	破坏荷载试验用桩（暂定工程量）	m	依据图纸所示桩长及混凝土强度等级，按照不同桩径的桩长以米为单位计量	1. 钻孔平台搭设、筑岛或围堰；2. 钻机安拆、就位；3. 钻孔、成孔、成孔检查；4. 安装声测管；5. 混凝土制拌、运输、浇筑；6. 破桩头

5.4.5　沉桩

本小节工程量清单项目分项计量规则应按表 5.36 的规定执行。

表 5.36 沉桩

子目号	子目名称	单位	工程量计量	工程内容
406	沉桩			
406-1	钢筋混凝土沉桩	m	依据图纸所示桩长及混凝土强度等级，按照不同桩径的桩长以米为单位计量	1.钢筋混凝土桩预制、养护、移运、沉入、桩头处理；2.锤击、射水、接桩
406-2	预应力混凝土沉桩	m	依据图纸所示桩长及混凝土强度等级，按照不同桩径的桩长以米为单位计量	1.预应力混凝土桩预制、养护、移运、沉入、桩头处理；2.锤击、射水、接桩
406-3	试桩（暂定工程量）	m	依据图纸所示桩长及混凝土强度等级，按照不同桩径的桩长以米为单位计量	1.钢筋混凝土或预应力混凝土桩预制、养护、移运、沉入、桩头处理；2.锤击、射水、接桩

5.4.6 挖孔灌注桩

本小节工程量清单项目分项计量规则应按表 5.37 的规定执行。

表 5.37 挖孔灌注桩

子目号	子目名称	单位	工程量计量	工程内容
407	挖孔灌注桩			
407-1	挖孔灌注桩	m	1.依据图纸所示桩长及混凝土强度等级，按照不同桩径的桩长以米为单位计量；2.桩长为桩底高程至承台底面或系梁底面。对于与桩连为一体的柱式墩台，如无承台或系梁时，则以桩位处原始地面线为分界线，地面线以下部分为灌注桩桩长，若图纸有标示的，按图纸标示为准	1.设置支撑与护壁；2.挖孔、清孔、通风、钎探、排水；3.安装声测管；4.混凝土制拌、运输、浇筑；5.破桩头；6.按招标文件技术规范 405.11 的规定进行桩基检测
407-2	钻取混凝土芯样检测（暂定工程量）	m	1.按实际钻取的混凝土芯样长度，分不同钻径以米为单位计量；2.如混凝土质量合格，钻取的芯样给予计量，否则，不予计量	1.场地清理；2.钻机安拆、钻芯；3.取样、试验
407-3	破坏荷载试验用桩（暂定工程量）	m	依据图纸所示桩长及混凝土强度等级，按照不同桩径的桩长以米为单位计量	1.设置支撑与护壁；2.挖孔、清孔、通风、钎探、排水；3.安装声测管；4.混凝土制拌、运输、浇筑；5.破桩头

5.4.7 桩的垂直静荷载试验

本小节工程量清单项目分项计量规则应按表 5.38 的规定执行。

表 5.38　桩的垂直静荷载试验

子目号	子目名称	单位	工程量计量	工程内容
408	桩的垂直静荷载试验			
408-1	桩的检验荷载试验（暂定工程量）	每一试桩	1. 依据图纸及桩的检验荷载试验委托合同，在图纸所示位置现场进行桩的检验荷载试验，按实际进行检验荷载试验的桩数，分不同的桩径、桩长、混凝土强度等级、检验荷载等级以每一试桩为单位计量； 2. 桩的检验荷载试验仅指荷载试验工作；桩的工程量在对应工程结构中计量	1. 选择有资质的单位签订桩的检验荷载试验委托合同；2. 按图纸所示及合同约定的内容现场进行桩的检验荷载试验（包括清理场地、搭设试桩工作台、埋设观测设备、加载、卸载、观测）；3. 数据采集、分析、编写提交桩的检验荷载试验报告
408-2	桩的破坏荷载试验（暂定工程量）	每一试桩	1. 依据图纸及桩的破坏荷载试验委托合同，在图纸所示位置现场进行桩的破坏荷载试验，按实际进行破坏荷载试验的桩数，分不同的桩径、桩长、混凝土强度等级、破坏荷载等级以每一试桩为单位计量； 2. 桩的破坏荷载试验仅指荷载试验工作；桩的工程量在对应工程结构中计量	1. 选择有资质的单位签订桩的破坏荷载试验委托合同；2. 按图纸所示及合同约定的内容现场进行桩的破坏荷载试验（包括清理场地、搭设试桩工作台、埋设观测设备、加载、卸载、观测）；3. 数据采集、分析、编写提交桩的破坏荷载试验报告

5.4.8　沉井

本小节工程量清单项目分项计量规则应按表 5.39 的规定执行。

表 5.39　沉井

子目号	子目名称	单位	工程量计量	工程内容
409	沉井			
409-1	钢筋混凝土沉井			
-a	井壁混凝土	m³	依据图纸所示位置及尺寸，按图示混凝土体积分不同强度等级以立方米为单位计量	1. 制作场地建设；2. 配、拌、运混凝土；3. 刃脚制作，浇筑、振捣、养护井壁混凝土；4. 浮运、定位、下沉、助沉、接高、拼装；5. 井内土石开挖、弃运

续表5.39

子目号	子目名称	单位	工程量计量	工程内容
-b	封底混凝土	m³	依据图纸所示位置及尺寸，按图示混凝土体积分不同强度等级以立方米为单位计量	1.场地清理；2.搭拆作业平台；3.配、拌、运混凝土；4.浇筑、养护
-c	填芯混凝土	m³		
-d	顶板混凝土	m³		

5.4.9 结构混凝土工程

本小节工程量清单项目分项计量规则应按表5.40的规定执行。

表5.40 结构混凝土工程

子目号	子目名称	单位	工程量计量	工程内容
410	结构混凝土工程			
410-1	混凝土基础（包括支撑梁、桩基承台、桩系梁，但不包括桩基）	m³	依据图纸所示体积分不同强度等级以立方米为单位计量	1.场地清理；2.搭拆作业平台；3.安拆套箱或模板；安设预埋件；4.混凝土配运料、拌和、运输、浇筑、振捣、养护；5.施工缝、沉降缝设置处理；6.混凝土的冷却管制作安装，通水、降温；7.防水、防冻、防腐措施
410-2	混凝土下部结构			
-a	桥台混凝土	m³	1.依据图纸所示体积分不同强度等级以立方米为单位计量；2.直径小于200 mm的管子、钢筋、锚固件、管道、泄水孔或桩所占混凝土体积不予扣除	1.场地清理；2.搭拆作业平台、支架；3.安拆模板；安设预埋件（包括支座预埋件、防震锚栓及套筒等）；4.混凝土配运料、拌和、运输、浇筑、振捣、养护；5.施工缝、沉降缝设置处理；6.防水、防冻、防腐措施
-b	桥墩混凝土	m³	1.依据图纸所示体积分不同强度等级以立方米为单位计量；2.直径小于200 mm的管子、钢筋、锚固件、管道、泄水孔或桩所占混凝土体积不予扣除	1.场地清理；2.搭拆作业平台、支架；3.安拆模板；安设预埋件（包括支座预埋件、防震锚栓及套筒等）；4.混凝土配运料、拌和、运输、浇筑、振捣、养护；5.防水、防冻、防腐措施
-c	盖梁混凝土	m³	1.依据图纸所示体积分不同强度等级以立方米为单位计量；2.直径小于200 mm的管子、钢筋、锚固件、管道、泄水孔或桩所占混凝土体积不予扣除；3.墩梁固结混凝土计入本子目。桥墩上的支座垫石、防震挡块混凝土计入附属结构混凝土	1.场地清理；2.搭拆作业平台、支架；3.安拆模板；安设预埋件（包括支座预埋件、防震锚栓及套筒等）；4.混凝土配运料、拌和、运输、浇筑、振捣、养护

续表5.40

子目号	子目名称	单位	工程量计量	工程内容
-d	台帽混凝土	m³	1. 依据图纸所示体积分不同强度等级以立方米为单位计量； 2. 直径小于 200 mm 的管子、钢筋、锚固件、管道、泄水孔或桩所占混凝土体积不予扣除； 3. 耳背墙混凝土计入本子目。桥台上的支座垫石、防震挡块混凝土计入附属结构混凝土	1. 场地清理；2. 搭拆作业平台、支架；3. 安拆模板；安设预埋件（包括支座预埋件、防震锚栓及套筒等）；4. 混凝土配运料、拌和、运输、浇筑、振捣、养护
410-3	现浇混凝土上部结构	m³	1. 依据图纸所示体积分不同强度等级以立方米为单位计量； 2. 直径小于 200 mm 的管子、钢筋、锚固件、管道、泄水孔或桩所占混凝土体积不予扣除	1. 平整场地；2. 搭拆工作平台；3. 支架搭设、预压与拆除；4. 安拆模板；安设预埋件；5. 混凝土配运料、拌和、运输、浇筑、养护；6. 施工缝、伸缩缝设置处理
410-4	预制混凝土上部结构	m³	1. 依据图纸所示体积分不同强度等级以立方米为单位计量； 2. 直径小于 200 mm 的管子、钢筋、锚固件、管道、泄水孔或桩所占混凝土体积不予扣除	1. 搭拆工作平台；2. 安拆模板；安设预埋件（吊环、预埋连接件）；3. 混凝土配运料、拌和、运输、浇筑、养护；4. 构件预制、运输、安装
410-5	桥梁上部结构现浇整体化混凝土	m³	1. 依据图纸所示体积分不同强度等级以立方米为单位计量； 2. 直径小于 200 mm 的管子、钢筋、锚固件、管道、泄水孔或桩所占混凝土体积不予扣除； 3. 绞缝、湿接缝、先简支后连续现浇接头混凝土计入本子目	1. 工作面清理；2. 搭拆作业平台；3. 安拆支架、模板；4. 混凝土配运料、拌和、运输、浇筑、养护
410-6	现浇混凝土附属结构	m³	1. 依据图纸所示体积分不同强度等级以立方米为单位计量； 2. 直径小于 200 mm 的管子、钢筋、锚固件、管道、泄水孔或桩所占混凝土体积不予扣除； 3. 现浇缘石、人行道、防撞墙、栏杆、护栏、桥头搭板、枕梁、抗震挡块、支座垫石等列入本子目	1. 工作面清理；2. 搭拆作业平台；3. 安拆支架、模板；4. 混凝土配运料、拌和、运输、浇筑、养护
410-7	预制混凝土附属结构	m³	1. 依据图纸所示体积分不同强度等级以立方米为单位计量； 2. 直径小于 200 mm 的管子、钢筋、锚固件、管道、泄水孔或桩所占混凝土体积不予扣除； 3. 预制安装缘石、人行道、防撞墙、栏杆、护栏、桥头搭板、枕梁、抗震挡块、支座垫石等列入本子目	1. 预制场地建设、拆除；2. 搭拆工作平台；3. 安拆模板；4. 混凝土配运料、拌和、运输、浇筑、养护；5. 构件预制、运输、安装

5.4.10 预应力混凝土工程

本小节工程量清单项目分项计量规则应按表 5.41 的规定执行。

表 5.41 预应力混凝土工程

子目号	子目名称	单位	工程量计量	工程内容
411	预应力混凝土工程			
411-1	先张法预应力钢丝	kg	1. 依据图纸所示构件长度计算的预应力钢材质量，分不同材质以千克为单位计量。 2. 除上述计算长度以外的锚固长度及工作长度的预应力钢材含入相应预应力钢材报价之中，不另行计量	1. 制作安装预应力钢材；2. 制作安装管道；3. 安装锚具、锚板；4. 张拉；5. 放张；6. 封锚头
411-2	先张法预应力钢绞线	kg		
411-3	先张法预应力钢筋	kg		
411-4	后张法预应力钢丝	kg	1. 按图示两端锚具间的理论长度计算的预应力钢材质量，分不同材质以千克为单位计量。 2. 除上述计算长度以外的锚固长度及工作长度的预应力钢材含入相应预应力钢材报价之中，不另行计量	1. 制作安装预应力钢材；2. 制作安装管道；3. 安装锚具、锚板；4. 张拉；5. 压浆；6. 封锚头
411-5	后张法预应力钢绞线	kg		
411-6	后张法预应力钢筋	kg		
411-7	现浇预应力混凝土上部结构	m³	1. 依据图纸所示体积分不同强度等级以立方米为单位计量； 2. 钢筋、钢材所占体积及单个面积在 0.03 m² 以内的孔洞不予扣除	1. 平整场地；2. 搭拆工作平台；支架搭设、预压与拆除；3. 安拆模板；4. 混凝土配运料、拌和、运输、浇筑、养护；5. 施工缝、伸缩缝设置处理
411-8	预制预应力混凝土上部结构	m³	1. 依据图纸所示体积分不同强度等级以立方米为单位计量； 2. 钢筋、钢材所占体积及单个面积在 0.03 m² 以内的孔洞不予扣除； 3. 后张法预应力混凝土梁封端混凝土工程量列入本子目	1. 搭拆工作平台；2. 安拆模板；3. 混凝土配运料、拌和、运输、浇筑、养护；4. 构件预制、运输、安装

5.4.11 预制构件的安装

本小节包括预制构件的起吊、运输、装卸、储存和安装，其工作量在表 5.40 及表 5.41 计量，本节不另行计量。

5.4.12 砌石工程

本小节工程量清单项目分项计量规则应按表 5.42 的规定执行。

表 5.42　砌石工程

子目号	子目名称	单位	工程量计量	工程内容
413	砌石工程			
413-1	浆砌片石	m³	依据图纸所示位置及尺寸砌筑体积分不同砂浆强度等级以立方米为单位计量	1. 基础清理；2. 基底检查；3. 选修石料；4. 铺筑基础垫层；5. 搭、拆脚手架；6. 配、拌、运砂浆；7. 砌筑、勾缝、抹面、养护；8. 沉降缝设置
413-2	浆砌块石	m³		
413-3	浆砌料石	m³		
413-4	浆砌预制混凝土块	m³		

5.4.13　小型钢构件

本小节包括桥梁及其他公路构造物，除钢筋及预应力钢筋以外的小型钢构件的供应、制造、保护和安装。除另有说明外，本节工作内容均不作计量。

5.4.14　桥面铺装

本小节工程量清单项目分项计量规则应按表 5.43 的规定执行。

表 5.43　桥面铺装

子目号	子目名称	单位	工程量计量	工程内容
415	桥面铺装			
415-1	沥青混凝土桥面铺装	m³	依据图纸所示位置、尺寸，按照铺筑体积以立方米为单位计量	1. 清理下承层；2. 拌和设备安装、调试、拆除；3. 沥青混合料拌和、运输、摊铺、压实、成型；4. 接缝；5. 初期养护
415-2	水泥混凝土桥面铺装	m³	依据图纸所示位置、尺寸，分不同强度等级，按铺筑体积以立方米为单位计量	1. 场地清理；2. 混凝土配运料、拌和、运输、浇筑、振捣、养护；3. 施工缝、沉降缝设置处理
415-3	防水层			
-a	桥面混凝土表面处理	m²	按图示处理的桥面混凝土表面净面积以平方米为单位计量	1. 场地清理；2. 混凝土面板铣刨（喷砂）拉毛；3. 铣刨（喷砂）拉毛后清理、平整
-b	铺设防水层	m²	依据图纸所示位置及尺寸，在桥面铺装前铺设防水材料，按图示铺装净面积分不同材质以平方米为单位计量	1. 场地清理；2. 桥面清洁；3. 铺装防水材料；4. 安拆作业平台；5. 安设排水设施
415-4	桥面排水			

续表5.43

子目号	子目名称	单位	工程量计量	工程内容
-a	竖、横向集中排水管	kg 或 m	1.依据图纸所示位置及尺寸，在桥面安设泄水孔，按图示数量分不同材质、管径计量；铸铁管、钢管以千克为单位计量；PVC管以米为单位计量； 2.接头、固定泄水管的金属构件不予计量。铸铁泄水孔作为附属工作，不另行计量	1.场地清理；2.安拆作业平台；3.钻孔安设排水管锚固件；4.安设排水设施
-b	桥面边部碎石盲沟	m³	依据图纸所示位置、尺寸，按照盲沟体积以立方米为单位计量	1.边部切割；2.清理；3.盲沟设置

5.4.15 桥梁支座

本小节工程量清单项目分项计量规则应按表5.44的规定执行。

表5.44 桥梁支座

子目号	子目名称	单位	工程量计量	工程内容
416	桥梁支座			
416-1	板式橡胶支座	dm³	依据图纸所示位置及尺寸，安装图纸所示类型及规格板式橡胶支座就位，按图示体积，分不同的材质及形状以立方分米为单位计量	1.清洁整平混凝土表面；2.砂浆配运料、拌和，接触面抹平；3.钢板制作与安装；4.支座定位安装
416-2	盆式支座	个	依据图纸所示位置及尺寸，安装图纸所示类型及规格盆式支座就位，按图示数量分不同型号、支座反力以个为单位计量	1.清洁整平混凝土表面；2.砂浆配运料、拌和，接触面抹平；3.钢板制作与安装；4.吊装设备安拆；5.支座定位安装；6.支座焊接固定
416-3	隔震橡胶支座	个	依据图纸所示位置及尺寸，安装图纸所示类型及规格隔震橡胶支座就位，按图示数量分不同型号、支座反力以个为单位计量	1.清洁整平混凝土表面；2.砂浆配运料、拌和，接触面抹平；3.钢板制作与安装；4.支座定位安装
416-4	球形支座	个	依据图纸所示位置及尺寸，安装图纸所示类型及规格球形支座就位，按图示数量分不同型号、支座反力以个为单位计量	1.清洁整平混凝土表面；2.砂浆配运料、拌和，接触面抹平；3.钢板制作与安装；4.吊装设备安拆；5.支座定位安装；6.支座焊接固定

5.4.16　桥梁接缝和伸缩装置

本小节工程量清单项目分项计量规则应按表 5.45 的规定执行。

表 5.45　桥梁接缝和伸缩装置

子目号	子目名称	单位	工程量计量	工程内容
417	桥梁接缝和伸缩装置			
417-1	橡胶伸缩装置	m	依据图纸所示位置及尺寸，按图示的橡胶条伸缩装置长度（包括人行道、缘石、护栏底座与行车道等全部长度）以米为单位计量	1. 切割清理伸缩装置范围内混凝土；设置预埋件； 2. 伸缩装置定位、安装
417-2	模数式伸缩装置	m	依据图纸所示位置及尺寸，安装图示类型和规格的模数式伸缩装置，按图示长度（包括人行道、缘石、护栏底座与行车道等全部长度），分不同伸缩量以米为单位计量	1. 切割清理伸缩装置范围内混凝土；设置预埋件； 2. 伸缩装置定位、安装； 3. 混凝土拌和、运输、浇筑、压纹、养护
417-3	梳齿板式伸缩装置	m	依据图纸所示位置及尺寸，按图示的梳齿板式伸缩装置长度（包括人行道、缘石、护栏底座与行车道等全部长度），分不同伸缩量以米为单位计量	1. 切割清理伸缩装置范围内混凝土；设置预埋件； 2. 伸缩装置定位、安装； 3. 混凝土拌和、运输、浇筑、压纹、养护
417-4	填充式材料伸缩装置	m	依据图纸所示位置及尺寸，按图示的填充式材料伸缩装置长度（包括人行道、缘石、护栏底座与行车道等全部长度），分不同材质以米为单位计量	1. 切割清理伸缩装置范围内混凝土；2. 跨缝板安装； 3. 材料填充、养护

5.4.17　防水处理

本小节包括混凝土和砌体表面的沥青或油毛毡防水层。本节工作内容均不作计量。

5.4.18　圆管涵及倒虹吸管涵

本小节工程量清单项目分项计量规则应按表 5.46 的规定执行。

表 5.46　圆管涵及倒虹吸管涵

子目号	子目名称	单位	工程量计量	工程内容
419	圆管涵及倒虹吸管涵			

续表5.46

子目号	子目名称	单位	工程量计量	工程内容
419-1	单孔钢筋混凝土圆管涵	m	1.依据图纸所示，按不同孔径的涵身长度(进出口端墙外侧间距离)计算，以米为单位计量；2.基底软基处理参照表5.9的相关规定计量，并列入表5.9相应子目	1.基坑排水；2.挖基、基底清理；3.基座砌筑或浇筑；4.垫层材料铺筑；5.钢筋制作安装；6.预制或现浇钢筋混凝土管；7.铺涂防水层；8.安装、接缝；9.砌筑进出口(端墙、翼墙、八字墙井口)；10.防水、防冻、防腐措施；11.回填
419-2	双孔钢筋混凝土圆管涵	m		
419-3	钢筋混凝土圆管倒虹吸管涵	m	1.依据图纸所示，按不同孔径的涵身长度(进出口端墙外侧间距离)计算，以米为单位计量；2.基底软基处理参照表5.9的相关规定计量，并列入表5.9相应子目	1.基坑排水；2.挖基、基底清理；3.基座砌筑或浇筑；4.垫层材料铺筑；5.钢筋制作安装；6.预制或现浇钢筋混凝土管；7.铺涂防水层；8.安装、接缝；9.砌筑进出口(端墙、翼墙、八字墙井口)；10.防水、防冻、防腐措施；11.回填

5.4.19 盖板涵、箱涵

本小节工程量清单项目分项计量规则应按表5.47的规定执行。

表5.47 盖板涵、箱涵

子目号	子目名称	单位	工程量计量	工程内容
420	盖板涵、箱涵			
420-1	钢筋混凝土盖板涵	m	1.依据图纸所示，按不同跨径的盖板涵长度以米为单位计量；2.基底软基处理参照表5.9的相关规定计量，并列入表5.9相应子目	1.场地清理；2.围堰、排水，基坑开挖，基坑支护；3.基础及涵台施工；4.施工缝设置、处理；5.盖板预制，运输，安装；6.砂浆制作、填缝；7.防水、防冻、防腐措施；8.回填
420-2	钢筋混凝土箱涵	m	1.依据图纸所示，按不同跨径的箱涵长度以米为单位计量；2.基底软基处理参照表5.9的相关规定计量，并列入表5.9相应子目	1.围堰、排水，基坑开挖；2.垫层、基础施工；3.搭拆作业平台；4.模板安设、加固、检查；5.钢筋安设、支承及固定；6.混凝土配运料、拌和、运输、浇筑、养护；7.施工缝设置、处理；8.防水、防冻、防腐措施；9.回填

续表5.47

子目号	子目名称	单位	工程量计量	工程内容
420-3	钢筋混凝土盖板通道涵	m	1.依据图纸所示，按不同跨径的盖板通道涵长度以米为单位计量； 2.基底软基处理参照表5.9的相关规定计量，并列入表5.9相应子目	1.场地清理；2.围堰、排水，基坑开挖，基坑支护；3.基础及涵台施工；4.施工缝设置、处理；5.盖板预制、运输、安装；6.砂浆制作、填缝；7.铺设通道路面；砌筑边沟；8.防水、防冻、防腐措施；9.回填
420-4	钢筋混凝土箱型通道涵	m	1.依据图纸所示，按不同跨径的箱型通道涵长度计算以米为单位计量； 2.基底软基处理参照表5.9的相关规定计量，并列入表5.9相应子目	1.围堰、排水，基坑开挖；2.垫层、基础施工；3.搭拆作业平台；4.模板安设、加固、检查；5.钢筋安设、支承及固定；6.混凝土配运料、拌和、运输、浇筑、养护；7.施工缝设置、处理；8.铺设通道路面；砌筑边沟；9.防水、防冻、防腐措施；10.回填

5.4.20 拱涵

本小节工程量清单项目分项计量规则应按表5.48的规定执行。

表 5.48　拱涵

子目号	子目名称	单位	工程量计量	工程内容
421	拱涵			
421-1	拱涵			
-a	石拱涵	m	1.依据图纸所示，按不同跨径的石拱涵长度以米为单位计量； 2.基底软基处理参照表5.9的相关规定计量，并列入表5.9相应子目	1.场地清理；2.围堰、排水，基坑开挖，基坑支护；3.基础及涵台施工；4.搭拆作业平台；5.安拆支架、拱盔；6.选修石料，配砂浆；7.砌筑；8.勾缝、抹面、养护；9.防水、防冻、防腐措施
-b	混凝土拱涵	m	1.依据图纸所示，按不同跨径的混凝土拱涵长度以米为单位计量； 2.基底软基处理参照表5.9的相关规定计量，并列入表5.9相应子目	1.场地清理；2.围堰、排水，基坑开挖，基坑支护；3.基础及涵台施工；4.搭拆作业平台；5.安拆支架、拱盔；6.配、拌、运混凝土、浇筑、养护；7.防水、防冻、防腐措施
421-2	拱形通道涵			

续表5.48

子目号	子目名称	单位	工程量计量	工程内容
-a	石拱通道涵	m	1. 依据图纸所示, 按不同跨径的石拱通道涵长度以米为单位计量; 2. 基底软基处理参照表5.9的相关规定计量, 并列入表5.9相应子目	1. 场地清理; 2. 围堰、排水, 基坑开挖, 基坑支护; 3. 基础及涵台施工; 4. 搭拆作业平台; 5. 安拆支架、拱盔; 6. 选修石料, 配砂浆; 7. 砌筑; 8. 勾缝、抹面、养护; 9. 铺设通道路面; 砌筑边沟; 10. 防水、防冻、防腐措施
-b	混凝土拱通道涵	m	1. 依据图纸所示, 按不同跨径的混凝土拱通道涵长度以米为单位计量; 2. 基底软基处理参照表5.9的相关规定计量, 并列入表5.9相应子目	1. 场地清理; 2. 围堰、排水, 基坑开挖, 基坑支护; 3. 基础及涵台施工; 4. 搭拆作业平台; 5. 安拆支架、拱盔; 6. 配、拌、运混凝土、浇筑、养护; 7. 铺设通道路面; 砌筑边沟; 8. 防水、防冻、防腐措施

习 题

1. 简述特殊地区路基的处理措施, 举例某一清单子目, 列出其可能包含的定额。

2. 简述挡土墙的主要类型, 举例某一清单子目, 列出其可能包含的定额。

3. 简述排水沟的主要类型, 举例某一清单子目, 列出其可能包含的定额。

4. 某一级公路路段土方的填方为 2400 m³, 挖方为 2000 m³(其中松土 400 m³、普通土 1200 m³、硬土 400 m³), 本桩利用方为 1800 m³(其中松土 200 m³、普通土 1200 m³、硬土 400 m³), 远运方为 400 m³(普通土), 土方挖方按照天然密实体积计算, 填方按照压(夯)实后的体积计算。计算借方、弃方。

5. 简述路面基层的主要类型, 举例某一清单子目, 列出其可能包含的定额。

6. 已知水泥砂砾底基层 1000 m², 水泥含量 5%, 设计厚度 32 cm, 稳定土拌和机拌和。编制工程量清单、原始数据表。

7. 已知某双向四车道高速公路路基宽度 26 m, 采用沥青混凝土路面, 工程数量表如表 5.49 所示, 编制工程量清单, 并在路面工程量清单子目下套取定额。

表 5.49 工程数量表

序号	工程名称	单位	数量
	路面工程		
1	4 cm 厚 SMA-13 上面层	m³	4000
2	8 cm 厚粗粒式沥青混凝土下面层	m³	8000
3	20 cm 厚 5% 水泥稳定碎石基层	m²	100000
4	SBS 改性乳化沥青黏层	m²	10000

8.简述桥梁工程桩基的主要类型,举例某一清单子目,列出其可能包含的定额。

9.已知桥梁共有6个墩、台基坑开挖工程,采取2个坑平行施工,用电动卷扬机配抓斗开挖,其中某岸墩基坑施工期无常水,运距50 m,水中挖砂砾50 m³,水中挖岩石100 m³,基坑总挖方300 m³,基底以上20 cm处用人工挖方20 m³。编制工程量清单、原始数据表。

10.简述先张法预应力混凝土工程包含的清单子目及其工程量计量规则、工程内容。

第6章　公路工程工程量清单计价算例

6.1　项目概况

某二级公路桥梁，桥宽 9 m，桥长 66 m(3 孔、孔径 20 m)，桥形布置如图 6.1 所示。采用预制空心板，双柱式桥墩(圆柱式、直径 130 cm)，桩基础(圆柱式、直径 150 cm)，U 形桥台扩大基础。跨越一条河流，水深常水位 0.5 m，桩基平均开孔深度为 7 m(其中砾石层厚 5 m，次坚石层厚 2 m)。桥面连续，0、3 号台顶各设一道 60 型伸缩缝，墩顶设置 GJZ 300 mm ×350 mm×57 mm 板式橡胶支座，桥台顶设置 GJZF 4250 mm×300 mm×44 mm 四氟板式橡胶组合支座(滑板橡胶支座)。桥面沿纵向约 10 m 设置一道泄水管。

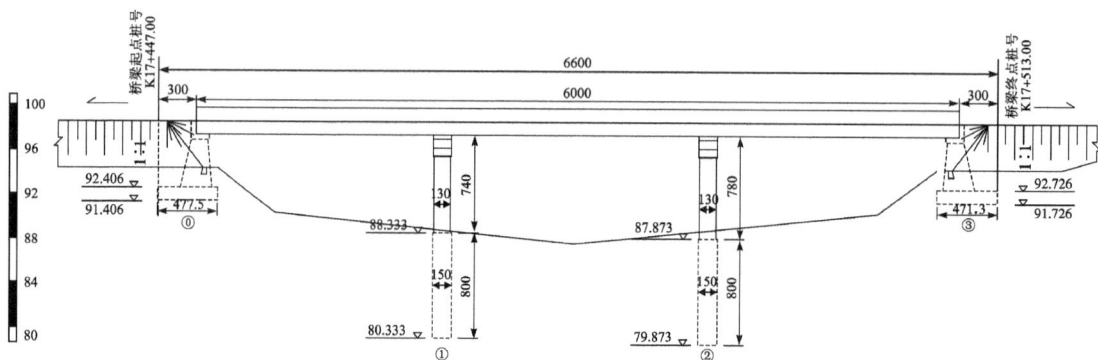

图6.1　桥形布置图

现浇混凝土采用自拌，设置搅拌机集中拌和，机动翻斗车运输，自拌平均运距 500 m。空心板(3 m×20 m)为后张法预应力预制构件，预制场平均运距 1 km，平板拖车运输，2 台 30 t 汽车吊安装，预制场内板梁出坑机械同运输，预应力锚具为 OVM15-7，铁皮波纹管，每个梁板 4 束。大型临时场地与便道费用不计取，不考虑工期影响。主要工程数量表如表 6.1 所示。

表 6.1 主要工程数量表

序号	工程名称	单位	数量
	下部结构		
1	桩基 C25 混凝土	m³	56
2	桩基钢筋	t	12
3	墩身 C25 混凝土	m³	67
4	墩身钢筋	t	15
5	盖梁 C30 混凝土	m³	78
6	盖梁钢筋	t	12
7	桥台基础、侧、背墙 M10 浆砌块石	m³	123
8	桥台台身 C20 片石混凝土	m³	84
9	台帽 C30 混凝土	m³	10
10	台帽钢筋	t	2.7
	上部结构		
11	预制空心板 C40 混凝土	m³	240
12	预制空心板钢筋	t	21
13	钢绞线	t	11.6
14	锚具	个	168
15	桥面铺装 C30 混凝土	m³	63
16	桥面钢筋	t	5
17	护栏 C25 混凝土	m³	59
18	护栏钢筋	t	4.65
	其他		
19	橡胶支座	只	56
20	四氟板式橡胶组合支座	只	28
21	板式橡胶伸缩缝	m	18
22	泄水管	个	6

注：板间绞缝工程量含在桥面铺装数量中。

6.2 列项、套定额及工程量计算

6.2.1 盖梁、桥墩和桩基

6.2.1.1 编织袋围堰

河水较浅(常水位 0.5 m),桥墩采用编织袋围堰。编织袋围堰施工是用编织袋装松散黏性土,袋装量为编织袋容量的 1/2~2/3,用细麻绳或绑扎铁丝绑扎缝合袋口,投放前应尽可能清除堰底河床上的杂物、树根、杂草等以减少渗漏,施工时将袋平放用顺坡滑落方式,上下层互相错缝,堆码整齐。

按照节说明工程量计算规则"草土、塑料编织袋、竹笼围堰长度按围堰中心长度计算,高度按施工水深加 0.5 m 计算",有:

编织袋围堰工程量 = 66 + 10 × 2 = 86 m,其中"66"为桥梁长度(起点至终点桩号长度),"10"为桩基础中心线长度,"2"为双柱桥墩数量;

围堰高度 = 0.5 + 0.5 = 1 m,套用定额 4-2-2-1(如果围堰高度与定额细目不同,可内插计算)。

按照节说明"草土、塑料编织袋、竹笼、木笼铁丝围堰定额中已包括 50 m 以内人工挖运土方的工日数量,定额括号内所列'土'的数量不计价,仅限于取土运距超过 50 m 时,按人工挖运土方的增运定额,增加运输用工",取土运距 30 m 不计超运距用工(否则须增加手推车人工运土每增运 10 m 分项 1-1-6-4)。

综上所述,按照《公路工程预算定额》(2018 年版),编织袋围堰列项为 4-2-2-1(见表 6.2),桥墩编织袋围堰高度为 1 m,工程量为 86 m。

表 6.2 定额 4-2-2 编织袋围堰

工程内容:人工挖运土;装袋、缝口、运输、堆筑;中间填土夯实;拆除清理。

单位:10 m 围堰

序号	项目	单位	代号	围堰高度				
				1.0 m	1.2 m	1.5 m	1.8 m	2.0 m
				1	2	3	4	5
1	人工	工日	1001001	5.9	7.8	11.8	16.5	21.4
2	塑料编织袋	个	5001052	260	358	543	741	950
3	土	m³	5501002	(17.16)	(22.71)	(33.54)	(45.3)	(57.2)
4	基价	元	9999001	1004	1348	2041	2828	3652

注:围堰高度与定额不同时,可内插计算。

6.2.1.2 钢护筒制作、埋设、拆除

根据施工方案,桥墩桩基采用灌注桩造孔,桩(桩径150 cm)顶部1 m范围设置钢护筒(干出埋设,如图6.2所示),以固定桩位,引导钻孔方向,隔离地表水免其流入井孔,保护孔口不坍塌。

按照节说明工程量计算规则"钢护筒的工程量按护筒的设计质量计算。设计质量为加工后的成品质量,包括加劲肋及连接用法兰盘等全部钢材的质量。当设计提供不出钢护筒的质量时,可参考表6.3的质量进行计算,桩径不同时可内插计算",钢护筒工程量 = 0.568×4 = 2.272 t。

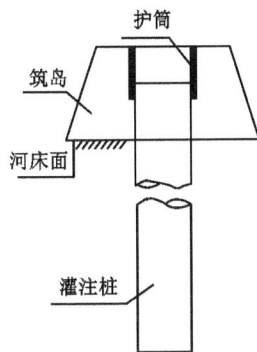

图6.2 钢护筒

表6.3 钢护筒单位质量表

桩径/cm	100	120	150	200	250	300	350
护筒单位质量/(kg·m^{-1})	267.0	390.0	568.0	919.0	1504.0	1961.0	2576.0

综上所述,钢护筒制作、埋设、拆除列项为4-4-9-7(见表6.4),桩基干处埋设钢护筒,工程量为2.272 t。

表6.4 定额4-4-9 钢护筒制作、埋设、拆除

工程内容:钢护筒埋设,制、安、拆导向架,吊埋就位,冲抓或振动沉埋,拆除。　　　　　　　单位:t

序号	项目	单位	代号	干处埋设 7
1	人工	工日	1001001	4.4
2	钢护筒	t	2003022	0.1
3	黏土	m³	5501003	5.49
4	20 t以内汽车式起重机	台班	8009029	0.14
5	基价	元	9999001	1128

6.2.1.3 桩身成孔

根据土层、孔径、孔深等,采用卷扬机带冲击锥冲孔方式成孔。冲击锥由锥身、刃脚和转向装置组成。锥身提供冲击锥所必需的重力和冲击动能。刃脚位于冲锥的底部,为直接冲击、破碎土、石的部件。转向装置设于锥顶,与起吊钢丝绳连接,是使冲击锥能冲击成圆孔的关键部件。钻进施工时,卷扬机吊起冲击锥的钢丝绳,在悬重作用下顺钢丝捻扭的相反方向转动,带动冲锥转动一个角度;冲锥下落置于孔底,钢丝绳松弛后不受力,又因钢丝绳的弹性,带动转向装置扭转过来。当再提起冲击锥时,又沿上述方向转动一个角度,这样就能冲成完整的圆桩孔。

根据地质报告,桩基平均开孔深度为7 m,其中砾石层厚5 m,次坚石层厚2 m。因此,卷扬机带冲击锥冲孔桩径150 cm、孔深7 m砾石工程量 = 5×4 = 20 m;卷扬机带冲击锥冲孔桩

径 150 cm、孔深 7 m 次坚石工程量＝2×4＝8 m。

桩身成孔列项为①4-4-2-4(见表 6.5)，桩基卷扬机带冲击锥冲孔桩径 150 cm、孔深 7 m 砾石，工程量为 20 m；②4-4-2-7(见表 6.5)，桩基卷扬机带冲击锥冲孔桩径 150 cm、孔深 7 m 次坚石，工程量为 8 m。

表 6.5　定额 4-4-2 卷扬机带冲击锥冲孔

工程内容：装、拆、移钻架，安卷扬机，串钢丝绳，安滑轮；准备钻具、冲孔、提钻、出渣、加水、加黏土、清孔、量孔深。

单位：10 m

序号	项目	单位	代号	桩径 150 cm 以内			
				孔深 20 m 以内			
				砾石	卵石	软石	次坚石
				4	5	6	7
1	人工	工日	1001001	32.3	40.5	43.6	56.7
2	电焊条	kg	2009011	1.2	2.5	2.7	3.2
3	铁件	kg	2009028	0.2	0.2	0.2	0.2
4	水	m³	3005004	41	41	36	36
5	锯材	m³	4003002	0.01	0.01	0.01	0.01
6	黏土	m³	5501003	14	14	12.27	12.27
7	其他材料费	元	7801001	1.7	1.7	1.7	1.7
8	设备摊销费	元	7901001	225.6	242.7	252.8	276.9
9	1.0 m³ 以内履带式机械单斗挖掘机	台班	8001035	0.04	0.04	0.04	0.04
10	10 t 以内载货汽车	台班	8007007	0.17	0.17	0.17	0.17
11	16 t 以内汽车式起重机	台班	8009028	0.17	0.17	0.17	0.17
12	50 kN 以内双筒快动卷扬机	台班	8009102	9.72	13.37	14.88	20.71
13	泥浆分离器	台班	8011056	0.09	0.12	0.16	0.23
14	泥浆搅拌机	台班	8011057	1.52	1.52	1.52	1.52
15	φ100 mm 以内泥浆泵	台班	8013024	0.26	0.37	0.49	0.68
16	42 kV·A 以内交流电弧焊机	台班	8015029	0.13	0.25	0.28	0.33
17	小型机具使用费	元	8099001	0.4	0.4	0.4	0.4
18	基价	元	9999001	7088	8982	9730	12725

6.2.1.4　钢筋混凝土灌注桩

根据施工方案，采用卷扬机配吊斗灌注混凝土。现场桩位成孔后，利用导管在孔内浇筑混凝土，或安放钢筋笼后再浇筑混凝土，最后凿除混凝土桩头。灌注桩混凝土工程量按设计桩长乘设计桩径的体积计算工程量，扩孔数量和超灌数量不再计算在内。

按照工程数量表，桩基 C25 混凝土、桩基钢筋工程量分别为 56 m³、12 t。已知混凝土拌和地点至现场平均运距为 500 km，根据定额 4-4-8-4 混凝土消耗量(见表 6.6)，混凝土搅拌机拌和及运输定额换算系数为 1.27，混凝土运输每增运 100 m 定额换算系数为 1.27。

按照混凝土施工→钢筋→混凝土制作→混凝土运输，钢筋混凝土灌注桩列项为① 4-4-8-4(见表 6.6)，桩基灌注桩 C25 混凝土冲击成孔卷扬机配吊斗，工程量为 56 m³；② 4-4-8-24(见表 6.7)，桩基钢筋主筋连接方式焊接连接，工程量为 12 t；③ 4-11-11-4(见表 6.8)，桩基混凝土搅拌机拌和容量 750 L 以内，工程量为 56 m³，定额换算系数为 1.27；④ 4-11-11-20+21×4(见表 6.9)，桩基混凝土运输 1 t 机动翻斗车第一个 100 m，增运 400 m，工程量为 56 m³，定额换算系数为 1.27，换算后工程量为 71.12 m³。

表 6.6　定额 4-4-8 灌注桩混凝土

工程内容：安、拆导管及漏斗；浇筑混凝土或水下混凝土；凿除混凝土桩。

单位：10 m³ 实体

序号	项目	单位	代号	冲击成孔		
				卷扬机配吊斗	起重机配吊斗	输送泵
				4	5	6
1	人工	工日	1001001	17.1	10.2	7.6
2	水 C25-32.5-4	m³	1503101	(12.70)	(12.70)	(12.95)
3	水	m³	3005004	27	27	27
4	中(粗)砂	m³	5503005	6.48	6.48	6.61
5	碎石(4 cm)	m³	5505013	8.76	8.76	8.94
6	32.5 级水泥	t	5509001	5.423	5.423	5.53
7	其他材料费	元	7801001	2.2	2.2	2.2
8	设备摊销费	元	7901001	55.5	55.5	55.5
9	60 m³/h 以内混凝土输送泵	台班	8005051	—	—	0.1
10	12 t 以内汽车式起重机	台班	8009027	—	0.79	—
11	50 kN 以内单筒慢动卷扬机	台班	8009081	0.95	—	—
12	小型机具使用费	元	8099001	6.3	4.2	—
13	基价	元	9999001	5110	4567	4117

表6.7 定额4-4-8 灌注桩钢筋

工程内容：钢筋，除锈、下料、制作、点焊，焊接骨架，场内运输，钢筋骨架起吊入孔、接长（焊接或套筒连接）、定位等。

单位：t

序号	项目	单位	代号	钢筋		集中加工钢筋	
				主筋连接方式		集中加工主筋连接方式	
				焊接连接	套筒连接	焊接连接	套筒连接
				24	25	26	27
1	人工	工日	1001001	4.2	4.1	2.7	2.1
2	HPB300 钢筋	t	2001001	0.112	0.11	0.111	0.11
3	HRB400 钢筋	t	2001002	0.913	0.90	0.909	0.90
4	20~22 号铁丝	kg	2001022	1.8	1.8	—	—
5	电焊条	kg	2009011	4.1	1.4	7.31	2.19
6	钢筋连接套筒	个	2009012	—	11.9	—	11.76
7	25 t 以内汽车式起重机	台班	8009030	0.07	0.04	0.15	0.15
8	全自动钢筋滚焊机	台班	8015008	—	—	0.07	0.07
9	$d \leqslant 45$ mm 钢筋挤压连接机	台班	8015009	—	—	—	0.19
10	32 kV·A 以内交流电弧焊机	台班	8015028	0.79	0.36	0.5	0.5
11	小型机具使用费	元	8099001	10.6	10.6	—	—
12	基价	元	9999001	4068	3911	4007	3991

表6.8 定额4-11-11 混凝土拌和机拌和

工程内容：人工配料、拌和、出料。

单位：10 m³

序号	项目	单位	代号	混凝土搅拌机			
				容量			
				250 L 以内	350 L 以内	500 L 以内	750 L 以内
				10	20	30	40
1	人工	工日	1001001	2	1.7	1.3	1
2	250 L 以内强制式混凝土搅拌机	台班	8005002	0.4	—	—	—
3	350 L 以内强制式混凝土搅拌机	台班	8005003	—	0.31	—	—
4	500 L 以内强制式混凝土搅拌机	台班	8005004	—	—	0.24	—
5	750 L 以内强制式混凝土搅拌机	台班	8005005	—	—	—	0.2
6	基价	元	9999001	284	248	203	175

表 6.9　定额 4-11-11 混凝土运输

工程内容：第一个 1 km，等待装卸、装、卸、运行、掉头、空回、清洗车辆；每增运 0.5 km，运走 0.5 km 及空回。

单位：100 m³

序号	项目	单位	代号	机动翻斗车运混凝土	
				第一个 100 m	每增运 100 m
				20	21
1	1 t 以内机动翻斗车	台班	8007046	2.94	1.09
2	基价	元	9999001	625	232

需要说明的是，现浇混凝土套用的拌和及运输定额均相同，因为定额基价仅与所选用的拌和机、机动翻斗车型号有关，与所拌和混凝土强度无关。

6.2.1.5　桥墩

桥墩为多跨桥的中间支承结构，与桥台一起支承上部结构，采用双柱式圆形墩，C25 混凝土泵送高度 10 m 以内。

桥墩列项：①4-6-2-15(见表 6.10)，桥墩圆柱式 C25 混凝土泵送高度 10 m 以内，工程量为 67 m³；②4-6-2-24(见表 6.11)，桥墩钢筋现场加工主筋焊接连接高度 10 m 以内，工程量为 15 t；③4-11-11-4(见表 6.8)，桥墩混凝土搅拌机拌和容量 750 L 以内，工程量为 67 m³，定额换算系数为 1.04；④4-11-11-20+21×4(见表 6.9)，桥墩混凝土运输 1 t 机动翻斗车第一个 100 m，增运 400 m，工程量为 67 m³，定额换算系数为 1.04，换算后工程量为 69.68 m³。

表 6.10　定额 4-6-2 柱式墩台混凝土

工程内容：搭、拆脚手架及轻型上下架、安全爬梯；定型钢模板安装、拆除、修理、涂脱模剂、堆放；液压爬模拼拆及安装、提升、拆除、修理、涂脱模剂、堆放；混凝土浇筑、捣固、养护。

单位：10 m³ 实体

序号	名称	单位	代号	混凝土				
				圆柱式墩台				
				非泵送			泵送	
				高度				
				10 m 以内	20 m 以内	40 m 以内	10 m 以内	20 m 以内
				12	13	14	15	16
1	人工	工日	1001001	11.1	15.6	17.8	8.9	12.5
2	普 C25-32.5-4	m³	1503033	(10.20)	(10.20)	(10.20)	—	—
3	泵 C25-32.5-4	m³	1503083	—	—	—	(10.40)	(10.40)
4	钢丝绳	t	2001019	0.012	0.01	0.009	0.012	0.01
5	型钢	t	2003004	—	0.001	0.001	—	0.001
6	钢板	t	2003005	0.001	0.001	0.001	—	0.001

续表6.10

序号	名称	单位	代号	混凝土				
				圆柱式墩台				
				非泵送			泵送	
				高度				
				10 m以内	20 m以内	40 m以内	10 m以内	20 m以内
				12	13	14	15	16
7	钢管	t	2003008	—	0.001	0.001	—	0.001
8	钢模板	t	2003025	0.071	0.061	0.054	0.071	0.061
9	安全爬梯	t	2003028	0.037	0.028	0.025	0.025	0.028
10	螺栓	kg	2009013	0.92	0.79	0.7	0.92	0.79
11	铁件	kg	2009028	5.72	16.87	18.08	4.86	16.87
12	水	m³	3005004	12	12	12	18	18
13	锯材	m³	4003002	—	0.01	0.01	—	0.01
14	中(粗)砂	m³	5503005	4.9	4.9	4.9	6.03	6.03
15	碎石(4 cm)	m³	5505013	8.47	8.47	8.47	7.59	7.59
16	32.5级水泥	t	5509001	3.417	3.417	3.417	3.869	3.869
17	其他材料费	元	7801001	29.7	25.4	25	29.7	25.4
18	60 m³/h以内混凝土输送泵	台班	8005051	—	—	—	0.13	0.15
19	25 t以内汽车式起重机	台班	8009030	0.45	0.59	0.39	0.2	0.2
20	40 t以内汽车式起重机	台班	8009032	—	—	0.3	—	—
21	小型机具使用费	元	8099001	8.9	9.4	9.4	7.2	7.2
22	基价		9999001	4862	5460	6023	4525	4966

表6.11　定额4-6-2墩台钢筋

工程内容：钢筋除锈、制作、电焊、绑扎及骨架吊装入模。

单位：t

序号	名称	单位	代号	钢筋		
				现场加工		
				柱式墩台		
				主筋焊接连接		
				10 m以内	20 m以内	40 m以内
				24	25	26
1	人工	工日	1001001	5.9	5.8	6.3
2	HPB300钢筋	t	2001001	0.145	0.043	0.043
3	HRB400钢筋	t	2001002	0.88	0.982	0.982

续表6.11

序号	名称	单位	代号	钢筋		
				现场加工		
				柱式墩台		
				主筋焊接连接		
				10 m 以内	20 m 以内	40 m 以内
				24	25	26
4	20~22 号铁丝	kg	2001022	2.49	2.2	1.95
5	电焊条	kg	2009011	3.13	3.19	3.14
6	250 kN 以内单筒慢动卷扬机	台班	8009081	0.44	0.45	0.47
7	32 kV·A 以内交流电弧焊机	台班	8015028	0.47	0.53	0.55
8	小型机具使用费	元	8099001	15.5	16.9	17.6
9	基价	元	9999001	4176	4170	4230

6.2.1.6 盖梁

盖梁为双柱桥墩顶部设置的横梁，采用 C30 混凝土。

盖梁列项：①4-6-4-2（见表 6.12），盖梁 C30 混凝土，工程量为 78 m³；②4-6-4-9（见表 6.13），盖梁钢筋现场加工，工程量为 12 t；③4-11-11-4（见表 6.8），盖梁混凝土搅拌机拌和容量 750 L 以内，工程量为 78 m³，定额换算系数为 1.04；④4-11-11-20+21×4（见表 6.9），盖梁混凝土运输 1 t 机动翻斗车第一个 100 m，增运 400 m，工程量为 78 m³，定额换算系数为 1.04，换算后工程量为 81.12 m³。

表 6.12 定额 4-6-4 盖梁混凝土

工程内容：定型钢模板安装、拆除、修理、涂脱模剂、堆放；混凝土浇筑、捣固、养护。

单位：10 m³ 实体

序号	项目	单位	代号	盖梁
				泵送
				2
1	人工	工日	1001001	11.0
2	普 C30-32.5-4	m³	1503034	—
3	泵 C30-32.5-4	m³	1503084	(10.40)
4	HPB300 钢筋	t	2001001	0.001
5	型钢	t	2003004	0.089
6	钢管	t	2003008	0.002
7	钢模板	t	2003025	0.159
8	螺栓	kg	2009013	0.12

续表6.12

序号	项目	单位	代号	盖梁 泵送 2
9	铁件	kg	2009028	30.93
10	水	m³	3005004	18.0
11	锯材	m³	4003002	0.03
12	中(粗)砂	m³	5503005	5.82
13	碎石(4 cm)	m³	5505013	7.59
14	32.5级水泥	t	5509001	4.368
15	其他材料费	元	7801001	109.8
16	60 m³/h以内混凝土输送泵	台班	8005051	0.14
17	25 t以内汽车式起重机	台班	8009030	0.32
18	小型机具使用费	元	8099001	9.4
19	基价	元	9999001	5822

表6.13　定额4-6-4 盖梁钢筋

工程内容：钢筋除锈、制作、电焊、绑扎及骨架吊装入模

单位：t

序号	项目	单位	代号	现场加工钢筋			
				盖梁	系梁	耳背墙	墩梁固结
				9	10	11	12
1	人工	工日	1001001	6.6	5.9	6.3	5.3
2	HPB300钢筋	t	2001001	0.108	0.165	0.294	—
3	HRB400钢筋	t	2001002	0.912	0.86	0.731	1.025
4	20~22号铁丝	kg	2001022	3.0	2.3	2.3	0.64
5	钢板	t	2003005	—	—	—	0.134
6	电焊条	kg	2009011	3.2	2.9	1.05	4.38
7	其他材料费	元	7801001	—	—	—	15.4
8	50 kN以内单筒慢动卷扬机	台班	8009081	0.5	0.3		0.45
9	32 kV·A以内交流电弧焊机	台班	8015028	0.5	0.4	0.21	1.47
10	小型机具使用费	元	8099001	18.1	16.5	16.7	19.3
11	基价	元	9999001	4253	4140	4096	4779

6.2.2　桥台

桥台位于桥梁两端，支承桥梁上部结构并和路堤相衔接的建筑物，采用实体式 U 形桥台扩大基础，包括台帽、台身、基础、侧墙和背墙。

6.2.2.1　桥台基础、侧、背墙 M10 浆砌块石

桥台基础、侧、背墙列项为 4-5-3-1 桥台基础、侧、背墙 M10 浆砌块石(见表 6.14)，工程量为 123 m³。

表 6.14　定额 4-5-3 浆砌块石

工程内容：选、修、洗石料；搭、拆脚手架、踏步或井字架；配、拌、运砂浆；砌筑；勾缝；养护。

单位：10 m³ 实体

序号	项目	单位	代号	基础、护底、截水墙	护拱	实体式墩
				1	2	3
1	人工	工日	1001001	6.3	5.9	8.4
2	M7.5 水泥砂浆	m³	1501002	(2.70)	(2.70)	(2.70)
3	M10 水泥砂浆	m³	1501003	—	—	(0.07)
4	8~12 号铁丝	kg	2001021	—	—	1.8
5	钢管	t	2003008	—	—	0.011
6	铁钉	kg	2009030	—	—	0.3
7	水	m³	3005004	4	4	9
8	原木	m³	4003001	—	—	0.01
9	锯材	m³	4003002	—	—	0.05
10	中(粗)砂	m³	5503005	2.94	2.94	3.02
11	块石	m³	5505025	10.5	10.5	10.5
12	32.5 级水泥	t	5509001	0.718	0.718	0.74
13	其他材料费	元	7801001	1.2	1.2	5.4
14	1.0 m³ 以内轮胎式装载机	台班	8001045	0.08	0.1	0.1
15	400 L 以内灰浆搅拌机	台班	8005010	0.19	0.12	0.12
16	基价	元	9999001	2211	2171	2611

6.2.2.2　桥台台身

桥台台身列项：①4-6-2-4(见表 6.15)，桥台台身 C15 片石混凝土实体式桥台梁板桥高度 10 m 以内，工程量为 84 m³；②4-11-11-4(见表 6.8)，桥台台身混凝土搅拌机拌和容量 750 L 以内，工程量为 84 m³，定额换算系数为 1.02；③4-11-11-20+21×4(见表 6.9)，桥台台身混凝土运输 1 t 机动翻斗车第一个 100 m，增运 400 m，工程量为 84 m³，定额换算系数为 1.02，换算后工程量为 85.68 m³。

表 6.15　定额 4-6-2 墩台台身混凝土

工程内容：搭、拆脚手架及轻型上下架、安全爬梯；定型钢模板安装、拆除、修理、涂脱模剂、堆放；液压爬模拼拆及安装、提升、拆除、修理、涂脱模剂、堆放；混凝土浇筑、捣固、养护。

单位：10 m³

序号	名称	单位	代号	混凝土				
				轻型墩台			实体式墩台	
				钢筋混凝土墩台	混凝土墩台		梁板桥	
					跨径		高度	
					4 m 以内	8 m 以内	10 m 以内	20 m 以内
				1	2	3	4	5
1	人工	工日	1001001	13.3	15.4	12.5	11.5	12.5
2	片 C15-32.5-8	m³	1503002	—	—	—	(10.20)	(10.20)
3	普 C20-32.5-4	m³	1503032	—	(10.20)	(10.20)	—	—
4	普 C25-32.5-4	m³	1503033	(10.20)	—	—	—	—
5	钢丝绳	t	2001019	0.005	0.004	0.003	0.002	0.001
6	8~12 号铁丝	kg	2001021	0.3	0.55	0.32	0.16	—
7	钢管	t	2003008	0.009	0.015	0.009	0.009	0.005
8	钢模板	t	2003025	0.072	0.056	0.042	0.049	0.031
9	螺栓	kg	2009013	10.99	8.51	6.3	4.99	3.13
10	铁件	kg	2009028	6.48	5.02	3.71	2.95	1.85
11	铁钉	kg	2009030	0.25	0.46	0.27	0.14	—
12	水	m³	3005004	12	12	12	12	12
13	锯材	m³	4003002	0.03	0.06	0.03	0.02	0.01
14	中(粗)砂	m³	5503005	4.9	5	5	4.79	4.79
15	片石	m³	5505005	—	—	—	2.19	2.19
16	碎石(4 cm)	m³	5505013	8.47	8.57	8.57	—	—
17	碎石(8 cm)	m³	5505015	—	—	—	7.24	7.24
18	32.5 级水泥	t	5509001	3.417	3.04	3.04	2.193	2.193
19	其他材料费	元	7801001	128	98.9	77.4	82.7	54.4
20	25 t 以内汽车式起重机	台班	8009030	0.46	0.45	0.39	0.36	0.54
21	小型机具使用费	元	8099001	12.7	11.8	11.2	10.1	9.9
22	基价	元	9999001	5035	5071	4484	4060	4227

6.2.2.3　台帽

台帽列项：①4-6-3-2(见表6.16)，台帽C30混凝土泵送，工程量为10 m³；②4-6-3-5(见表6.17)，台帽钢筋，工程量为2.7 t；③4-11-11-4(见表6.8)，台帽混凝土搅拌机拌和容量750 L以内，工程量为10 m³，定额换算系数为1.04；④4-11-11-20+21×4(见表6.9)，台帽混凝土运输1 t机动翻斗车第一个100 m，增运400 m，工程量10 m³，定额换算系数为1.04，换算后工程量为10.4 m³。

表6.16　定额4-6-3墩、台帽混凝土

工程内容：定型钢模板安装、拆除、修理、涂脱模剂、堆放；混凝土浇筑、捣固、养护。

单位：10 m³

序号	项目	单位	代号	墩、台帽	
				非泵送	泵送
				1	2
1	人工	工日	1001001	12.4	10.4
2	普C30-32.5-4	m³	1503034	(10.20)	—
3	泵C30-32.5-4	m³	1503084	—	(10.40)
4	钢模板	t	2003025	0.049	0.049
5	螺栓	kg	2009013	5.91	5.91
6	铁件	kg	2009028	3.48	3.48
7	水	m³	3005004	12	18
8	中(粗)砂	m³	5503005	4.69	5.82
9	碎石(4 cm)	m³	5505013	8.47	7.59
10	32.5级水泥	t	5509001	3.845	4.368
11	其他材料费	元	7801001	86.2	86.4
12	60 m³/h以内混凝土输送泵	台班	8005051	—	0.15
13	25 t以内汽车式起重机	台班	8009030	0.66	0.33
14	小型机具使用费	元	8099001	11.4	9.4
15	基价	元	9999001	4991	4718

表 6.17　定额 4-6-3 墩、台帽及拱座钢筋

工程内容：钢筋除锈、制作、电焊、绑扎。

单位：t

序号	项目	单位	代号	桥(涵)台帽	桥(涵)墩帽及拱座	箱形拱桥拱座
				5	6	7
1	人工	工日	1001001	6.9	6.4	7.9
2	HPB300 钢筋	t	2001001	0.17	0.17	0.257
3	HRB400 钢筋	t	2001002	0.855	0.855	0.768
4	20~22 号铁丝	kg	2001022	2.86	2.86	2.35
5	钢板	t	2003005	—	—	0.126
6	电焊条	kg	2009011	2.23	2.23	3.75
7	其他材料费	元	7801001	—	—	15.1
8	32 kV·A 以内交流电弧焊机	台班	8015028	0.32	0.32	0.89
9	小型机具使用费	元	8099001	18.8	18.8	22.2
10	基价	元	9999001	4181	4212	4956

6.2.3　上部结构

6.2.3.1　预制空心板

上部结构为 3 m×20 m 预制空心板，后张法预应力，河岸边设一处预制梁场（平均运距 1 km）。采用平板拖车运梁，2 台 30 t 汽车起吊安装（预制场内板梁出坑机械同运输）。

按照主要工程数量表，钢绞线 11.6 t，锚具 168 个，每束钢绞线 2 个锚具，预应力钢绞线每吨束数为 168÷(2×11.6) = 7.24 束/t，则 4-7-19-6 换，定额换算系数为 7.24-8.12 = -0.88。

预制空心板列项为：①4-7-13-2（见表 6.18），预应力空心板预制 C40 混凝土泵送（见表 6.18），工程量为 240 m³；②4-7-13-3，预制预应力空心板钢筋现场加工，工程量为 21 t；③4-7-13-6（见表 6.18），预应力空心板起重机安装跨径在 20 m 以内，工程量为 240 m³；④4-8-4-10（见表 6.19），平板拖车运输起重机装车构件质量 40 t 以内第一个 1 km，工程量为 240 m³；⑤4-7-19-5（见表 6.20），预应力钢绞线束长 20 m 以内锚具型号 7 孔 8.12 束/t，工程量为 11.6 t；⑤4-7-19-6（见表 6.20），预应力钢绞线束长 20 m 以内锚具型号 7 孔每增减 1 束，工程量为 11.6 t，定额换算系数为-0.88，换算后工程量为-10.208 t。

表 6.18 定额 4-7-13 预制、安装预应力空心板

工程内容：组合钢模板拼拆及安装、拆除、修理、涂脱模剂、堆放；钢筋除锈、制作、成型、焊接、绑扎；混凝土浇筑、捣固及养护；立面凿毛。

单位：表列单位

序号	项目	单位	代号	预制混凝土	预制预应力空心板钢筋	起重机安装
				泵送	现场加工	跨径 20 m 以内
				10 m³ 实体	1 t	10 m³ 实体
				2	3	6
1	人工	工日	1001001	11.4	5.7	3.8
2	普 C20-32.5-2	m³	1503007	(0.44)	—	—
3	泵 C40-42.5-2	m³	1503067	(10.3)	—	—
4	预制构件	m³	1517001	—	—	(10.00)
5	HPB300 钢筋	t	2001001	0.004	0.351	—
6	HRB400 钢筋	t	2001002	—	0.674	—
7	钢丝绳	t	2001019	0.002	—	—
8	20~22 号铁丝	kg	2001022	—	3.68	—
9	钢管	t	2003008	0.003	—	—
10	钢模板	t	2003025	0.051	—	—
11	电焊条	kg	2009011	—	1.31	—
12	铁件	kg	2009028	8.6	—	—
13	水	m³	3005004	17	—	—
14	锯材	m³	4003002	0.02	—	—
15	中(粗)砂	m³	5503005	5.61	—	—
16	碎石(2 cm)	m³	5505012	7.19	—	—
17	32.5 级水泥	t	5509001	0.139	—	—
18	42.5 级水泥	t	5509002	4.85	—	—
19	其他材料费	元	7801001	85	—	0.3
20	60 m³/h 以内混凝土输送泵		8005051	0.06	—	—
21	30 t 以内汽车式起重机	台班	8009031	—	—	0.41
22	32 kV·A 以内交流电弧焊机	台班	8015028	—	0.24	—
23	小型机具使用费	元	8099001	6.1	17.4	0.7
24	基价	元	9999001	4757	4052	1001

表 6.19　定额 4-8-4 平板拖车运输

工程内容：第一个 1 km，挂钩、起吊、装车、固定构件；等待装卸；运走、掉头及空回。每增运 0.5 km，运走及空回。

单位：100 m³ 实体

序号	名称	单位	代号	第一个 1 km			
				构件质量			
				10 t 以内	15 t 以内	25 t 以内	40 t 以内
				7	8	9	10
1	人工	工日	1001001	2.6	1.8	1.4	0.9
2	铁件	kg	2009028	4.2	3	1.7	1
3	锯材	m³	4003002	0.3	0.23	0.15	0.09
4	其他材料费	元	7801001	26.2	21.7	17.3	11.6
5	20 t 以内平板拖车组	台班	8007024	1.75	1.34	—	—
6	30 t 以内平板拖车组	台班	8007025	—	—	0.94	—
7	60 t 以内平板拖车组	台班	8007028	—	—	—	0.66
8	8 t 以内轮胎式起重机	台班	8009018	1.29	—	—	—
9	20 t 以内轮胎式起重机	台班	8009020	—	0.96	—	—
10	40 t 以内轮胎式起重机	台班	8009022	—	—	0.73	0.49
11	小型机具使用费	元	8099001	5.9	4.5	3.3	2.2
12	基价	元	9999001	3255	2940	2598	1999

表 6.20　定额 4-7-19 制作、张拉预应力钢绞线

工程内容：波纹管安装；安装压浆嘴、排气管、锚垫板、螺旋筋；搭、拆临时脚手架及操作平台；钢绞线束制作，穿束；安装锚具、智能张拉机安装、张拉；切割钢绞线（束）头、封锚头、清洗孔道及孔道压浆；机具安、拆及保养；张拉压浆数据分析汇总。

单位：1 t 钢绞线

序号	项目	单位	代号	束长			
				20 m 以内			
				锚具型号			
				3 孔		7 孔	
				18.94 束/t	每增减 1 束	8.12 束/t	每增减 1 束
				3	4	5	6
1	人工	工日	1001001	12.8	0.6	9.7	0.6
2	钢绞线	t	2001008	1.04	—	1.04	—
3	塑料波纹管 SBG-50Y	m	5001035	291	—	—	—
4	塑料波纹管 SBG-60Y	m	5001036	—	—	125	—

续表6.20

序号	项目	单位	代号	束长			
				20 m 以内			
				锚具型号			
				3孔		7孔	
				18.94 束/t	每增减 1 束	8.12 束/t	每增减 1 束
				3	4	5	6
5	压浆料	t	5003003	0.67	—	0.35	—
6	钢绞线圆锚(3孔)	套	6005005	38.26	2.02	—	—
7	钢绞线圆锚(7孔)	套	6005009	—	—	16.4	2.02
8	其他材料费	元	7801001	80.9	—	41.9	—
9	智能张拉系统	台班	8005079	2.27	0.12	0.97	0.12
10	智能压浆系统	台班	8005084	0.07	—	0.04	—
11	小型机具使用费	元	8099001	154.3	2.4	89	3.4
12	基价	元	9999001	12823	268	10385	434

6.2.3.2　桥面铺装

桥面铺装列项：①4-6-13-2(见表 6.21)，桥面铺装水泥混凝土非泵送，工程量为 63 m³；②4-6-13-8(见表 6.22)，桥面铺装钢筋，工程量为 5 t；③4-11-11-4(见表 6.8)，桥面铺装混凝土搅拌机拌和容量 750 L 以内，工程量为 63 m³，定额换算系数为 1.02；④4-11-11-20+21×4(见表 6.9)，桥面铺装混凝土运输 1 t 机动翻斗车第一个 100 m，增运 400 m，工程量为 63 m³，定额换算系数为 1.02，换算后工程量为 64.24 m³。

表 6.21　定额 4-6-13 行车道铺装混凝土

工程内容：桥面清扫；钢桥面喷砂除锈、混凝土表面抛丸处理；模板制作、安装、拆除、修理、涂脱模剂、堆放；水泥混凝土浇筑、捣固、养护。

单位：10 m³ 实体

序号	项目	单位	代号	水泥混凝土		
				垫层	面层	
					非泵送	泵送
				1	2	3
1	人工	工日	1001001	10	13.2	6.6
2	普 C30-32.5-4	m³	1503034	(10.2)	(10.2)	—
3	泵 C30-32.5-4	m³	1503084	—	—	(10.4)
4	型钢	t	2003004	0.001	0.001	0.001
5	水	m³	3005004	15	15	21

续表6.21

序号	项目	单位	代号	水泥混凝土		
				垫层	面层	
					非泵送	泵送
				1	2	3
6	中(粗)砂	m³	5503005	4.69	4.69	5.82
7	碎石(4 cm)	m³	5505013	8.47	8.47	7.59
8	32.5级水泥	t	5509001	3.845	3.845	4.368
9	其他材料费	元	7801001	4.3	4.3	29.6
10	混凝土电动刻纹机	台班	8003083	—	—	0.43
11	混凝土电动切缝机	台班	8003085	—	1.01	—
12	60 m³/h以内混凝土输送泵	台班	8005051	—	—	0.09
13	1 t以内机动翻斗车	台班	8007046	0.45	0.45	—
14	小型机具使用费	元	8099001	17.6	21.8	—
15	基价	元	9999001	3550	4106	3527

表 6.22　定额 4-6-13 行车道铺装钢筋

工程内容：钢筋除锈、制作、电焊、绑扎。

单位：t

序号	项目	单位	代号	水泥及防水混凝土	
				钢筋直径	
				8 mm以下	8 mm以上
				7	8
1	人工	工日	1001001	7.3	7.1
2	HPB300 钢筋	t	2001001	1.025	0.621
3	HRB400 钢筋	t	2001002	—	0.404
4	20~22 号铁丝	kg	2001022	3.13	2.55
5	电焊条	kg	2009011	6.65	5.41
6	32 kV·A以内交流电弧焊机	台班	8015028	1.16	0.94
7	小型机具使用费	元	8099001	18	18
8	基价	元	9999001	4477	4371

6.2.3.3　混凝土护栏

混凝土护栏列项：①5-1-1-5(见表6.23)，防撞护栏现浇钢筋混凝土墙体C25混凝土，工程量为59 m³；②5-1-1-6(见表6.23)，防撞护栏现浇钢筋混凝土墙体钢筋，工程量为

4.65 t；③4-11-11-4(见表6.8)，混凝土护栏混凝土搅拌机拌和容量750 L以内，工程量为
59 m³，定额换算系数为1.02；④4-11-11-20+21×4(见表6.9)，混凝土护栏混凝土运输1 t
机动翻斗车第一个100 m，增运400 m，工程量为59 m³，定额换算系数为1.02，换算后工程
量为60.18 m³。

表6.23　定额5-1-1 防撞护栏现浇钢筋混凝土

工程内容：混凝土及钢筋的全部工序；安装铸铁柱、栏杆铸铁柱、栏杆油漆。

单位：表列单位

序号	名称	单位	代号	墙体混凝土 10 m³	墙体钢筋 1 t
				5	6
1	人工	工日	1001001	16	8.8
2	普 C25-32.5-4	m³	1503033	(10.20)	—
3	HPB300 钢筋	t	2001001	0.001	1.025
4	20~22 号铁丝	kg	2001022	—	5.1
6	钢模板	t	2003025	0.101	
8	铁件	kg	2009028	13.3	
9	水	m³	3005004	12	—
10	原木	m³	4003001	0.043	—
11	锯材	m³	4003002	0.061	—
13	中(粗)砂	m³	5503005	4.9	—
14	碎石(4 cm)	m³	5505013	8.47	—
15	32.5级水泥	t	5509001	3.417	—
16	其他材料费	元	7801001	14.2	
17	250 L以内强制式混凝土搅拌	台班	8005002	0.29	—
18	1 t以内机动翻斗车	台班	8007046	0.28	—
19	小型机具使用费	元	8099001	4.8	10.7
20	基价	元	9999001	4829	4387

6.2.4　其他

6.2.4.1　支座

支座列项：①4-7-27-3(见表6.24)，板式橡胶支座，工程量为3×3.5×0.57×56＝
335.1 dm³；②4-7-27-4(见表6.24)，四氟板式橡胶组合支座，工程量为2.5×3×0.44×28＝
92.4 dm³。

表 6.24 定额 4-7-27 板式橡胶支座

工程内容：预埋钢板、钢筋的制作、预埋、电焊；支座电焊；支座安装。

单位：dm³

序号	项目	单位	代号	板式橡胶支座	四氟板式橡胶组合支座
				1 m³	
				3	4
1	人工	工日	1001001	0.1	0.1
2	HRB400 钢筋	t	2001002	—	0.001
3	钢板	t	2003005	—	0.011
4	电焊条	kg	2009011	—	0.1
5	四氟板式橡胶组合支座	dm³	6001002	—	1
6	板式橡胶支座	dm³	6001003	1	—
7	其他材料费	元	7801001	0.3	2.6
8	32 kV·A 以内交流电弧焊机	台班	8015028	—	0.02
9	小型机具使用费	元	8099001	—	0.2
10	基价	元	9999001	58	120

6.2.4.2 伸缩缝及泄水管

伸缩缝和泄水管列项：①4-11-7-10(见表 6.25)，板式橡胶伸缩缝，工程量为 18 m；②4-11-7-13(见表 6.25)，泄水管，工程量为 6 个。

表 6.25 定额 4-11-7 伸缩缝及泄水管

工程内容：其他伸缩缝，裁焊钢板、镀锌铁皮，加工、安装锚栓；钢筋除锈、制作、绑扎、焊接；熬化、涂刷沥青，填塞沥青及麻絮；安放橡胶条；安装氯丁橡胶板上螺栓螺帽。泄水管，洗刷，涂沥青、安装。

单位：表列单位

序号	项目	单位	代号	伸缩缝	泄水管
				板式橡胶伸缩缝	
				1 m	10 个
				10	13
1	人工	工日	1001001	1.6	0.2
2	普 C40-32.5-2	m³	1503013	(0.10)	—
3	HPB300 钢筋	t	2001001	0.011	—
4	电焊条	kg	2009011	1.1	—
5	铁件	kg	2009028	1.5	—
6	铸铁管	kg	2009033	—	140

续表6.25

序号	项目	单位	代号	伸缩缝	泄水管
				板式橡胶伸缩缝	
				1 m	10 个
				10	13
7	中(粗)砂	m³	5503005	0.04	
8	碎石(2 cm)	m³	5505012	0.08	
9	32.5 级水泥	t	5509001	0.049	
10	板式橡胶伸缩缝	m	6003010	1	
11	其他材料费	元	7801001	7.4	8.4
12	32 kV·A 以内交流电弧焊机	台班	8015028	0.25	
13	小型机具使用费	元	8099001	2.1	
14	基价	元	9999001	600	508

▶ 6.3 原始数据表

原始数据如表 6.26 所示。

表 6.26 原始数据表

序号	编号	名称	单位	数量	费率序号	备注
		第一部分 建筑安装工程费				
		桥梁工程				
1	4-2-2-1	桥墩编织袋围堰高度 1 m	10 m 围堰	8.6	07	
2	4-4-9-7	桩基干处埋设钢护筒	1 t	2.272	10	
3	4-4-2-4	桩基卷扬机带冲击锥冲孔桩径 150 cm 孔深 7 m 砾石	10 m	2	07	
4	4-4-2-7	桩基卷扬机带冲击锥冲孔桩径 150 cm 孔深 7 m 次坚石	10 m	0.8	07	
5	4-4-8-4	桩基灌注桩 C25 混凝土冲击成孔卷扬机配吊斗	10 m³ 实体	5.6	07	
6	4-4-8-24	桩基钢筋主筋连接方式焊接连接	1 t	12	10	
7	4-11-11-4	桩基混凝土搅拌机拌和容量 750 L 以内	10 m³	7.112	07	

续表6.26

序号	编号	名称	单位	数量	费率序号	备注
8	4-11-11-20+21×4	桩基混凝土运输1 t机动翻斗车500 m	100 m³	0.7112	03	
9	4-6-2-15	桥墩圆柱式C25混凝土泵送高度10 m以内	10 m³实体	6.7	07	
10	4-6-2-24	桥墩钢筋现场加工主筋焊接连接高度10 m以内	1 t	15	10	
11	4-11-11-4	桥墩混凝土搅拌机拌和容量750 L以内	10 m³	6.968	07	
12	4-11-11-20+21×4	桥墩混凝土运输1 t机动翻斗车500 m	100 m³	0.6968	03	
13	4-6-4-2	盖梁C30混凝土	10 m³实体	7.8	07	
14	4-6-4-9	盖梁钢筋	1 t	12	10	
15	4-11-11-4	盖梁混凝土搅拌机拌和容量750 L以内	10 m³	8.112	07	
16	4-11-11-20+21×4	盖梁混凝土运输1 t机动翻斗车500 m	100 m³	0.8112	03	
17	4-5-3-1	桥台基础、侧、背墙M10浆砌块石	10 m³实体	12.3	07	
18	4-6-2-4	桥台台身片C15石混凝土实体式桥台梁板桥高度10 m以内	10 m³实体	8.4	07	
19	4-11-11-4	台身混凝土搅拌机拌和容量750 L以内	10 m³	8.568	07	
20	4-11-11-20+21×4	台身混凝土运输1 t机动翻斗车500 m	100 m³	0.8568	03	
21	4-6-3-2	台帽C30混凝土泵送	10 m³实体	1	07	
22	4-6-3-5	台帽钢筋	1 t	2.7	10	
23	4-11-11-4	台帽混凝土搅拌机拌和容量750 L以内	10 m³	1.04	07	
24	4-11-11-20+21×4	台帽混凝土运输1 t机动翻斗车500 m	100 m³	0.104	03	
25	4-7-13-2	预应力空心板预制C40混凝土泵送	10 m³实体	24	07	
26	4-7-13-3	预制预应力空心板钢筋现场加工	1 t	21	10	
27	4-7-13-6	预应力空心板起重机安装跨径20 m以内	10 m³实体	24	07	

续表6.26

序号	编号	名称	单位	数量	费率序号	备注
28	4-8-4-10	平板拖车运输起重机装车构件质量 40 t 以内第一个 1 km	100 m³ 实体	2.4	03	
29	4-7-19-5	预应力钢绞线束长 20 m 以内锚具型号 7 孔 8.12 束/t	1 t 钢绞线	11.6	10	
30	4-7-19-6	预应力钢绞线束长 20 m 以内锚具型号 7 孔每增减 1 束	1 t 钢绞线	-10.208	10	
31	4-6-13-2	桥面铺装水泥混凝土非泵送	10 m³	6.3	07	
32	4-6-13-8	桥面铺装钢筋	1 t	5	10	
33	4-11-11-4	桥面铺装混凝土搅拌机拌和容量 750 L 以内	10 m³	6.426	07	
34	4-11-11-20+21×4	桥面铺装混凝土运输 1 t 机动翻斗车 500 m	100 m³	0.6426	03	
35	5-1-1-5	防撞护栏现浇钢筋混凝土墙体 C25 混凝土	10 m³	5.9	07	
36	5-1-1-6	防撞护栏现浇钢筋混凝土墙体钢筋	1 t	4.65	10	
37	4-11-11-4	防撞护栏混凝土搅拌机拌和容量 750 L 以内	10 m³	6.018	07	
38	4-11-11-20+21×4	防撞护栏混凝土运输 1 t 机动翻斗车 500 m	100 m³	0.6018	03	
39	4-7-27-3	板式橡胶支座	1 dm³	335.1	10	
40	4-7-27-4	四氟板式橡胶组合支座	1 dm³	92.4	10	
41	4-11-7-10	板式橡胶伸缩缝	1 m	18	10	
42	4-11-7-13	泄水管	10 个	0.6	07	

注：费率序号 03 的工程类别为运输，07 为构造物 Ⅱ，10 为钢材及钢结构。

▶ 6.4　人工、材料、施工机械台班

6.4.1　定额施工机械台班单价

按照《公路工程机械台班费用定额》(JTG/T 3833—2018)，查询施工机械台班基价，得到表 6.27。其中人工单价为 106.28 元，柴油单价 7.44 元/kg，重油单价 3.59 元/kg，电单价 0.85 元/(kW·h)。

表 6.27　施工机械台班基价表

代号	规格名称	台班基价/元	不变费用/元		可变费用/元								合计
			调整系数 1.0		人工 106.28 元/工日		柴油 7.44 元/kg		重油 3.59 元/kg		电 0.85 元/(kW·h)		
			定额	调整值	定额	金额	定额	金额	定额	金额	定额	金额	
8001035	1.0 m³ 以内履带式机械单斗挖掘机	1052.19	358.34		2	130.34	64.69						693.85
8001045	1.0 m³ 以内轮胎式装载机	585.22	114.16		1		49.03						471.06
8003085	混凝土电动切缝机	210.28	87.89		1						18.95		122.39
8005002	250 L 以内强制式混凝土搅拌	177.86	25.51		1						54.2		152.35
8005005	750 L 以内强制式混凝土搅拌机	345.63	85.8		1						180.65		259.83
8005010	400 L 以内灰浆搅拌机	137.79	13.23		1						21.51		124.56
8005051	60 m³/h 以内混凝土输送泵	1260.3	837.96		1						371.83		422.34
8005079	智能张拉系统	642.12	272.09		3				1		56		370.03
8005084	智能压浆系统	703.81	316.97		3						80		386.84
8007007	10 t 以内载货汽车	667.75	187.31		1		50.29						480.44
8007028	60 t 以内平板拖车组	1550.07	868.12		2		63.09						681.95
8007046	1 t 以内机动翻斗车	212.72	39.48		1		9						173.24

续表6.27

代号	规格名称	台班基价/元	不变费用/元		可变费用/元									合计
			调整系数 1.0		人工 106.28 元/工日		柴油 7.44元 /kg		重油 3.59 元 /kg		电 0.85元/ (kW·h)		
			定额	调整值	定额	金额	定额	金额	定额	金额	定额	金额	
8009022	40 t 以内轮胎式起重机	1483.7	822.21		2		60.34						661.49
8009028	16 t 以内汽车式起重机	1023.73	546.16		2		35.62						477.57
8009029	20 t 以内汽车式起重机	1208.73	709.36		2		38.55						499.37
8009030	25 t 以内汽车式起重机	1356.18	841.18		2		40.65						515
8009031	30 t 以内汽车式起重机	1453.91	929.54		2		41.91						524.37
8009081	50 kN 以内单筒慢动卷扬机	172.3	19.57		1						54.65		152.73
8009102	50 kN 以内双筒快动卷扬机	254.42	57.81		1						160.92		196.61
8011056	泥浆分离器	431.53	178.17		2						48		253.36
8011057	泥浆搅拌机	124.5	9.29		1						10.5		115.21
8013024	φ100 mm 以内泥浆泵	267.63	35.79								272.75		231.84
8015028	32 kV·A 以内交流电弧焊机	184.23	5.17		1						85.62		179.06
8015029	42 kV·A 以内交流电弧焊机	227.82	5.42		1						136.61		222.4
8017049	9 m³/min 以内机动空压机	719.1	270.17				60.34						448.93

6.4.2 施工机械台班单价

已知施工机械台班单价不变费用调整系数为 1，人工单价为 110 元，柴油单价 8 元/kg，重油单价 4 元/kg，电单价 0.9 元/(kW·h)，施工机械消耗量与《公路工程机械台班费用定额》(2018 年版)相同，则 24 表施工机械台班单价计算表如表 6.28 所示。

表 6.28　施工机械台班单价计算表　　　　　　24 表

代号	规格名称	台班单价/元	不变费用/元		可变费用/元									合计
			调整系数 1		人工 110 元/工日		柴油 8 元/kg		重油 4 元/kg		电 0.9 元/(kW·h)			
			定额	调整值	定额	金额	定额	金额	定额	金额	定额	金额		
8001035	1.0 m³ 以内履带式机械单斗挖掘机	1095.86	358.34	358.34	2	220	64.69	517.52					737.52
8001045	1.0 m³ 以内轮胎式装载机	616.40	114.16	114.16	1	110	49.03	392.24					502.24
8003085	混凝土电动切缝机	214.95	87.89	87.89	1	110					18.95	17.06	127.06
8005002	250 L 以内强制式混凝土搅拌	184.29	25.51	25.51	1	110					54.2	48.78	158.78
8005005	750 L 以内强制式混凝土搅拌机	358.39	85.8	85.8	1	110					180.65	162.59	272.59
8005010	400 L 以内灰浆搅拌机	142.59	13.23	13.23	1	110					21.51	19.36	129.36
8005051	60 m³/h 以内混凝土输送泵	1282.61	837.96	837.96	1	110					371.83	334.65	444.65
8005079	智能张拉系统	656.08	272.09	272.09	3	330			1	4	56	50.40	383.99
8005084	智能压浆系统	718.97	316.97	316.97	3	330					80	72.00	402.00
8007007	10 t 以内载货汽车	699.63	187.31	187.31	1	110	50.29	402.32					512.32
8007028	60 t 以内平板拖车组	1592.84	868.12	868.12	2	220	63.09	504.72					724.72

续表6.28

代号	规格名称	台班单价/元	不变费用/元		可变费用/元									合计
			调整系数1		人工 110元/工日		柴油 8元/kg		重油 4元/kg		电 0.9元/(kW·h)			
			定额	调整值	定额	金额	定额	金额	定额	金额	定额	金额		
8007046	1 t 以内机动翻斗车	221.48	39.48	39.48	1	110	9	72						182.00
8009022	40 t 以内轮胎式起重机	1524.93	822.21	822.21	2	220	60.34	482.72			·			702.72
8009028	16 t 以内汽车式起重机	1051.12	546.16	546.16	2	220	35.62	284.96						504.96
8009029	20 t 以内汽车式起重机	1237.76	709.36	709.36	2	220	38.55	308.4						528.40
8009030	25 t 以内汽车式起重机	1386.38	841.18	841.18	2	220	40.65	325.2						545.20
8009031	30 t 以内汽车式起重机	1484.82	929.54	929.54	2	220	41.91	335.28						555.28
8009081	50 kN 以内单筒慢动卷扬机	178.76	19.57	19.57	1	110					54.65	49.19		159.19
8009102	50 kN 以内双筒快动卷扬机	341.41	57.81	57.81	1	110					106.27	95.64		263.45
8011056	泥浆分离器	441.37	178.17	178.17	2	220					48	43.20		263.20
8011057	泥浆搅拌机	128.74	9.29	9.29	1	110					10.5	9.45		119.45
8013024	φ100 mm 以内泥浆泵	281.27	35.79	35.79							272.75	245.48		245.48
8015028	32 kV·A 以内交流电弧焊机	192.23	5.17	5.17	1	110					85.62	77.06		187.06
8015029	42 kV·A 以内交流电弧焊机	238.37	5.42	5.42	1	110					136.61	122.95		232.95
8017049	9 m³/min 以内机动空压机	752.89	270.17				60.34	482.72						482.72

6.4.3 材料预算单价

材料预算单价按照某省交通运输工程材料指导价确定(见人工、材料、施工机械台班汇总表)。片石为自采材料,料场价格按照自采材料料场价格计算表(表 6.29)计算,辅助生产间接费按照定额人工费的 3%计算,高原取费以定额人工费与施工机械费之和为基数计算高原地区施工增加费,费率按照石方的高原地区施工增加费费率。片石单位运费按照材料自办运输单位运费计算表计算(运距 1 km)(表 6.30)。已知水泥运价为 0.5 元/(t·km),装卸、过磅等杂费 10 元/t,水泥预算单价按照自供应地或料场至工地(运距 30 km)的全部运杂费与水泥原价及其他费用计算,见材料预算单价计算表(表 6.31)。

表 6.29 自采材料料场价格计算表

自采材料名称:片石　　　单位:m³　　　数量:1　　　料场价格:36.62 元　　　23-1 表

代号	工程项目		片石开采			
	工程细目		机械开采			
	定额单位		100 m³			
	工程数量		0.01			
	定额表号		部 8-1-5-2			
	工、料、机名称	单位	单价/元	定额	数量	金额/元
1001001	人工	工日	110	15.8	0.158	17.38
2009003	空心钢钎	kg	6.9	2.1	0.21	0.1449
2009004	φ50 mm 以内合金钻头	个	32	3	0.03	0.96
5005002	硝铵炸药	kg	12	20.4	0.204	2.448
5005008	非电毫秒雷管	个	3.2	28	0.28	0.896
5005009	导爆索	m	2.1	13	0.13	0.273
8017049	9 m³/min 以内机动空压机	台班	752.89	1.31	0.0131	9.8629
8099001	小型机具使用费	元	1	48.7	0.487	0.487
	直接费	元				32.4518
	定额人工费	元	106.28	15.8	0.158	16.7922
	定额施工机械费	元	719.1×0.0131+0.487			9.9072
	定额人工费+施工机械费	元				26.6994
	辅助生产间接费	元	16.7922	3%		0.5038
	高原取费	元	26.6994	13.711%		3.6608
	金额合计	元				36.62

表 6.30 材料自办运输单位运费计算表

自采材料名称：片石　　　单位：km·m³　　　数量：1　　　单位运费：16.2 元　　　23-2 表

代号	工程项目		片石机动翻斗车运输（配合人工装车）			片石机动翻斗车运输（配合人工装车）			合计	
	工程细目		第一个 100 m			每增运 100 m				
	定额单位		100 m³			100 m³				
	工程数量		0.01			0.09				
	定额表号		部 9-1-3-7			部 9-1-3-8				
	工、料、机名称	单位	单价/元	定额	数量	金额/元	定额	数量	金额/元	数量	金额/元
8007046	1 t 以内机动翻斗	台班	221.48	3.61	0.0361	799.54	0.32	0.0288	637.86	0.0649	14.37
	直接费	元									14.37
	定额人工费	元									0
	定额施工机械费	元			212.72×0.0649						13.81
	辅助生产间接费	元		0	3%						0
	高原取费	元		13.81	13.288%						1.83
	金额合计	元									16.2

（注：表头"工、料、机名称 单位 单价/元"行后，列为 定额 数量 金额/元（第一个100m），定额 数量 金额/元（每增运100m），数量 金额/元（合计）。）

表 6.31 材料预算单价计算表

编制范围：桥梁算例　　　　　　　　　　　　　　　　　　　　　　　　22 表

代号	规格名称	单位	原价/元	运杂费					原价运费合计/元	场外运输损耗		采购及保管费		预算单价/元
				供应地点	运输方式比重及运距	毛质量系数或单位毛质量	运杂费构成说明或计算式	单位运费/元		费率/%	金额/元	费率/%	金额/元	
5509001	32.5级水泥	t	330	水泥厂	汽车30 km	1.01	(0.5×30+10)×1.01	25.25	355.25	1	3.55	2.06	7.39	366.19
5509002	42.5级水泥	t	380	水泥厂	汽车30 km	1.01	(0.5×30+10)×1.01	25.25	405.25	1	4.05	2.06	8.43	417.73
5505005	片石	m³	36.62	料场	自办1 km	1.5	16.2×1.5	24.3	60.92	1	0.61	2.06	1.27	62.8

6.4.4 人工、材料、施工机械台班单价汇总表

按照《公路工程建设项目概算预算编制办法》（JTG 3830—2018），人工、材料、机械台班包括 02 表"人工、主要材料、施工机械台班数量汇总表"、09 表"人工、材料、施工机械台班

单价汇总表"。计算定额人工费、定额材料费和定额机械台班费等费用时需要《公路工程预算定额》(JTG/T 3832—2018)附录四,以及《公路工程机械台班费用定额》(JTG/T 3833—2018)的人工、材料和机械台班基价。综合考虑上述要求,将02表、09表合并,以及加入基价,形成了表6.32"人工、材料、施工机械台班及单价汇总表"。

表6.32 人工、材料、施工机械台班单价汇总表

代号	名称	单位	基价/元	预算单价/元	备注
1001001	人工	工日	106.28	110	
2001001	HPB300 钢筋	t	3333.33	3400	
2001002	HRB400 钢筋	t	3247.86	3300	
2001008	钢绞线	t	4786.32	4800	
2001019	钢丝绳	t	5970.09	5980	
2001021	8~12 号铁丝	kg	4.36	4.5	
2001022	20~22 号铁丝	kg	4.79	4.8	
2003004	型钢	t	3504.27	3510	
2003005	钢板	t	3547.01	3550	
2003008	钢管	t	4179.49	4180	
2003022	钢护筒	t	4273.5	4280	
2003025	钢模板	t	5384.62	5390	
2003028	安全爬梯	t	8076.92	8080	
2009003	空心钢钎	kg	6.84	6.9	
2009004	$\phi50$ mm 以内合金钻头	个	31.88	32	
2009011	电焊条	kg	5.73	5.8	
2009013	螺栓	kg	7.35	7.5	
2009028	铁件	kg	4.53	4.6	
2009030	铁钉	kg	4.7	4.8	
2009033	铸铁管	kg	3.42	3.5	
3005004	水	m³	2.72	2.8	
4003001	原木	m³	1283.19	1290	
4003002	锯材	m³	1504.42	1510	
5001036	塑料波纹管 SBG-60Y	m	5.13	5.2	
5001052	塑料编织袋	工日	1.45	1.6	
5005002	硝铵炸药	kg	11.97	12	
5003003	压浆料	t	1709.4	1710	

续表6.32

代号	名称	单位	基价/元	预算单价/元	备注
5005008	非电毫秒雷管	个	3.16	3.2	
5005009	导爆索	m	2.05	2.1	
5501002	土	m³	9.71	9.8	
5501003	黏土	m³	11.65	11.8	
5503005	中(粗)砂	m³	87.38	88	
5505005	片石	m³	63.11	62.8	
5505012	碎石(2 cm)	m³	88.35	89	
5505013	碎石(4 cm)	m³	86.41	88	
5505015	碎石(8 cm)	m³	82.52	85	
5505025	块石	m³	93.2	95	
5509001	32.5级水泥	t	307.69	366.19	
5509002	42.5级水泥	t	367.52	417.73	
6001001	钢支座	t	7435.9	7500	
6001002	四氟板式橡胶组合支座	dm³	59.83	60	
6001003	板式橡胶支座	dm³	47.01	48	
6003010	板式橡胶伸缩缝	m	299.15	300	
6005009	钢绞线圆锚(7孔)	套	143.59	148	
8001035	1.0 m³ 以内履带式机械单斗挖掘机	台班	1052.19	1095.86	
8001045	1.0 m³ 以内轮胎式装载机	台班	585.22	616.40	
8003085	混凝土电动切缝机	台班	210.28	214.95	
8005002	250 L 以内强制式混凝土搅拌	台班	177.86	184.29	
8005005	750 L 以内强制式混凝土搅拌机	台班	345.63	358.39	
8005010	400 L 以内灰浆搅拌机	台班	137.79	142.59	
8005051	60 m³/h 以内混凝土输送泵	台班	1260.3	1282.61	
8005079	智能张拉系统	台班	642.12	656.08	
8005084	智能压浆系统	台班	703.81	718.97	
8007007	10 t 以内载货汽车	台班	667.75	699.63	
8007028	60 t 以内平板拖车组	台班	1550.07	1592.84	
8007046	1 t 以内机动翻斗车	台班	212.72	221.48	
8009022	40 t 以内轮胎式起重机	台班	1483.7	1524.93	
8009028	16 t 以内汽车式起重机	台班	1023.73	1051.12	

续表6.32

代号	名称	单位	基价/元	预算单价/元	备注
8009029	20 t 以内汽车式起重机	台班	1208.73	1237.76	
8009030	25 t 以内汽车式起重机	台班	1356.18	1386.38	
8009031	30 t 以内汽车式起重机	台班	1453.91	1484.82	
8009081	50 kN 以内单筒慢动卷扬机	台班	172.3	178.76	
8009102	50 kN 以内双筒快动卷扬机	台班	254.42	263.45	
8011056	泥浆分离器	台班	431.53	441.37	
8011057	泥浆搅拌机	台班	124.5	128.74	
8013024	ϕ100 mm 以内泥浆泵	台班	267.63	281.27	
8015028	32 kV·A 以内交流电弧焊机	台班	184.23	192.23	
8015029	42 kV·A 以内交流电弧焊机	台班	227.82	238.37	
8017049	9 m³/min 以内机动空压机	台班	719.1	752.89	

▶ 6.5　综合费率计算表

已知工程所在地为内陆(非沿海),平均海拔 2500 m,冬季施工气温区划分为准一区,雨季施工雨量区划分为 I 区,雨季期 5 个月,无夜间施工、风沙与行车干扰,工地转移运距为 50 km,主副食运费补贴综合运距 20 km,规费综合费率为 39%。综合费率计算表如表 6.33 所示。

表 6.33　综合费率计算表

编制范围：桥梁算例　　　　　　　　　　　　　　　　　　　　　　　　　　　　　　　04 表

序号	工程类别	措施费/%							企业管理费/%					规费/%
		冬季施工增加费	雨季施工增加费	高原地区施工增加费	施工辅助费	工地转移费	综合费率		基本费用	主副食运费补贴	职工探亲路费	财务费用	综合费率	综合费率
							I	II						
03	运输	0	0.675	13.288	0.154	0.157	14.12	0.154	1.374	0.285	0.132	0.264	2.055	39
07	构造物 II	0.165	0.53	13.622	1.537	0.333	14.65	1.537	4.726	0.292	0.348	0.545	5.911	39
10	钢材及钢结构	0	0	13.204	0.564	0.351	13.555	0.564	2.242	0.247	0.164	0.653	3.306	39

冬季、雨季、高原地区施工增加费与工地转移费以定额人工费和定额施工机械使用费为基数,为综合费率 I。施工辅助费以定额直接费为基数,为综合费率 II。

6.6　分项工程预算表

6.6.1　桥墩编织袋围堰

表 6.34 为分项工程预算表(桥墩编织袋围堰高度 1 m)。

表 6.34　分项工程预算表(桥墩编织袋围堰高度 1 m)

编制范围：桥梁算例

工程名称：桥墩编织袋围堰　　　　　　　　　　　　　　　　　　　　　　21-2 表

代号	工程项目			桥墩编织袋围堰		
	工程细目			高度 1.0 m		
	定额单位			10 m 围堰		
	工程数量			8.6		
	定额表号			部 4-2-2-1		
	工、料、机名称	单位	单价/元	定额	数量	金额/元
1001001	人工	工日	110	5.9	50.74	5581.4
5001052	塑料编织袋	个	1.6	260	2236	3577.6
5501002	土	m³		(17.16)	(147.58)	
9999001	定额直接费	元	1	1004	8634.4	8634.4
	定额人工费	元	106.28	5.9	50.74	5392.63
	定额施工机械使用费	元				0
	定额人工费+定额施工机械使用费	元				5392.63
	直接费	元				9159
	措施费 I	元		5392.63	14.65%	790.02
	措施费 II	元		8634.40	1.537%	132.71
	企业管理费	元		8634.40	5.911%	510.38
	规费	元		5581.4	39%	2176.75
	利润	元		10067.51	7.42%	747.01
	税金	元		13515.87	10%	1351.59
	金额合计	元				14867.46

6.6.2 桩基干处埋设钢护筒

表6.35为分项工程预算表(桩基干处埋设钢护筒)。

表6.35 分项工程预算表(桩基干处埋设钢护筒)

编制范围:桥梁算例

工程名称:桩基干处埋设钢护筒

21-2表

代号	工程项目			钢护筒制作、埋设、拆除		
	工程细目			干处埋设		
	定额单位			1 t		
	工程数量			2.272		
	定额表号			部4-4-9-7		
	工、料、机名称	单位	单价/元	定额	数量	金额/元
1001001	人工	工日	110.00	4.40	10.00	1099.65
2003022	钢护筒	t	4280.00	0.10	0.23	972.42
5501003	黏土	m³	11.80	5.49	12.47	147.18
8009029	20 t以内汽车式起重机	台班	1237.76	0.14	0.32	393.71
9999001	定额直接费	元	1	1128	2562.82	2562.82
	定额人工费	元	106.28	4.40	10.00	1062.46
	定额施工机械使用费	元	1208.73×0.32			384.47
	定额人工费+定额施工机械使用费	元				1446.93
	人工费	元	1099.65+220×0.32			1169.63
	直接费	元				2612.96
	措施费Ⅰ	元	1446.93	13.555%		196.13
	措施费Ⅱ	元	2562.82	0.564%		14.45
	企业管理费	元	2562.82	3.306%		84.73
	规费	元	1169.63	39%		456.15
	利润	元	2858.13	7.42%		212.07
	税金	元	3576.5	10%		357.65
	金额合计	元				3934.14

6.6.3 桩身成孔

表 6.36 为分项工程概预算表(桩基卷扬机带冲击锥冲孔)。

表 6.36 分项工程概预算表(桩基卷扬机带冲击锥冲孔)

编制范围：桥梁算例

工程名称：桩基卷扬机带冲击锥冲孔   21-2 表

代号	工程项目			桩基卷扬机带 冲击锥冲孔			桩基卷扬机带 冲击锥冲孔			合计	
	工程细目			桩径 150 cm 孔深 7 m 砾石			桩径 150 cm 孔深 7 m 次坚石				
	定额单位			10 m			10 m				
	工程数量			2			0.8				
	定额表号			部 4-4-2-4			部 4-4-2-7				
	工、料、机名称	单位	单价/元	定额	数量	金额/元	定额	数量	金额/元	数量	金额/元
1001001	人工	工日	110	32.3	64.60	7106.00	56.7	45.36	4989.60	109.96	12095.60
2009011	电焊条	kg	5.8	1.2	2.40	13.92	3.2	2.56	14.85	4.96	28.77
2009028	铁件	kg	4.6	0.2	0.40	1.84	0.2	0.16	0.74	0.56	2.58
3005004	水	m³	2.8	41	82.00	229.60	36	28.80	80.64	110.80	310.24
4003002	锯材	m³	1510	0.01	0.02	30.20	0.01	0.01	12.08	0.03	42.28
5501003	黏土	m³	11.8	14	28.00	330.40	12.27	9.82	115.83	37.82	446.23
7801001	其他材料费	元	1	1.7	3.40	3.40	1.7	1.36	1.36	4.76	4.76
7901001	设备摊销费	元	1	225.6	451.20	451.20	276.9	221.52	221.52	672.72	672.72
8001035	1.0 m³ 以内履带式机械单斗挖掘机	台班	1095.86	0.04	0.08	87.67	0.04	0.03	35.07	0.11	122.74
8007007	10 t 以内载货汽车	台班	699.63	0.17	0.34	237.87	0.17	0.14	95.15	0.48	333.02
8009028	16 t 以内汽车式起重机	台班	1051.12	0.17	0.34	357.38	0.17	0.14	142.95	0.48	500.33
8009102	50 kN 以内双筒快动卷扬机	台班	263.45	9.72	19.44	5121.47	20.71	16.57	4364.84	36.01	9486.31
8011056	泥浆分离器	台班	441.37	0.09	0.18	79.45	0.23	0.18	81.21	0.36	160.66
8011057	泥浆搅拌机	台班	128.74	1.52	3.04	391.37	1.52	1.22	156.55	4.26	547.92

续表6.36

代号	工、料、机名称	单位	单价/元	桩基卷扬机带冲击锥冲孔 桩径150 cm 孔深7 m 砾石 10 m 2 部4-4-2-4			桩基卷扬机带冲击锥冲孔 桩径150 cm 孔深7 m 次坚石 10 m 0.8 部4-4-2-7			合计	
				定额	数量	金额/元	定额	数量	金额/元	数量	金额/元
8013024	φ100 mm以内泥浆泵	台班	281.27	0.26	0.52	146.26	0.68	0.54	153.01	1.06	299.27
8015029	42 kV·A以内交流电弧焊机	台班	238.37	0.13	0.26	61.98	0.33	0.26	62.93	0.52	124.91
8099001	小型机具使用费	元	1	0.4	0.80	0.80	0.4	0.32	0.32	1.12	1.12
9999001	定额直接费	元	1	7088	14176	14176	12725	10180	10180	24356	24356
	定额人工费	元	106.28	32.3	64.60	6865.69	56.7	45.36	4820.86	109.96	11686.55
	定额施工机械使用费	元	1052.19×0.11+667.75×0.48+1023.73×0.48+254.42×36.01+431.53×0.36+124.5×4.26+267.63×1.06+227.82×0.52+1.12								11178.31
	定额人工费+定额施工机械使用费	元									22864.86
	人工费	元	12095.60+220×0.11+110×0.48+220×0.48+110×36.01+220×0.36+110×4.26+0×1.06+110×0.52								16844.30
	直接费	元									25179.45
	措施费Ⅰ	元						22864.86	14.65%		3349.70
	措施费Ⅱ	元						24356	1.537%		374.35
	企业管理费	元						24356	5.911%		1439.68
	规费	元						16844.30	39%		6569.28
	利润	元						29519.74	7.42%		2190.36
	税金	元						39102.83	10%		3910.28
	金额合计	元									43013.11

6.6.4 桩基灌注桩混凝土

表 6.37 为分项工程预算表(桩基灌注桩 C25 混凝土)、表 6.38 为分项工程预算表(桩基钢筋)、表 6.39 为分项工程预算表(桩基混凝土搅拌机拌和运输)。

表 6.37 分项工程预算表(桩基灌注桩 C25 混凝土)

编制范围:桥梁算例

工程名称:桩基灌注桩 C25 混凝土冲击成孔卷扬机配吊斗   21-2 表

代号	工程项目			桩基灌注桩 C25 混凝土		
	工程细目			冲击成孔卷扬机配吊斗		
	定额单位			10 m³ 实体		
	工程数量			5.6		
	定额表号			部 4-4-8-4		
	工、料、机名称	单位	单价/元	定额	数量	金额/元
1001001	人工	工日	110	17.1	95.76	10533.60
1503101	水 C25-32.5-4	m³		(12.7)	(71.12)	
3005004	水	m³	2.8	27	151.20	423.36
5503005	中(粗)砂	m³	88	6.48	36.29	3193.34
5505013	碎石(4 cm)	m³	88	8.76	49.06	4316.93
5509001	32.5 级水泥	t	366.19	5.423	30.37	11120.75
7801001	其他材料费	元	1	2.2	12.32	12.32
7901001	设备摊销费	元	1	55.5	310.80	310.80
8009081	50 kN 以内单筒慢动卷扬机	台班	178.76	0.95	5.32	951.00
8099001	小型机具使用费	元	1	6.3	35.28	35.28
9999001	定额直接费	元	1	5110	28616.00	28616.00
	定额人工费	元	106.28	17.1	95.76	10177.37
	定额施工机械使用费	元	172.3×5.32+35.28			951.92
	定额人工费+定额施工机械使用费	元				11129.29
	人工费	元	10533.6+110×5.32			11118.8
	直接费	元				30897.39
	措施费Ⅰ	元	11129.29	14.65%		1630.44
	措施费Ⅱ	元	28616.00	1.537%		439.83
	企业管理费	元	28616.00	5.911%		1691.49
	规费	元	11118.80	39%		4336.33
	利润	元	32377.76	7.42%		2402.43
	税金	元	41397.91	10%		4139.79
	金额合计	元				45537.7

表 6.38 分项工程预算表(桩基钢筋)

编制范围:桥梁算例

工程名称:桩基钢筋主筋连接方式焊接连接　　　　　　　　　　　　　　　　21-2 表

代号	工程项目			桩基钢筋		
	工程细目			主筋焊接连接		
	定额单位			1 t		
	工程数量			12		
	定额表号			部 4-4-8-24		
	工、料、机名称	单位	单价/元	定额	数量	金额/元
1001001	人工	工日	110	4.2	50.4	5544
2001001	HPB300 钢筋	t	3400	0.112	1.34	4569.6
2001002	HRB400 钢筋	t	3300	0.913	10.96	36154.8
2001022	20~22 号铁丝	kg	4.8	1.8	21.6	103.68
2009011	电焊条	kg	5.8	4.1	49.2	285.36
8009030	25 t 以内汽车式起重机	台班	1386.38	0.07	0.84	1164.56
8015028	32 kV·A 以内交流电弧焊机	台班	192.23	0.79	9.48	1822.34
8099001	小型机具使用费	元	1	10.6	127.2	127.2
9999001	定额直接费	元	1	4068	48816	48816
	定额人工费	元	106.28	4.2	50.4	5356.51
	定额施工机械使用费	元	1356.18×0.84+184.23×9.48+127.2			3012.89
	定额人工费+定额施工机械使用费	元				8369.4
	人工费	元	5544+220×0.84+110×9.48			6771.6
	直接费	元				49771.54
	措施费Ⅰ	元	8369.4	13.555%		1134.47
	措施费Ⅱ	元	48816	0.564%		275.32
	企业管理费	元	48816	3.306%		1613.86
	规费	元	6771.6	39%		2640.92
	利润	元	51839.65	7.42%		3846.5
	税金	元	59282.62	10%		5928.26
	金额合计	元				65210.88

表 6.39 分项工程预算表(桩基混凝土搅拌机拌和运输)

编制范围:桥梁算例

工程名称:桩基混凝土搅拌机拌和运输   21-2 表

代号	工程项目		混凝土搅拌机拌和			混凝土运输			合计	
	工程细目		容量 750 L 以内			1 t 机动翻斗车 运距 500 m				
	定额单位		10 m³			100 m³				
	工程数量		7.112			0.7112				
	定额表号		部 4-11-11-4			部 4-11-11-20+21×4				
	工、料、机名称	单位	单价/元	定额	数量	金额/元	定额	数量	金额/元	数量	金额/元
1001001	人工	工日	110	1	7.11	782.32				7.11	782.32
8005005	750 L 以内强制式混凝土搅拌机	工日	358.39	0.2	1.42	509.77				1.42	509.77
8007046	1 t 以内机动翻斗车	t	221.48				7.3	5.19	1149.87	5.19	1149.87
9999001	定额直接费	元	1	175	1244.60	1244.60	1553	1104.49	1104.49	2349.09	2349.09
	定额人工费	元	106.28	1	7.11	755.86				7.11	755.86
	定额施工机械使用费	元		345.63×1.42		491.62	212.72×5.19		1104.39		1596.02
	定额人工费+定额施工机械使用费	元				1247.49			1104.39		2351.88
	人工费	元		782.32+110×1.42		938.78					938.78
	直接费	元				1292.09			1149.87		2441.96
	措施费Ⅰ	元		1247.49	14.65%	182.76	1104.39	14.12%	155.94		338.70
	措施费Ⅱ	元		1244.60	1.537%	19.13	1104.49	0.154%	1.70		20.83
	企业管理费	元		1244.60	5.911%	73.57	1104.49	2.055%	22.70		96.27
	规费	元		938.78	39%	366.13		39%			366.13
	利润	元		1520.05	7.42%	112.79	1284.83	7.42%	95.33		208.12
	税金	元		2046.46	10%	204.65	1425.54	10%	142.55		347.20
	金额合计	元				2251.11			1568.10		3819.21

6.6.5 桥墩混凝土

表 6.40 为分项工程预算表(桥墩圆柱式 C25 混凝土)、表 6.41 为分项工程预算表(桩墩钢筋)、6.42 为分项工程预算表(桥墩混凝土搅拌机拌和运输)。

表 6.40 分项工程预算表(桥墩圆柱式 C25 混凝土)

编制范围:桥梁算例

工程名称:桥墩圆柱式 C25 混凝土泵送高度 10 m 以内　　　　　　　　　　　　21-2 表

代号	工程项目		桥墩圆柱式 C25 混凝土			
	工程细目		泵送高度 10 m 以内			
	定额单位		10 m³ 实体			
	工程数量		6.7			
	定额表号		部 4-6-2-15			
	工、料、机名称	单位	单价/元	定额	数量	金额/元
1001001	人工	工日	110	8.9	59.63	6559.30
1503083	泵 C25-32.5-4	m³		(10.40)	(69.68)	
2001019	钢丝绳	t	5980.00	0.012	0.08	480.79
2003025	钢模板	t	5390.00	0.071	0.48	2564.02
2003028	安全爬梯	t	8080.00	0.025	0.17	1353.40
2009013	螺栓	kg	7.50	0.92	6.16	46.23
2009028	铁件	kg	4.60	4.86	32.56	149.79
3005004	水	m³	2.80	18	120.60	337.68
5503005	中(粗)砂	m³	88.00	6.03	40.40	3555.29
5505013	碎石(4 cm)	m³	88.00	7.59	50.85	4475.06
5509001	32.5 级水泥	t	366.19	3.869	25.92	9492.49
7801001	其他材料费	元	1.00	29.7	198.99	198.99
8005051	60 m³/h 以内混凝土输送泵	台班	1282.61	0.13	0.87	1117.15
8009030	25 t 以内汽车式起重机	台班	1386.38	0.2	1.34	1857.75
8099001	小型机具使用费	元	1	7.2	48.24	48.24
9999001	定额直接费		1	4525	30317.50	30317.50
	定额人工费	元	106.28	8.9	59.63	6337.48
	定额施工机械使用费	元	1260.3×0.871+1356.18×1.34+48.24			2963.24
	定额人工费+定额施工机械使用费	元				9300.72
	人工费	元	6559.3+110×0.87+220×1.34			6949.91
	直接费	元				32236.18
	措施费 I	元	9300.72	14.65%		1362.56
	措施费 II	元	30317.50	1.537%		465.98
	企业管理费	元	30317.50	5.911%		1792.07
	规费	元	6949.91	39%		2710.46
	利润	元	33938.10	7.42%		2518.21
	税金	元	41085.46	10%		4108.55
	金额合计	元				45194.00

表 6.41　分项工程预算表(桩墩钢筋)

编制范围：桥梁算例

工程名称：桥墩钢筋现场加工主筋焊接连接高度 10 m 以内　　　　　　　　　　21-2 表

代号	工程项目				桩墩钢筋	
	工程细目				现场加工主筋焊接连接高度 10 m 以内	
	定额单位				1 t	
	工程数量				15	
	定额表号				部 4-6-2-24	
	工、料、机名称	单位	单价/元	定额	数量	金额/元
1001001	人工	工日	110	5.9	88.5	9735.00
2001001	HPB300 钢筋	t	3400	0.145	2.175	7395.00
2001002	HRB400 钢筋	t	3300	0.88	13.2	43560.00
2001022	20~22 号铁丝	kg	4.8	2.49	37.35	179.28
2009011	电焊条	kg	5.8	3.13	46.95	272.31
8009081	50 kN 以内单筒慢动卷扬机	台班	1386.38	0.44	6.6	1179.82
8015028	32 kV·A 以内交流电弧焊机	台班	192.23	0.47	7.05	1355.22
8099001	小型机具使用费	元	1	15.5	232.5	232.50
9999001	定额直接费	元	1	4176	62640	62640.00
	定额人工费	元	106.28	5.9	88.5	9405.78
	定额施工机械使用费	元	172.3×6.6+184.23×7.05+232.5			2668.50
	定额人工费+定额施工机械使用费	元				12074.28
	人工费	元	9735+110×6.6+110×7.05			11236.5
	直接费	元				63909.13
	措施费Ⅰ	元		12074.28	13.555%	1636.67
	措施费Ⅱ	元		62640.00	0.564%	353.29
	企业管理费	元		62640.00	3.306%	2070.88
	规费	元		11236.50	39%	4382.24
	利润	元		66700.84	7.42%	4949.20
	税金	元		77301.40	10%	7730.14
	金额合计	元				85031.54

6.42 分项工程预算表(桥墩混凝土搅拌机拌和运输)

编制范围：桥梁算例

工程名称：桥墩混凝土搅拌机拌和运输

21-2 表

代号	工、料、机名称	单位	单价/元	混凝土搅拌机拌和 容量 750 L 以内 10 m³ 6.968 部 4-11-11-4			混凝土运输 1 t 机动翻斗车 运距 500 m 100 m³ 0.6968 部 4-11-11-20+21×4			合计	
				定额	数量	金额/元	定额	数量	金额/元	数量	金额/元
1001001	人工	工日	110	1	6.97	766.48				6.97	766.48
8005005	750 L 以内强制式混凝土搅拌机	工日	358.39	0.2	1.39	499.45				1.39	499.45
8007046	1 t 以内机动翻斗车	t	221.48				7.3	5.09	1126.59	5.09	1126.59
9999001	定额直接费	元	1	175	1219.40	1219.40	1553	1082.13	1082.13	1082.13	2301.53
	定额人工费	元	106.28	1	6.97	740.56				6.97	740.56
	定额施工机械使用费	元		345.63×1.39		481.67	212.72×5.09		1082.03		1563.70
	定额人工费+定额施工机械使用费	元				1222.23			1082.03		2304.26
	人工费	元		766.48+110×1.39		919.78					919.78
	直接费	元				1265.93			1126.59		2392.52
	措施费Ⅰ	元		1222.23	14.65%	179.06	1082.03	14.12%	152.78		331.84
	措施费Ⅱ	元		1219.40	1.537%	18.74	1082.13	0.154%	1.67		20.41
	企业管理费	元		1219.40	5.911%	72.08	1082.13	2.055%	22.24		94.32
	规费	元		919.78	39%	358.71		39%			358.71
	利润	元		1489.28	7.42%	110.50	1258.82	7.42%	93.40		203.91
	税金	元		2005.03	10%	200.50	1396.68	10%	139.67		340.17
	金额合计	元				2205.53			1536.35		3741.88

6.6.6　盖梁混凝土

6.43 为分项工程预算表(盖梁 C30 混凝土)、表 6.44 为分项工程预算表(盖梁钢筋)、表 6.45 为分项工程预算表(盖梁混凝土搅拌机拌和运输)。

6.43　分项工程预算表(盖梁 C30 混凝土)

编制范围：桥梁算例

工程名称：盖梁 C30 混凝土泵送　　　　　　　　　　　　　　　　　21-2 表

代号	工、料、机名称	单位	单价/元	定额	数量	金额/元
	工程项目			盖梁 C30 混凝土		
	工程细目			泵送		
	定额单位			10 m³ 实体		
	工程数量			7.8		
	定额表号			部 4-6-4-2		
1001001	人工	工日	110	11	85.80	9438.00
1503084	泵 C30-32.5-4	m³		(10.40)	(81.12)	
2001001	HPB300 钢筋	t	3400.00	0.001	0.01	26.52
2003004	型钢	t	3510.00	0.089	0.69	2436.64
2003008	钢管	t	4210.84	0.002	0.02	65.69
2003025	钢模板	t	5390.00	0.159	1.24	6684.68
2009013	螺栓	kg	7.50	0.12	0.94	7.02
2009028	铁件	kg	4.60	30.93	241.25	1109.77
3005004	水	m³	1535.41	18.0	0.23	359.29
4003002	锯材	m³	2.80	0.03	140.40	393.12
5503005	中(粗)砂	m³	88.00	5.82	45.40	3994.85
5505013	碎石(4 cm)	m³	88.00	7.59	59.20	5209.78
5509001	32.5 级水泥	t	366.19	4.368	34.07	12476.24
7801001	其他材料费	元	1.00	109.8	856.44	856.44
8005051	60 m³/h 以内混凝土输送泵	台班	1282.61	0.14	1.09	1400.61
8009030	25 t 以内汽车式起重机	台班	1386.38	0.32	2.50	3460.40
8099001	小型机具使用费	元	1.00	9.4	73.32	73.32
9999001	定额直接费		1.00	5822	45411.60	45411.60
	定额人工费	元	106.28	11	85.80	9118.82
	定额施工机械使用费	元	1260.3×1.09+1356.18×2.5+73.32			4837.49
	定额人工费+定额施工机械使用费	元				13956.31
	人工费	元	9438+110×1.09+220×2.5			10107.24
	直接费	元				48339.27
	措施费 I	元	13956.31	14.65%		2044.6
	措施费 II	元	45411.60	1.537%		697.98
	企业管理费	元	45411.60	5.911%		2684.28
	规费	元	10107.24	39%		3941.82

续表6.43

代号	工程项目			盖梁 C30 混凝土		
	工程细目			泵送		
	定额单位			10 m³ 实体		
	工程数量			7.8		
	定额表号			部 4-6-4-2		
	工、料、机名称	单位	单价/元	定额	数量	金额/元
	利润	元		50838.46	7.42%	3772.21
	税金	元		61480.16	10%	6148.02
	金额合计	元				67628.18

表 6.44　分项工程预算表 (盖梁钢筋)

编制范围：桥梁算例

工程名称：盖梁钢筋现场加工   21-2 表

代号	工程项目			盖梁钢筋		
	工程细目			现场加工		
	定额单位			1t		
	工程数量			12		
	定额表号			部 4-6-4-9		
	工、料、机名称	单位	单价/元	定额	数量	金额/元
1001001	人工	工日	110	6.6	79.2	8712.00
2001001	HPB300 钢筋	t	3400	0.108	1.296	4406.40
2001002	HRB400 钢筋	t	3300	0.912	10.944	36115.20
2001022	20~22 号铁丝	kg	4.8	3.0	36	172.80
2009011	电焊条	kg	5.8	3.2	38.4	222.72
8009081	50 kN 以内单筒慢动卷扬机	台班	178.76	0.5	6	1072.56
8015028	32 kV·A 以内交流电弧焊机	台班	192.23	0.5	6	1153.38
8099001	小型机具使用费	元	1	18.1	217.2	217.20
9999001	定额直接费	元	1	4253	51036	51036.00
	定额人工费	元	106.28	6.6	79.2	8417.38
	定额施工机械使用费	元	172.3×6+184.23×6+217.2			2356.38
	定额人工费+定额施工机械使用费	元				10773.76
	人工费	元	8712+110×6+110×6			10032
	直接费	元				52072.26
	措施费 I	元		10773.76	13.555%	1460.38
	措施费 II	元		51036.00	0.564%	287.84
	企业管理费	元		51036.00	3.306%	1687.25
	规费	元		10032.00	39%	3912.48
	利润	元		54471.48	7.42%	4041.78
	税金	元		63462.00	10%	6346.20
	金额合计	元				69808.20

表 6.45　分项工程预算表 (盖梁混凝土搅拌机拌和运输)

编制范围：桥梁算例

工程名称：盖梁混凝土搅拌机拌和运输　　　　　　　　　　　　　　　　　　21-2 表

代号	工程项目		混凝土搅拌机拌和				混凝土运输				合计	
	工程细目		容量 750 L 以内				1 t 机动翻斗车 运距 500 m					
	定额单位		10 m³				100 m³					
	工程数量		8.112				0.8112					
	定额表号		部 4-11-11-4				部 4-11-11-20+21×4					
	工、料、机名称	单位	单价/元	定额	数量	金额/元	定额	数量	金额/元	数量	金额/元	
1001001	人工	工日	110	1	8.11	892.32				8.11	892.32	
8005005	750 L 以内强制式混凝土搅拌机	工日	358.39	0.2	1.62	581.45				1.62	581.45	
8007046	1 t 以内机动翻斗车	t	221.48				7.3	5.92	1311.55	5.92	1311.55	
9999001	定额直接费	元	1	175	1419.60	1419.60	1553	1259.79	1259.79	2679.39	2679.39	
	定额人工费	元	106.28	1	8.11	862.14				8.11	862.14	
	定额施工机械使用费	元	345.63×1.62			560.75	212.72×5.92		1259.68		1820.43	
	定额人工费+定额施工机械使用费	元				1422.89			1259.68		2682.57	
	人工费	元	892.32+110×1.62			1070.78					1070.78	
	直接费	元				1473.77			1311.55		2785.32	
	措施费 I	元		1422.89	14.65%	208.45	1259.68	14.12%	177.87		386.32	
	措施费 II	元		1419.60	1.537%	21.82	1259.79	0.154%	1.94		23.76	
	企业管理费	元		1419.60	5.911%	83.91	1259.79	2.055%	25.89		109.80	
	规费	元		1070.78	39%	417.61		39%			417.61	
	利润	元		1733.79	7.42%	128.65	1465.49	7.42%	108.74		237.39	
	税金	元		2334.21	10%	233.42	1625.99	10%	162.60		396.02	
	金额合计	元				2567.63			1788.58		4356.22	

6.6.7 桥台基础、侧、背墙浆砌块石

表6.46为分项工程预算表(桥台基础、侧、背墙M10浆砌块石。

表6.46 分项工程预算表(桥台基础、侧、背墙M10浆砌块石)

编制范围：桥梁算例

工程名称：桥台基础、侧、背墙 M10 浆砌块石   21-2 表

代号	工、料、机名称					
	工程项目			桥台基础、侧、背墙		
	工程细目			M10 浆砌块石		
	定额单位			10 m³ 实体		
	工程数量			12.3		
	定额表号			部4-5-3-1		
	工、料、机名称	单位	单价/元	定额	数量	金额/元
1001001	人工	工日	110.00	6.3	77.49	8523.90
1501002	M7.5 水泥砂浆	m³		(2.70)	(33.21)	
3005004	水	m³	2.80	4	49.20	137.76
5503005	中(粗)砂	m³	88.00	2.94	36.16	3182.26
5505025	块石	m³	95.00	10.5	129.15	12269.25
5509001	32.5 级水泥	t	366.19	0.718	8.83	3233.97
7801001	其他材料费	元	1.00	1.2	14.76	14.76
8001045	1.0 m³ 以内轮胎式装载机	台班	616.40	0.08	0.98	606.54
8005010	400 L 以内灰浆搅拌机	台班	142.59	0.19	2.34	333.23
9999001	定额直接费	元	1.00	2211	27195.30	27195.30
	定额人工费	元	106.28	6.3	77.49	8235.64
	定额施工机械使用费	元	585.22×0.98+137.79×2.34			897.87
	定额人工费+定额施工机械使用费	元				9133.51
	人工费	元	8523.9+110×(0.98+2.34)			8889.21
	直接费	元				28301.67
	措施费Ⅰ	元	9133.51	14.65%		1338.06
	措施费Ⅱ	元	27195.30	1.537%		417.99
	企业管理费	元	27195.30	5.911%		1607.51
	规费	元	8889.21	39%		3466.79
	利润	元	30558.86	7.42%		2267.47
	税金	元	37399.49	10%		3739.95
	金额合计	元				41139.44

6.6.8　桥台台身片石混凝土

表 6.47 为分项工程预算表(桥台台身片 C15 石混凝土)、表 6.48 为分项工程预算表(桥台台身混凝土搅拌机拌和运输)。

表 6.47　分项工程预算表(桥台台身片 C15 石混凝土)

编制范围：桥梁算例

工程名称：桥台台身片 C15 石混凝土

21-2 表

代号	工程项目			桥台台身片 C15 石混凝土		
	工程细目			实体式桥台梁板桥高度 10 m 以内		
	定额单位			10 m³ 实体		
	工程数量			8.4		
	定额表号			部 4-6-2-4		
	工、料、机名称	单位	单价/元	定额	数量	金额/元
1001001	人工	工日	110.00	11.5	96.60	10626.00
1503002	片 C15-32.5-8	m³		(10.20)	(85.68)	
2001019	钢丝绳	t	5980.00	0.002	0.02	100.46
2001021	8~12 号铁丝	kg	4.50	0.16	1.34	6.05
2003008	钢管	t	4180.00	0.009	0.08	316.01
2003025	钢模板	t	5390.00	0.049	0.41	2218.52
2009013	螺栓	kg	7.50	4.99	41.92	314.37
2009028	铁件	kg	4.60	2.95	24.78	113.99
2009030	铁钉	kg	4.80	0.14	1.18	5.64
3005004	水	m³	2.80	12	100.80	282.24
4003002	锯材	m³	1510.00	0.02	0.17	253.68
5503005	中(粗)砂	m³	88.00	4.79	40.24	3540.77
5505005	片石	m³	62.80	2.19	18.40	1155.27
5505015	碎石(8 cm)	m³	85.00	7.24	60.82	5169.36
5509001	32.5 级水泥	t	366.19	2.193	18.42	6745.66
7801001	其他材料费	元	1	82.7	694.68	694.68
8009030	25 t 以内汽车式起重机	台班	1386.38	0.36	3.02	4192.41
8099001	小型机具使用费	元	1	10.1	84.84	84.84
9999001	定额直接费	元	1	4060	34104	34104
	定额人工费	元	106.28	11.5	96.60	10266.65
	定额施工机械使用费	元	1356.18×3.02+84.84			4185.93
	定额人工费+定额施工机械使用费	元				14452.58
	人工费	元	10626+110×3.02			10958.64
	直接费	元				35819.95
	措施费Ⅰ	元	14452.58	14.65%		2117.30
	措施费Ⅱ	元	34104.00	1.537%		524.18
	企业管理费	元	34104.00	5.911%		2015.89
	规费	元	10958.64	39%		4273.87
	利润	元	38761.37	7.42%		2876.09
	税金	元	47627.28	10%		4762.73
	金额合计	元				52390.01

表 6.48　分项工程预算表(桥台台身混凝土搅拌机拌和运输)

编制范围：桥梁算例

工程名称：桥台台身混凝土搅拌机拌和运输

21-2 表

代号	工程项目				混凝土搅拌机拌和			混凝土运输			合计	
	工程细目				容量 750 L 以内			1 t 机动翻斗车 运距 500 m				
	定额单位				10 m³			100 m³				
	工程数量				8.568			0.8568				
	定额表号				部 4-11-11-4			部 4-11-11-20+21×4				
	工、料、机名称	单位	单价/元	定额	数量	金额/元	定额	数量	金额/元	数量	金额/元
1001001	人工	工日	110	1	8.57	942.48				8.57	942.48
8005005	750 L 以内强制式混凝土搅拌机	工日	358.39	0.2	1.71	614.14				1.71	614.14
8007046	1 t 以内机动翻斗车	t	221.48				7.3	6.25	1385.28	6.25	1385.28
9999001	定额直接费	元	1	175	1499.40	1499.40	1553	1330.61	1330.61	1330.61	2830.01
	定额人工费	元	106.28	1	8.57	910.61				8.57	910.61
	定额施工机械使用费	元		345.63×1.71		592.27	212.72×6.25		1330.49		1922.76
	定额人工费+定额施工机械使用费	元				1502.88			1330.49		2833.37
	人工费	元		942.48+110×1.71		1130.98					1130.98
	直接费	元				1556.62			1385.28		2941.89
	措施费 I	元		1502.88	14.65%	220.17	1330.49	14.12%	187.86		408.04
	措施费 II	元		1499.40	1.537%	23.05	1330.61	0.154%	2.05		25.09
	企业管理费	元		1499.40	5.911%	88.63	1330.61	2.055%	27.34		115.97
	规费	元		1130.98	39%	441.08		39%			441.08
	利润	元		1831.25	7.42%	135.88	1547.87	7.42%	114.85		250.73
	税金	元		2465.42	10%	246.54	1717.39	10%	171.74		418.28
	金额合计	元				2711.97			1889.13		4601.09

6.6.9　台帽混凝土

表 6.49 为分项工程预算表(台帽 C30 混凝土)、表 6.50 为分项工程预算表(台帽钢筋)、表 6.51 为分项工程预算表(台帽混凝土搅拌机拌和运输)。

表 6.49　分项工程预算表(台帽 C30 混凝土)

编制范围:桥梁算例

工程名称:台帽 C30 混凝土泵送　　　　　　　　　　　　　　　　　　　　21-2 表

代号	工程项目					台帽 C30 混凝土
	工程细目					泵送
	定额单位					10 m³ 实体
	工程数量					1
	定额表号					部 4-6-3-2
	工、料、机名称	单位	单价/元	定额	数量	金额/元
1001001	人工	工日	110.00	10.4	10.40	1144.00
1503084	泵 C30-32.5-4	m³		(10.4)	(10.40)	
2003025	钢模板	t	5390.00	0.049	0.05	264.11
2009013	螺栓	kg	7.50	5.91	5.91	44.33
2009028	铁件	kg	4.60	3.48	3.48	16.01
3005004	水	m³	2.80	18	18.00	50.40
5503005	中(粗)砂	m³	88.00	5.82	5.82	512.16
5505013	碎石(4 cm)	m³	88.00	7.59	7.59	667.92
5509001	32.5 级水泥	t	366.19	4.368	4.37	1599.52
7801001	其他材料费	元	1.00	86.4	86.40	86.40
8005051	60 m³/h 以内混凝土输送泵	台班	1282.61	0.15	0.15	192.39
8009030	25 t 以内汽车式起重机	台班	1386.38	0.33	0.33	457.51
8099001	小型机具使用费	元	1.00	9.4	9.40	9.40
9999001	定额直接费			4718	4718.00	4718.00
	定额人工费	元	106.28	10.4	10.40	1105.31
	定额施工机械使用费	元	1260.3×0.15+1356.18×0.33+9.4			645.98
	定额人工费+定额施工机械使用费	元				1751.30
	人工费	元	1144+110×0.15+220×0.33			1233.10
	直接费	元				5044.14
	措施费 Ⅰ	元	1751.30	14.65%		256.56
	措施费 Ⅱ	元	4718.00	1.537%		72.52
	企业管理费	元	4718.00	5.911%		278.88
	规费	元	1233.10	39%		480.91
	利润	元	5325.96	7.42%		395.19
	税金	元	6528.19	10%		652.82
	金额合计	元				7181.01

表 6.50 分项工程预算表(台帽钢筋)

编制范围:桥梁算例

工程名称:台帽钢筋

21-2 表

代号	工程项目				台帽钢筋	
	工程细目					
	定额单位				1 t	
	工程数量				2.7	
	定额表号				部 4-6-3-5	
	工、料、机名称	单位	单价/元	定额	数量	金额/元
1001001	人工	工日	110	6.9	18.63	2049.30
2001001	HPB300 钢筋	t	3400	0.17	0.459	1560.60
2001002	HRB400 钢筋	t	3300	0.855	2.3085	7618.05
2001022	20~22 号铁丝	kg	4.8	2.86	7.722	37.07
2009011	电焊条	kg	5.8	2.23	6.021	34.92
8015028	32 kV·A 以内交流电弧焊机	台班	192.23	0.32	0.864	166.09
8099001	小型机具使用费	元	1	18.8	50.76	50.76
9999001	定额直接费	元	1	4181	11288.7	11288.70
	定额人工费	元	106.28	6.9	18.63	1980.00
	定额施工机械使用费	元		184.23×0.864		159.17472
	定额人工费+定额施工机械使用费	元				2139.17
	人工费	元		2049.3+110×0.864		2144.34
	直接费	元				11516.78
	措施费 I	元		2139.17	13.555%	289.96
	措施费 II	元		11288.70	0.564%	63.67
	企业管理费	元		11288.70	3.306%	373.20
	规费	元		2144.34	39%	836.29
	利润	元		12015.54	7.42%	891.55
	税金	元		13971.47	10%	1397.15
	金额合计	元				15368.61

表 6.51　分项工程预算表(台帽混凝土搅拌机拌和运输)

编制范围：桥梁算例

工程名称：台帽混凝土搅拌机拌和运输

代号	工程项目		混凝土搅拌机拌和				混凝土运输				合计	
	工程细目		容量 750 L 以内				1 t 机动翻斗车 运距 500 m					
	定额单位		10 m³				100 m³					
	工程数量		1.04				0.104					
	定额表号		部 4-11-11-4				部 4-11-11-20+21×4					
	工、料、机名称	单位	单价/元	定额	数量	金额/元	定额	数量	金额/元		数量	金额/元
1001001	人工	工日	110	1	1.04	114.4					1.04	114.4
8005005	750 L 以内强制式混凝土搅拌机	工日	358.39	0.2	0.21	74.55					0.21	74.55
8007046	1 t 以内机动翻斗车	t	221.48				7.30	0.76	168.15		0.76	168.15
9999001	定额直接费	元	1	175	182	182	1553.00	161.51	161.51		161.51	343.51
	定额人工费	元	106.28	1	1.04	110.53					1.04	110.53
	定额施工机械使用费	元		345.63×0.21		71.81	212.72×0.76		161.5			233.39
	定额人工费+定额施工机械使用费	元				182.42			161.5			343.92
	人工费	元		114.4+110×0.21		137.28						137.28
	直接费	元				188.95			168.15			357.09
	措施费Ⅰ	元		182.42	14.65%	26.72	161.50	14.12%	22.80			49.53
	措施费Ⅱ	元		182.00	1.537%	2.80	161.51	0.154%	0.25			3.05
	企业管理费	元		182.00	5.911%	10.76	161.51	2.055%	3.32			14.08
	规费	元		137.28	39%	53.54		39%				53.54
	利润	元		222.28	7.42%	16.49	187.88	7.42%	13.94			30.43
	税金	元		299.26	10%	29.93	208.46	10%	20.85			50.77
	金额合计	元				329.18			229.31			558.49

6.6.10 预应力空心板预制混凝土

表 6.52 为分项工程预算表(预应力空心板预制 C40 混凝土)、表 6.53 为分项工程预算表(预制预应力空心板钢筋)、表 6.54 为分项工程预算表(预应力空心板起重机安装)、表 6.55 为分项工程预算表(平板拖车运输起重机装车)、表 6.56 分项工程预算表(预应力钢绞线)。

表 6.52 分项工程预算表(预应力空心板预制 C40 混凝土)

编制范围:桥梁算例

工程名称:预应力空心板预制 C40 混凝土泵送

21-2 表

代号	工程项目			预应力空心板预制 C40 混凝土		
	工程细目			泵送		
	定额单位			10 m³ 实体		
	工程数量			24		
	定额表号			部 4-7-13-2		
	工、料、机名称	单位	单价/元	定额	数量	金额/元
1001001	人工	工日	110.00	11.4	273.60	30096.00
1503007	普 C20-32.5-2	m³		(0.44)	(10.56)	
1503067	泵 C40-42.5-2	m³		(10.3)	(247.20)	
2001001	HPB300 钢筋	t	3400.00	0.004	0.10	340
2001019	钢丝绳	t	5980.00	0.002	0.05	287.04
2003008	钢管	t	4180.00	0.003	0.07	300.96
2003025	钢模板	t	5390.00	0.051	1.22	6597.36
2009028	铁件	kg	4.60	8.6	206.40	949.44
3005004	水	m³	2.80	17	408.00	1142.4
4003002	锯材	m³	1510.00	0.02	0.48	724.8
5503005	中(粗)砂	m³	88.00	5.61	134.64	11848.32
5505012	碎石(2 cm)	m³	89.00	7.19	172.56	15357.84
5509001	32.5 级水泥	t	366.19	0.139	3.34	1223.07
5509002	42.5 级水泥	t	417.73	4.85	116.40	48623.77
7801001	其他材料费	元	1.00	85	2040.00	2040
8005051	60 m³/h 以内混凝土输送泵	元	1282.61	0.06	1.44	1846.96
8099001	小型机具使用费	元	1.00	6.1	146.40	146.40
9999001	定额直接费	元	1.00	4757	114168	114168
	定额人工费	元	106.28	11.4	273.60	29078.21
	定额施工机械使用费	元	1260.3×1.44+146.4			1961.23
	定额人工费+定额施工机械使用费	元				31039.44
	人工费	元	30096+110×1.44			30254.40
	直接费	元				121506.4
	措施费Ⅰ	元		31039.44	14.65%	4547.278
	措施费Ⅱ	元		114168	1.537%	1754.76
	企业管理费	元		114168	5.911%	6748.47

续表6.52

代号	工程项目			预应力空心板预制 C40 混凝土		
	工程细目			泵送		
	定额单位			10 m³ 实体		
	工程数量			24		
	定额表号			部 4-7-13-2		
	工、料、机名称	单位	单价/元	定额	数量	金额/元
	规费	元		30254.4	39%	11799.22
	利润	元		127218.51	7.42%	9439.61
	税金	元		155795.75	10%	15579.575
	金额合计	元				171375.32

表 6.53　分项工程预算表 (预制预应力空心板钢筋)

编制范围：桥梁算例

工程名称：预制预应力空心板钢筋现场加工

21-2 表

代号	工程项目			预制预应力空心板钢筋		
	工程细目			现场加工		
	定额单位			1 t		
	工程数量			21		
	定额表号			部 4-7-13-3		
	工、料、机名称	单位	单价/元	定额	数量	金额/元
1001001	人工	工日	110	5.7	119.7	13167.00
2001001	HPB300 钢筋	t	3400	0.351	7.371	25061.40
2001002	HRB400 钢筋	t	3300	0.674	14.154	46708.20
2001022	20~22 号铁丝	kg	4.8	3.68	77.28	370.94
2009011	电焊条	kg	5.8	1.31	27.51	159.56
8015028	32 kV·A 以内交流电弧焊机	台班	192.23	0.24	5.04	968.84
8099001	小型机具使用费	元	1	17.4	365.4	365.40
9999001	定额直接费	元	1	4052	85092	85092.00
	定额人工费	元	106.28	5.7	119.7	12721.72
	定额施工机械使用费	元	184.23×5.04			928.5192
	定额人工费+定额施工机械使用费	元				13650.24
	人工费	元	13167+110×5.04			13721.4
	直接费	元				86801.34
	措施费 Ⅰ	元		13650.24	13.555%	1850.29
	措施费 Ⅱ	元		85092.00	0.564%	479.92
	企业管理费	元		85092.00	3.306%	2813.14
	规费	元		13721.40	39%	5351.35
	利润	元		90235.35	7.42%	6695.46
	税金	元		103991.50	10%	10399.15
	金额合计	元				114390.65

表 6.54　分项工程预算表 (预应力空心板起重机安装)

编制范围：桥梁算例

工程名称：预应力空心板起重机安装跨径 20 m 以内 　　　　　　　　　　　　　　　21-2 表

代号	工程项目				预应力空心板起重机安装	
	工程细目				跨径 20 m 以内	
	定额单位				10 m³ 实体	
	工程数量				24	
	定额表号				部 4-7-13-6	
	工、料、机名称	单位	单价/元	定额	数量	金额/元
1001001	人工	工日	110.00	3.8	91.20	10032.00
1517001	预制构件	m³		(10.00)	(240.00)	
7801001	其他材料费	元	1	0.3	7.20	7.20
8009031	30 t 以内汽车式起重机	台班	1484.82	0.41	9.84	14610.63
8099001	小型机具使用费	元	1.00	0.7	16.80	16.80
9999001	定额直接费	元	1.00	1001	24024.00	24024.00
	定额人工费	元	106.28	3.8	91.20	9692.74
	定额施工机械使用费	元	1453.91×9.84+16.8			14323.27
	定额人工费+定额施工机械使用费	元				24016.01
	人工费	元	10032+220×9.84			12196.80
	直接费	元				24666.63
	措施费 I	元		24016.01	14.65%	3518.35
	措施费 II	元		24024	1.537%	369.25
	企业管理费	元		24024	5.911%	1420.06
	规费	元		12196.80	39%	4756.75
	利润	元		29331.65	7.42%	2176.41
	税金	元		36907.44	10%	3690.74
	金额合计	元				40598.19

表 6.55　分项工程预算表(平板拖车运输起重机装车)

编制范围：桥梁算例

工程名称：平板拖车运输起重机装车构件质量 40 t 以内第一个 1 km　　　　　　　　21-2 表

代号	工程项目		平板拖车运输起重机装车			
	工程细目		构件质量 40 t 以内第一个 1 km			
	定额单位		100 m³ 实体			
	工程数量		2.4			
	定额表号		部 4-8-4-10			
	工、料、机名称	单位	单价/元	定额	数量	金额/元
1001001	人工	工日	110.00	0.9	2.16	237.60
2009028	铁件	kg	4.60	1	2.40	11.04
4003002	锯材	m³	1510.00	0.09	0.22	326.16
7801001	其他材料费	元	1.00	11.6	27.84	27.84
8007028	60 t 以内平板拖车组	台班	1592.84	0.66	1.58	2523.06
8009022	40 t 以内轮胎式起重机	台班	1524.93	0.49	1.18	1793.32
8099001	小型机具使用费	元	1	2.2	5.28	5.28
9999001	定额直接费	元	1	1999	4797.60	4797.60
	定额人工费	元	106.28	0.9	2.16	229.56
	定额施工机械使用费	元	1550.07×1.58+1483.7×1.18+5.28			4205.42
	定额人工费+定额施工机械使用费	元				4434.99
	人工费	元	237.6+220×(1.58+1.18)			844.80
	直接费	元				4924.30
	措施费Ⅰ	元		4434.99	14.12%	626.22
	措施费Ⅱ	元		4797.60	0.154%	7.39
	企业管理费	元		4797.60	2.055%	98.59
	规费	元		844.80	39%	329.47
	利润	元		5529.80	7.42%	410.31
	税金	元		6396.28	10%	639.63
	金额合计	元				7035.91

表 6.56　分项工程预算表(预应力钢绞线)

编制范围：桥梁算例

工程名称：预应力钢绞线束长 20 m 以内锚具型号 7 孔

21-2 表

代号	工、料、机名称	工程项目		预应力钢绞线束长 20 m 以内锚具型号 7 孔			预应力钢绞线束长 20 m 以内锚具型号 7 孔			合计	
		工程细目		8.12 束/t			每增减 1 束				
		定额单位		t			t				
		工程数量		11.6			−10.208				
		定额表号		部 4-7-19-5			部 4-7-19-6				
		单位	单价/元	定额	数量	金额/元	定额	数量	金额/元	数量	金额/元
1001001	人工	工日	110	9.7	112.52	12377.2	0.6	−6.12	−673.73	106.4	11703.47
2001008	钢绞线	t	4800	1.04	12.06	57907.2	—			12.06	57907.2
5001036	塑料波纹管 SBG-60Y	m	5.2	125	1450	7540	—			1450	7540
5003003	压浆料	t	1710	0.35	4.06	6942.6	—			4.06	6942.6
6005009	钢绞线圆锚(7 孔)	套	148	16.4	190.24	28155.52	2.02	−20.62	−3051.78	169.62	25103.74
7801001	其他材料费	元	1	41.9	486.04	486.04	—			486.04	486.04
8005079	智能张拉系统	台班	656.08	0.97	11.25	7382.21	0.12	−1.22	−803.67	10.03	6578.54
8005084	智能压浆系统	台班	718.97	0.04	0.46	333.6	—			0.46	333.6
8099001	小型机具使用费	元	1	89	1032.4	1032.4	3.4	−34.71	−34.71	997.69	997.69
9999001	定额直接费	元	1	10385	120466	120466	434	−4430.27	−4430.27	116035.73	116035.73
	定额人工费	元	106.28	9.7	112.52	11958.63	0.6	−6.12	−650.94	106.4	11307.68
	定额施工机械使用费	元	642.12×10.03+703.81×0.46+997.69								7762.82
	定额人工费+定额施工机械使用费	元									19070.51
	人工费	元	11703.47+330×(10.03+0.46)								15165.52
	直接费	元									117592.88

续表6.56

代号	工程项目		预应力钢绞线束长 20 m 以内锚具型号 7 孔			预应力钢绞线束长 20 m 以内锚具型号 7 孔			合计	
	工程细目		8.12束/t			每增减 1 束				
	定额单位		t			t				
	工程数量		11.6			-10.208				
	定额表号		部 4-7-19-5			部 4-7-19-6				
	工、料、机名称	单位	单价/元	定额	数量	金额/元	定额	数量	金额/元	数量	金额/元
	措施费 I	元							19070.51	13.555%	2585.01
	措施费 II	元							116035.73	0.564%	654.44
	企业管理费	元							116035.73	3.306%	3836.14
	规费	元							15165.52	39%	5914.55
	利润	元							123111.32	7.42%	9134.86
	税金	元							139717.88	10%	13971.79
	金额合计	元									153689.67

6.6.11　桥面铺装水泥混凝土

表 6.57 为分项工程预算表(桥面铺装水泥混凝土)、表 6.58 为分项工程预算表(行车道铺装钢筋)、表 6.59 为分项工程预算表(桥面铺装混凝土搅拌机拌和运输)。

表 6.57　分项工程预算表(桥面铺装水泥混凝土)

编制范围:桥梁算例

工程名称:桥面铺装水泥混凝土非泵送　　　　　　　　　　　　　　　　　21-2 表

代号	工程项目		桥面铺装水泥混凝土		
	工程细目		非泵送		
	定额单位		10 m³ 实体		
	工程数量		6.3		
	定额表号		部 4-6-13-2		
	工、料、机名称	单位	单价/元	定额	数量	金额/元
1001001	人工	工日	110	13.2	83.16	9147.60
1503033	普 C30-32.5-4	m³		(10.20)	(64.26)	
2003004	型钢	t	3510.00	0.001	0.01	22.11
3005004	水	m³	2.80	15	94.50	264.60

续表6.57

代号	工、料、机名称	单位	单价/元	定额	数量	金额/元
	工程项目				桥面铺装水泥混凝土	
	工程细目				非泵送	
	定额单位				10 m^3 实体	
	工程数量				6.3	
	定额表号				部4-6-13-2	
5503005	中(粗)砂	m^3	88.00	4.69	29.55	2600.14
5505013	碎石(4 cm)	m^3	88.00	8.47	53.36	4695.77
5509001	32.5级水泥	t	366.19	3.845	24.22	8870.40
7801001	其他材料费	元	1.00	4.3	27.09	27.09
8003085	混凝土电动切缝机	台班	214.95	1.01	6.36	1367.73
8007046	1 t以内机动翻斗车	台班	221.48	0.45	2.84	627.90
8099001	小型机具使用费	元	1.00	21.8	137.34	137.34
9999001	定额直接费		1	4106	25867.80	25867.80
	定额人工费	元	106.28	13.2	83.16	8838.24
	定额施工机械使用费	元	210.28×6.36+212.72×2.84+137.34			2078.41
	定额人工费+定额施工机械使用费	元				10916.65
	人工费	元	9147.6+110×(6.36+2.84)			10159.6
	直接费	元				27760.67
	措施费Ⅰ	元		10916.65	14.65%	1599.29
	措施费Ⅱ	元		25867.80	1.537%	397.59
	企业管理费	元		25867.80	5.911%	1529.05
	规费	元		10159.6	39%	3962.24
	利润	元		29393.72	7.42%	2181.01
	税金	元		37429.85	10%	3742.99
	金额合计	元				41172.84

表 6.58　分项工程预算表(行车道铺装钢筋)

编制范围：桥梁算例

工程名称：桥面铺装钢筋

21-2 表

代号	工程项目					桥面铺装钢筋
	工程细目					
	定额单位					1 t
	工程数量					5
	定额表号					部 4-6-13-8
	工、料、机名称	单位	单价/元	定额	数量	金额/元
1001001	人工	工日	110	7.1	35.5	3905.00
2001001	HPB300 钢筋	t	3400	0.621	3.105	10557.00
2001002	HRB400 钢筋	t	3300	0.404	2.02	6666.00
2001022	20~22 号铁丝	kg	4.8	2.55	12.75	61.20
2009011	电焊条	kg	5.8	5.41	27.05	156.89
8015028	32 kV·A 以内交流电弧焊机	台班	192.23	0.94	4.7	903.48
8099001	小型机具使用费	元	1	18	90	90.00
9999001	定额直接费	元	1	4371	21855	21855.00
	定额人工费	元	106.28	7.1	35.5	3772.94
	定额施工机械使用费	元	184.23×4.7			865.881
	定额人工费+定额施工机械使用费	元				4638.82
	人工费	元	3905+110×4.7			4422
	直接费	元				22339.57
	措施费Ⅰ	元	4638.82	13.555%		628.79
	措施费Ⅱ	元	21855.00	0.564%		123.26
	企业管理费	元	21855.00	3.306%		722.53
	规费	元	4422.00	39%		1724.58
	利润	元	23329.58	7.42%		1731.05
	税金	元	27269.79	10%		2726.98
	金额合计	元				29996.77

表 6.59　分项工程预算表 (桥面铺装混凝土搅拌机拌和运输)

编制范围：桥梁算例

工程名称：桥面铺装混凝土搅拌机拌和运输

21-2 表

代号	工程项目		混凝土搅拌机拌和			混凝土运输			合计	
	工程细目		容量 750 L 以内			1 t 机动翻斗车 运距 500 m				
	定额单位		10 m³			100 m³				
	工程数量		6.426			0.6426				
	定额表号		部 4-11-11-4			部 4-11-11-20+21×4				
	工、料、机名称	单位	单价/元	定额	数量	金额/元	定额	数量	金额/元	数量	金额/元
1001001	人工	工日	110	1	6.43	706.86				6.43	706.86
8005005	750 L 以内强制式混凝土搅拌机	工日	358.39	0.2	1.29	460.60				1.29	460.60
8007046	1 t 以内机动翻斗车	t	221.48				7.3	4.69	1038.96	4.69	1038.96
9999001	定额直接费	元	1	175	1124.55	1124.55	1553	997.96	997.96	997.96	2122.51
	定额人工费	元	106.28	1	6.43	682.96				6.43	682.96
	定额施工机械使用费	元		345.63×1.29		444.2	212.72×4.69		997.87		1142.07
	定额人工费+定额施工机械使用费	元				1127.16			997.87		2125.02
	人工费	元		706.86+110×1.29		848.23					848.23
	直接费	元				1167.46			1038.96		2206.42
	措施费Ⅰ	元		1127.16	14.65%	165.13	997.87	14.12%	140.90		306.03
	措施费Ⅱ	元		1124.55	1.537%	17.28	997.96	0.154%	1.54		18.82
	企业管理费	元		1124.55	5.911%	66.47	997.96	2.055%	20.51		86.98
	规费	元		848.23	39%	330.81		39%			330.81
	利润	元		1373.44	7.42%	101.91	1160.90	7.42%	86.14		188.05
	税金	元		1849.07	10%	184.91	1288.04	10%	128.80		313.71
	金额合计	元				2033.97			1416.84		3450.82

6.6.12　防撞护栏混凝土

表 6.60 为分项工程预算表(防撞护栏现浇钢筋混凝土墙体 C25 混凝土)、表 6.61 为分项工程预算表(防撞护栏现浇钢筋混凝土墙体钢筋)、表 6.62 为分项工程预算表(防撞护栏混凝土搅拌机拌和运输)。

表 6.60　分项工程预算表(防撞护栏现浇钢筋混凝土墙体 C25 混凝土)

编制范围:桥梁算例

工程名称:防撞护栏现浇钢筋混凝土墙体 C25 混凝土泵送　　　　　　　　　　21-2 表

代号	工程项目			防撞护栏现浇钢筋混凝土墙体 C25 混凝土		
	工程细目					
	定额单位			10 m³ 实体		
	工程数量			5.9		
	定额表号			部 5-1-1-5		
	工、料、机名称	单位	单价/元	定额	数量	金额/元
1001001	人工	工日	110	16	94.40	10384.00
1503033	普 C25-32.5-4	m³		(10.20)	(60.18)	
2001001	HPB300 钢筋	t	3400	0.001	0.01	20.06
2003025	钢模板	t	5390	0.101	0.60	3211.90
2009028	铁件	kg	4.6	13.3	78.47	360.96
3005004	水	m³	2.8	12	70.80	198.24
4003001	原木	m³	1290	0.043	0.25	327.27
4003002	锯材	m³	1510	0.061	0.36	543.45
5503005	中(粗)砂	m³	88	4.9	28.91	2544.08
5505013	碎石(4 cm)	m³	88	8.47	49.97	4397.62
5509001	32.5 级水泥	t	366.19	3.417	20.16	7382.50
7801001	其他材料费	元	1	14.2	83.78	83.78
8005002	250 L 以内强制式混凝土搅拌	台班	184.29	0.29	1.71	315.32
8007046	1 t 以内机动翻斗车	台班	221.48	0.28	1.65	365.88
8099001	小型机具使用费	元	1	4.8	28.32	28.32
9999001	定额直接费	元	1	4829	28491.10	28491.10
	定额人工费	元	106.28	16	94.40	10032.83
	定额施工机械使用费	元	177.86×1.71+212.72×1.65+28.32			684.05
	定额人工费+定额施工机械使用费	元				10716.88
	人工费	元	10384+110×(1.71+1.65)			10753.93
	直接费	元				30163.39
	措施费 I	元	10716.88	14.65%		1570.02
	措施费 II	元	28491.10	1.537%		437.91
	企业管理费	元	28491.10	5.911%		1684.11

续表6.60

代号	工程项目			防撞护栏现浇钢筋混凝土墙体 C25 混凝土		
	工程细目					
	定额单位			10 m³ 实体		
	工程数量			5.9		
	定额表号			部 5-1-1-5		
	工、料、机名称	单位	单价/元	定额	数量	金额/元
	规费	元		10753.93	39%	4194.03
	利润	元		32183.14	7.42%	2387.99
	税金	元		149371.67	10%	4043.75
	金额合计	元				44481.20

表 6.61　分项工程预算表(防撞护栏现浇钢筋混凝土墙体钢筋)

编制范围：桥梁算例

工程名称：防撞护栏现浇钢筋混凝土墙体钢筋   21-2 表

代号	工程项目			防撞护栏现浇钢筋混凝土墙体钢筋		
	工程细目					
	定额单位			1 t		
	工程数量			4.65		
	定额表号			部 5-1-1-6		
	工、料、机名称	单位	单价/元	定额	数量	金额/元
1001001	人工	工日	110	8.8	40.92	4501.20
2001001	HPB300 钢筋	t	3400	1.025	4.76625	16205.25
2001022	20~22 号铁丝	kg	4.8	5.1	23.715	113.83
8099001	小型机具使用费	元	1	10.7	49.755	49.76
9999001	定额直接费	元	1	4387	20399.55	20399.55
	定额人工费	元	106.28	8.8	40.92	4348.98
	定额施工机械使用费	元				49.76
	定额人工费+定额施工机械使用费	元				4398.74
	人工费	元				4501.20
	直接费	元				20870.04
	措施费Ⅰ	元		4398.74	13.555%	596.25
	措施费Ⅱ	元		20399.55	0.564%	115.05
	企业管理费	元		20399.55	3.306%	674.41
	规费	元		4501.20	39%	1755.47
	利润	元		21785.26	7.42%	1616.47
	税金	元		25627.69	10%	2562.77
	金额合计	元				28190.45

表 6.62　分项工程预算表(防撞护栏混凝土搅拌机拌和运输)

编制范围：桥梁算例

工程名称：防撞护栏混凝土搅拌机拌和运输

21-2 表

代号	工、料、机名称	单位	单价/元	混凝土搅拌机拌和 容量 750 L 以内 10 m³ 6.018 部 4-11-11-4			混凝土运输 1 t 机动翻斗车 运距 500 m 100 m³ 0.6018 部 4-11-11-20+21×4			合计	
				定额	数量	金额/元	定额	数量	金额/元	数量	金额/元
1001001	人工	工日	110	1	6.02	661.98				6.02	661.98
8005005	750 L 以内强制式混凝土搅拌机	工日	358.39	0.2	1.20	431.36				1.20	431.36
8007046	1 t 以内机动翻斗车	t	221.48				7.3	4.39	972.99	4.39	972.99
9999001	定额直接费	元	1	175	1053.15	1053.15	1553	934.60	934.60	934.60	1987.75
	定额人工费	元	106.28	1	6.02	639.59				6.02	639.59
	定额施工机械使用费	元		345.63×1.2		416	212.72×4.39		934.51		1350.51
	定额人工费+定额施工机械使用费	元				1055.59			934.51		1990.1
	人工费	元		661.98+110×1.2		794.38					794.38
	直接费	元				1093.34			972.99		2066.33
	措施费Ⅰ	元		1055.59	14.65%	154.64	934.51	14.12%	131.95		286.60
	措施费Ⅱ	元		1053.15	1.537%	16.19	934.60	0.154%	1.44		17.63
	企业管理费	元		1053.15	5.911%	62.25	934.60	2.055%	19.21		81.46
	规费	元		794.38	39%	309.81		39%			309.81
	利润	元		1286.23	7.42%	95.44	1087.19	7.42%	80.67		176.11
	税金	元		1731.67	10%	173.17	1206.26	10%	120.63		293.79
	金额合计	元				1904.83			1326.89		3231.72

6.6.13 其他

表6.63为分项工程预算表(板式橡胶支座)、表6.64为分项工程预算表(四氟板式橡胶组合支座)、表6.65为分项工程预算表(板式橡胶伸缩缝)、表6.66为分项工程预算表(泄水管)。

表6.63 分项工程预算表(板式橡胶支座)

编制范围：桥梁算例

工程名称：板式橡胶支座   21-2表

代号	工程项目			板式橡胶支座		
	工程细目					
	定额单位			$1\ dm^3$		
	工程数量			335.1		
	定额表号			部4-7-27-3		
	工、料、机名称	单位	单价/元	定额	数量	金额/元
1001001	人工	工日	110	0.1	33.51	3686.10
6001003	板式橡胶支座	dm^3	48	1	335.10	16084.80
7801001	其他材料费	元	1	0.3	100.53	100.53
9999001	定额直接费	元	1	58	19435.80	19435.80
	定额人工费	元	106.28	0.1	33.51	3561.44
	定额施工机械使用费	元				0
	定额人工费+定额施工机械使用费	元				3561.44
	人工费	元				3686.10
	直接费	元				19871.43
	措施费Ⅰ	元		3561.44	13.555%	482.75
	措施费Ⅱ	元		19435.80	0.564%	109.62
	企业管理费	元		19435.80	3.306%	642.55
	规费	元		3686.10	39%	1437.58
	利润	元		20670.72	7.42%	1533.77
	税金	元		24077.70	10%	2407.77
	金额合计	元				26485.46

表 6.64　分项工程预算表（四氟板式橡胶组合支座）

编制范围：桥梁算例

工程名称：四氟板式橡胶组合支座　　　　　　　　　　　　　　　　　　　21-2 表

代号	工、料、机名称	工程项目		四氟板式橡胶组合支座		
		工程细目				
		定额单位		1 dm^3		
		工程数量		92.4		
		定额表号		部 4-7-27-4		
		单位	单价/元	定额	数量	金额/元
1001001	人工	工日	110	0.1	9.24	1016.40
2001002	HRB400 钢筋	t	3300.00	0.001	0.09	304.92
2003005	钢板	t	3550.00	0.011	1.02	3608.22
2009011	电焊条	kg	5.80	0.1	9.24	53.59
6001002	四氟板式橡胶组合支座	dm^3	60.00	1	92.40	5544.00
7801001	其他材料费	元	1.00	2.6	240.24	240.24
8015028	32 kV·A 以内交流电弧焊机	台班	192.23	0.02	1.85	355.24
8099001	小型机具使用费	元	1	0.2	18.48	18.48
9999001	定额直接费	元	1	120	11088.00	11088.00
	定额人工费	元	106.28	0.1	9.24	982.03
	定额施工机械使用费	元	$184.23 \times 1.85 + 18.48$			358.94
	定额人工费+定额施工机械使用费	元				1340.96
	人工费	元	$1016.4 + 110 \times 1.85$			1219.68
	直接费	元				11141.09
	措施费 I	元		1340.96	13.555%	181.77
	措施费 II	元		11088.00	0.564%	62.54
	企业管理费	元		11088.00	3.306%	366.57
	规费	元		1219.68	39%	475.68
	利润	元		11698.87	7.42%	868.06
	税金	元		13095.70	10%	1309.57
	金额合计	元				14405.27

表 6.65 分项工程预算表（板式橡胶伸缩缝）

编制范围：桥梁算例

工程名称：板式橡胶伸缩缝

21-2 表

代号	工程项目			伸缩缝		
	工程细目			板式橡胶伸缩缝		
	定额单位			1 m		
	工程数量			18		
	定额表号			部 4-11-7-10		
	工、料、机名称	单位	单价/元	定额	数量	金额/元
1001001	人工	工日	110	0.2	28.80	3168.00
1503013	普 C40-32.5-2	m³		(0.10)	(1.80)	
2001001	HPB300 钢筋	t	3400.00	0.011	0.20	673.20
2009011	电焊条	kg	5.80	1.1	19.80	114.84
2009028	铁件	kg	4.60	1.5	27.00	124.20
5503005	中(粗)砂	m³	88.00	0.04	0.72	63.36
5505012	碎石(2 cm)	m³	89.00	0.08	1.44	128.16
5509001	32.5 级水泥	t	366.19	0.049	0.88	322.98
6003010	板式橡胶伸缩缝	m	300.00	1	18.00	5400.00
7801001	其他材料费	元	1.00	7.4	133.20	133.20
8015028	32 kV·A 以内交流电弧焊机	台班	192.23	0.25	4.50	865.04
8099001	小型机具使用费	元	1.00	2.1	37.80	37.80
9999001	定额直接费	元	1.00	600	10800.00	10800.00
	定额人工费	元	106.28	0.2	28.80	3060.86
	定额施工机械使用费	元		184.23×4.5+37.8		866.84
	定额人工费+定额施工机械使用费	元				3927.70
	人工费	元		3168+110×4.5		3663.00
	直接费	元				11030.77
	措施费Ⅰ	元		3927.70	13.555%	532.40
	措施费Ⅱ	元		10800.00	0.564%	60.91
	企业管理费	元		10800.00	3.306%	357.05
	规费	元		3663.00	39%	1428.57
	利润	元		11750.36	7.42%	871.88
	税金	元		14281.58	10%	1428.16
	金额合计	元				15709.74

表6.66 分项工程预算表(泄水管)

编制范围：桥梁算例

工程名称：泄水管

21-2 表

代号	工程项目					泄水管
	工程细目					
	定额单位					10个
	工程数量					0.6
	定额表号					部4-1-7-13
	工、料、机名称	单位	单价/元	定额	数量	金额/元
1001001	人工	工日	110	0.2	0.12	13.20
2009033	铸铁管	kg	3.5	140	84.00	294.00
7801001	其他材料费	元	1	8.4	5.04	5.04
9999001	定额直接费	元	1	508	304.80	304.80
	定额人工费	元	106.28	0.2	0.12	12.75
	定额施工机械使用费	元				0.00
	定额人工费+定额施工机械使用费	元				12.75
	人工费	元				13.20
	直接费	元				312.24
	措施费Ⅰ	元		12.75	14.65%	1.87
	措施费Ⅱ	元		304.80	1.537%	4.68
	企业管理费	元		304.80	5.911%	18.02
	规费	元		13.20	39%	5.15
	利润	元		329.37	7.42%	24.44
	税金	元		366.40	10%	36.64
	金额合计	元				403.04

6.7 建筑安装工程费计算表

表 6.67 为建筑安装工程表。

表 6.67 建筑安装工程表

编制范围：桥梁算例

03 表

序号	分项编号	工程名称	单位	工程量/m³	定额直接费/万元	直接费/万元				措施费/万元	企业管理费/万元	规费/万元	利润/万元	税金/万元	金额合计		单价/万元
						人工费	材料费	施工机械使用费	合计				费率 7.42%	税率 10%	合计/万元		
	100	总则													27.1		
	101-1-1	按合同条款规定，提供建筑工程一切险	总额	1											0.4		
	101-1-2	按合同条款规定，提供第三者责任险	总额	1											0.2		
	102-3	安全生产费	总额	1											5		
	102-5	保通费	总额	1											2		
	103-1	临时道路修建、养护与拆除（包括原道路的养护）	总额	1											10		
	104-1	承包人驻地建设															
	104-1-1	驻地（办公、生活场地）建设	总额	1											2		

续表6.67

| 序号 | 分项编号 | 工程名称 | 单位 | 工程量/m³ | 定额直接费/万元 | 直接费/万元 | | | | 措施费/万元 | 企业管理费/万元 | 规费/万元 | 利润/万元 | 税金/万元 | 金额合计 | |
						人工费	材料费	施工机械使用费	合计				费率7.42%	税率10%	合计/万元	单价/元
	104-1-2	工地试验室建设	总额	1											2.5	
	104-1-2	拌和站建设	总额	1											5	
	400	桥梁、涵洞			73.368	15.72	52.739	6.006	75.972	3.644	3.109	6.871	5.945	9.536	104.899	
1	403-1	基础钢筋	kg	12000	4.882	0.554	4.111	0.311	4.977	0.141	0.161	0.264	0.385	0.593	6.521	5.43
	4-4-8-24	桩基钢筋主筋连接方式焊接连接	1 t	12	4.882	0.554	4.111	0.311	4.977	0.141	0.161	0.264	0.385	0.593	6.521	
2	403-2	下部结构钢筋	kg	29700	12.496	2.050	10.157	0.543	12.750	0.409	0.413	0.913	0.988	1.547	17.021	5.73
	4-6-2-24	桥墩钢筋现场加工主筋焊接连接高度 10 m 以内	1 t	15	6.264	0.974	5.141	0.277	6.391	0.199	0.207	0.438	0.495	0.773	8.503	
	4-6-4-9	盖梁钢筋	1 t	12	5.104	0.871	4.092	0.244	5.207	0.175	0.169	0.391	0.404	0.635	6.981	
	4-6-3-5	台帽钢筋	1 t	2.7	1.129	0.205	0.925	0.022	1.152	0.035	0.037	0.084	0.089	0.140	1.537	
3	403-3	上部结构钢筋	kg	2600	10.695	1.707	8.974	0.233	10.914	0.308	0.354	0.708	0.843	1.313	14.439	55.53
	4-7-13-3	预制预应力空心板钢筋现场加工	1 t	21	8.509	1.317	7.230	0.133	8.680	0.233	0.281	0.535	0.670	1.040	11.439	
	4-6-13-8	桥面铺装钢筋	1 t	5	2.186	0.391	1.744	0.099	2.234	0.075	0.072	0.172	0.173	0.273	3.000	
4	403-4	附属结构钢筋	kg	4650	2.040	0.450	1.632	0.005	2.087	0.071	0.067	0.176	0.162	0.256	2.819	6.06
	5-1-1-6	防撞护栏现浇钢筋混凝土墙体钢筋	1 t	4.65	2.040	0.450	1.632	0.005	2.087	0.071	0.067	0.176	0.162	0.256	2.819	

续表6.67

序号	分项编号	工程名称	单位	工程量/m³	定额直接费/万元	直接费/万元				措施费/万元	企业管理费/万元	规费/万元	利润/万元 费率7.42%	税金/万元 税率10%	金额合计	
						人工费	材料费	施工机械使用费	合计						合计/万元	单价/元
5	405-1-b	水中钻孔灌注桩	m	26	6.652	3.009	2.558	1.462	7.029	0.729	0.382	1.39	0.576	1.011	11.117	4275.83
	4-2-2-1	桥墩编织袋围堰高度1 m	10 m 围堰	8.6	0.863	0.558	0.358	0.000	0.916	0.092	0.051	0.218	0.075	0.135	1.487	
	4-4-9-7	桩基干处理设钢护筒	1 t	2.272	0.256	0.110	0.112	0.039	0.261	0.021	0.008	0.046	0.021	0.036	0.393	
	4-4-2-4	桩基卷扬机带冲击锥孔桩 桩径150 cm 孔深7 m 砾石	10 m	2	2.436	1.210	0.151	1.158	2.518	0.372	0.144	0.657	0.219	0.391	4.301	
	4-4-2-7	桩基卷扬机带冲击锥孔桩 桩径150 cm 孔深7 m 次坚石	10 m	0.8												
	4-4-8-4	桩基灌注桩 C25 混凝土冲击成孔卷扬机配吊斗	10 m 实体	5.6	2.862	1.053	1.938	0.099	3.090	0.207	0.169	0.434	0.240	0.414	4.554	
	4-11-11-4	桩基混凝土搅拌机拌和容量750 L 以内	10 m³	7.112	0.235	0.078	0.000	0.166	0.244	0.036	0.010	0.037	0.021	0.035	0.382	
	4-11-11-20+21×4	桩基混凝土运输1 t 机动翻斗车400 m	100 m³	0.7112												
6	410-2-a	桥台混凝土	m³	84	3.693	1.157	2.092	0.628	3.876	0.307	0.213	0.471	0.313	0.518	5.699	678.47
	4-6-2-4	实体式桥台身桥梁板桥台高度10 m 以内	10 m³ 实体	8.4	3.410	1.063	2.092	0.428	3.582	0.264	0.202	0.427	0.288	0.476	5.239	

续表6.67

序号	分项编号	工程名称	单位	工程量/m³	定额直接费/万元	直接费/万元 人工费	材料费	施工机械使用费	合计	措施费/万元	企业管理费/万元	规费/万元	利润/万元 费率7.42%	税金/万元 税率10%	金额合计 合计/万元	单价/元
	4-11-11-4	台身混凝土搅拌机拌和容量750 L以内	10 m³	8.568												
	4-11-11-20+21×4	台身混凝土运输1 t机动翻斗车400 m	100 m³	0.8568	0.283	0.094	0.000	0.200	0.294	0.043	0.012	0.044	0.025	0.042	0.460	
7	410-2-b	桥墩混凝土	m³	67	3.262	0.733	2.265	0.465	3.463	0.218	0.189	0.307	0.272	0.445	4.894	730.39
	4-6-2-15	桥墩圆柱式 C25 混凝土泵送高度 10 m 以内	10 m³实体	6.7	3.032	0.656	2.265	0.302	3.224	0.183	0.179	0.271	0.252	0.411	4.519	
	4-11-11-4	桥墩混凝土搅拌机拌和容量750 L以内	10 m³	6.968												
	4-11-11-20+21×4	桥墩混凝土运输1 t机动翻斗车400 m	100 m³	0.6968	0.230	0.077	0.000	0.163	0.239	0.035	0.009	0.036	0.020	0.034	0.374	
8	410-2-c	盖梁混凝土	m³	78	4.809	1.033	3.362	0.683	5.078	0.315	0.279	0.436	0.401	0.654	7.198	922.88
	4-6-4-2	盖梁 C30 混凝土	10 m³实体	7.8	4.541	0.944	3.362	0.493	4.799	0.274	0.268	0.394	0.377	0.615	6.763	
	4-11-11-4	盖梁混凝土搅拌机拌和容量750 L以内	10 m³	8.112												
	4-11-11-20+21×4	盖梁混凝土运输1 t机动翻斗车400 m	100 m³	0.8112	0.268	0.089	0.000	0.189	0.279	0.041	0.011	0.042	0.024	0.040	0.436	

续表6.67

序号	分项编号	工程名称	单位	工程量/m³	定额直接费/万元	直接费/万元 人工费	材料费	施工机械使用费	合计	措施费/万元	企业管理费/万元	规费/万元	利润/万元 费率7.42%	税金/万元 税率10%	金额合计 合计/万元	单价/元
9	410-2-d	台帽混凝土	m³	10	0.506	0.126	0.324	0.090	0.540	0.038	0.029	0.053	0.043	0.070	0.774	773.95
	4-6-3-2	台帽C30混凝土泵送	10 m³实体	1	0.472	0.114	0.324	0.066	0.504	0.033	0.028	0.048	0.040	0.065	0.718	
	4-11-11-4	台帽混凝土搅拌机拌和容量750 L 以内	10 m³	1.04	0.034		0.000	0.024	0.036	0.005	0.001	0.005	0.003	0.005	0.056	
	4-11-11-20+21×4	台帽混凝土运输1 t机动翻斗车400 m	100 m³	0.104		0.011										
10	410-6	现浇混凝土附属结构	m³	59	3.048	1.105	1.907	0.211	3.223	0.231	0.177	0.450	0.256	0.434	4.771	808.69
	5-1-1-5	防撞护栏现浇钢筋混凝土墙体C25混凝土	10 m³	5.9	2.849	1.038	1.907	0.071	3.016	0.201	0.168	0.419	0.239	0.404	4.448	
	4-11-11-4	防撞护栏混凝土搅拌机拌和容量750 L 以内	10 m³	6.018	0.199	0.066	0.000	0.140	0.207	0.030	0.008	0.031	0.018	0.029	0.323	
	4-11-11-20+21×4	防撞护栏混凝土运输1 t机动翻斗车400 m	100 m³	0.6018												
11	411-5	后张法预应力钢绞线	kg	11600	11.604	1.17	9.798	0.791	11.759	0.324	0.384	0.591	0.913	1.397	15.369	13.25

续表 6.67

序号	分项编号	工程名称	单位	工程量/m³	定额直接费/万元	直接费/万元 人工费	材料费	施工机械使用费	合计	措施费/万元	企业管理费/万元	规费/万元	利润/万元 费率7.42%	税金/万元 税率10%	金额合计 合计/万元	单价/元
	4-7-19-5	预应力钢绞线束长20 m以内锚具Ⅰ型号7孔8.12束/t	1 t钢绞线	11.6												
	4-7-19-6换	预应力钢绞线束长20 m以内锚具Ⅰ型号7孔每增减1束	1 t钢绞线	11.6	11.604	1.17	9.798	0.791	11.759	0.324	0.384	0.591	0.913	1.397	15.369	912.54
12	411-8	预制预应力混凝土上部结构	m³	240	14.299	4.037	8.981	2.092	15.110	1.082	0.827	1.689	1.203	1.991	21.901	
	4-7-13-2	预应力空心板预制C50混凝土泵送	10 m³实体	24	11.417	3.010	8.944	0.198	12.151	0.630	0.675	1.180	0.944	1.558	17.138	
	4-7-13-6	预应力空心板起重机安装跨径20 m以内	10 m³实体	24	2.402	1.003	0.001	1.463	2.467	0.389	0.142	0.476	0.218	0.369	4.060	
	4-8-4-10	平板施车运输起重机装车构件质量40 t以内第一个1 km	100 m³实体	2.4	0.480	0.024	0.037	0.432	0.492	0.063	0.010	0.033	0.041	0.064	0.704	
13	413-2	浆砌块石	m³	123	2.720	0.852	0.377	0.094	2.830	0.176	0.161	0.347	0.227	0.374	4.114	334.47
	4-5-3-1	桥台基础、侧、背墙M10浆砌块石	10 m³实体	12.3	2.720	0.852	0.377	0.094	2.830	0.176	0.161	0.347	0.227	0.374	4.114	
15	415-2	水泥混凝土桥面铺装	m³	63	2.799	0.985	1.861	0.363	3.21	0.232	0.162	0.429	0.237	0.406	4.462	708.31
	4-6-13-2	桥面铺装水泥混凝土非泵送	10 m³	6.3	2.587	0.915	1.861	0.213	2.989	0.2	0.153	0.396	0.218	0.374	4.117	

续表6.67

序号	分项编号	工程名称	单位	工程量/m³	定额直接费/万元	人工费	材料费	施工机械使用费	合计	措施费/万元	企业管理费/万元	规费/万元	利润/万元 费率7.42%	税金/万元 税率10%	合计/万元	单价/元
	4-11-11-4	桥面铺装混凝土搅拌机拌和容量750 L以内	10 m³	6.426	0.212	0.071	0.000	0.150	0.221	0.032	0.009	0.033	0.019	0.031	0.345	
	4-11-11-20+21×4	桥面铺装混凝土运输1 t机动翻斗车400 m	100 m³	0.6426												
16	416-1	矩形板式橡胶支座	个	84	3.052	0.470	2.594	0.037	3.101	0.084	0.101	0.191	0.240	0.372	4.089	486.79
	4-7-27-3	板式橡胶支座	1 dm³	335.1	1.944	0.369	1.619	0.000	1.987	0.059	0.064	0.144	0.153	0.241	2.649	
	4-7-27-4	四氟板式橡胶组合支座	1 dm³	92.4	1.109	0.102	0.975	0.037	1.114	0.024	0.037	0.048	0.087	0.131	1.441	
17	417-1	橡胶伸缩装置	m	18	1.080	0.317	0.696	0.090	1.103	0.059	0.036	0.143	0.087	0.143	1.571	872.76
	4-11-7-10	板式橡胶伸缩缝	1 m	18	1.080	0.317	0.696	0.090	1.103	0.059	0.036	0.143	0.087	0.143	1.571	
18	415-3	排水管	个	6	0.030	0.001	0.030	0.000	0.031	0.001	0.002	0.001	0.002	0.004	0.040	67.17
	4-11-7-13	泄水管	10个	0.6	0.030	0.001	0.030	0.000	0.031	0.001	0.002	0.001	0.002	0.004	0.040	
		合计			73.368	15.72	52.739	6.006	75.972	3.644	3.109	6.871	5.945	9.536	131.999	

6.8　工程量清单表

表 6.68 为工程量清单(第 100 章)。

表 6.68　工程量清单(第 100 章)

标段：桥梁算例

子目号	子目名称	单位	数量	单价/元	合价/元
101	通则				
101-1	保险费				
101-1-1	按合同条款规定，提供建筑工程一切险	总额	1	4000	4000
101-1-2	按合同条款规定，提供第三方责任险	总额	1	2000	2000
102	工程管理				
102-1	竣工文件	总额			包含在各报价细目中
102-2	施工环保费	总额			包含在各报价细目中
102-3	安全生产费	总额	1	50000	50000
102-4	信息化建设	总额			包含在各报价细目中
102-5	保通费	总额	1	20000	20000.00
103	临时工程设施				
103-1	临时道路便桥修建、养护与拆除(包括原道路的养护费)	总额	1	100000	100000.00
103-2	临时占地	总额			包含在各报价细目中
103-3	临时供电设施	总额			包含在各报价细目中
103-4	电讯设施的提供、维修与拆除	总额			包含在各报价细目中
103-5	临时供水与排污设施	总额			包含在各报价细目中
104	承包人驻地建设				
104-1	承包人驻地建设				
104-1-1	驻地(办公、生活场地)建设	总额	1	20000	20000.00
104-1-2	工地试验室建设	总额	1	25000	25000.00
104-1-3	拌和站建设	总额	1	50000	50000.00
清单第 100 章合计人民币					271000.00

表 6.69　工程量清单(第 400 章)

标段：桥梁算例

<table>
<tr><td colspan="6" style="text-align:center">清单　第 400 章　总则</td></tr>
<tr><td>子目号</td><td>子目名称</td><td>单位</td><td>数量</td><td>单价/元</td><td>合价/元</td></tr>
<tr><td>403</td><td>钢筋</td><td></td><td></td><td></td><td></td></tr>
<tr><td>403-1</td><td>基础钢筋</td><td>kg</td><td>12000</td><td>5.43</td><td>65210.88</td></tr>
<tr><td>403-2</td><td>下部结构钢筋</td><td>kg</td><td>29700</td><td>5.73</td><td>170208.35</td></tr>
<tr><td>403-3</td><td>上部结构钢筋</td><td>kg</td><td>2600</td><td>55.53</td><td>144387.42</td></tr>
<tr><td>403-4</td><td>附属结构钢筋</td><td>kg</td><td>4650</td><td>6.06</td><td>28190.45</td></tr>
<tr><td>405-1</td><td>钻孔灌注桩</td><td></td><td></td><td></td><td></td></tr>
<tr><td>405-1-b</td><td>水中钻孔灌注桩</td><td>m</td><td>26</td><td>4275.83</td><td>111171.62</td></tr>
<tr><td>410-2</td><td>混凝土下部结构</td><td></td><td></td><td></td><td></td></tr>
<tr><td>410-2-a</td><td>桥台混凝土</td><td>m³</td><td>84</td><td>678.47</td><td>56991.1</td></tr>
<tr><td>410-2-b</td><td>桥墩混凝土</td><td>m³</td><td>67</td><td>730.39</td><td>48935.88</td></tr>
<tr><td>410-2-c</td><td>盖梁混凝土</td><td>m³</td><td>78</td><td>922.88</td><td>71984.4</td></tr>
<tr><td>410-2-d</td><td>台帽混凝土</td><td>m³</td><td>10</td><td>773.95</td><td>7739.50</td></tr>
<tr><td>410-6</td><td>现浇混凝土附属结构</td><td>m³</td><td>59</td><td>808.69</td><td>47712.92</td></tr>
<tr><td>411-5</td><td>后张法预应力钢绞线</td><td>kg</td><td>11600</td><td>13.25</td><td>153689.67</td></tr>
<tr><td>411-8</td><td>预制预应力混凝土上部结构</td><td>m³</td><td>240</td><td>912.54</td><td>219009.42</td></tr>
<tr><td>413-2</td><td>浆砌块石</td><td>m³</td><td>123</td><td>334.47</td><td>41139.44</td></tr>
<tr><td>415-2</td><td>水泥混凝土桥面铺装</td><td>m³</td><td>63</td><td>708.31</td><td>44623.66</td></tr>
<tr><td>416-1</td><td>矩形板式橡胶支座</td><td>个</td><td>84</td><td>486.79</td><td>40890.73</td></tr>
<tr><td>417-1</td><td>橡胶伸缩装置</td><td>m</td><td>18</td><td>872.76</td><td>15709.74</td></tr>
<tr><td>415-3</td><td>排水管</td><td>个</td><td>6</td><td>67.17</td><td>403.04</td></tr>
</table>

清单　第 400 章合计：104,8988.8 元

6.9　计日工已标价清单表

表 6.70 为计日工汇总表、表 6.71 为计日工劳务表、表 6.72 为计日工材料表、表 6.73 为计日工施工机械表。

表 6.70　计日工汇总表

名称	金额/元	备注
劳务	290.00	
材料	1774.00	
施工机械	2360.00	
计日工合计		4424.00

表 6.71　计日工劳务表

子目号	子目名称	单位	暂定数量	单价/元	合价/元
101	普通工人	h	10	11	110.00
102	技术工人	h	15	12	180.00
劳务小计金额(计入"计日工汇总表")					290.00

表 6.72　计日工材料表

子目号	子目名称	单位	暂定数量	单价/元	合价/元
201	水泥				
201-1	32.5 级水泥	t	1	492	492.00
202	钢筋				
202-1	光圆钢筋	t	0.1	4360	436.00
202-2	带肋钢筋	t	0.1	4530	453.00
208	中(粗)砂	m³	1	138	138.00
209	碎石	m³	1	135	135.00
210	片石	m³	1	120	120.00
材料小计金额(计入"计日工汇总表")					1774.00

表 6.73　计日工施工机械表

子目号	子目名称	单位	暂定数量	单价/元	合价/元
303	载货汽车				
303-4	10 t 以内载货汽车	台班	1	750	750.00
306	起重机				
306-3	20 t 以内汽车式起重机	台班	1	1610	1610.00
施工机械小计金额(计入"计日工汇总表")					2360.00

▶ 6.10 暂估价已标价清单表

表 6.74 为专业工程暂估价表。

表 6.74 专业工程暂估价表

序号	专业工程名称	工程内容	金额/元
405-2	钻取混凝土芯样		3000
405-4	桩基超声波无损检测		13000
			小计：16000

▶ 6.11 投标报价汇总表

表 6.75 为投保报价汇总表。

表 6.75 投保报价汇总表

序号	章次	科目名称	金额/元
1	100	总则	271000
2	200	路基	
3	300	路面	
4	400	桥梁、涵洞	1048988.8
5	500	隧道	
6	600	安全设施及预埋管线	
7	700	绿化及环境保护设施	
8	第 100 章~700 章清单合计		1319988.8
9	已包含在清单合计中的材料、工程设备、专业工程暂估价合计		16000
10	清单合计减去材料、工程设备、专业工程暂估价(8-9=10)		1303988.8
11	计日工合计		4424
12	暂列金额(不含计日工总额)(10×5%=12)		65199.44
13	投标报价(即 8+11+12=13)		1389612.24

习 题

1. 已知某高速公路借土填方工程原始数据表(表6-76),综合工日单价100元/工日,其他材料、机械台班单价按照《公路工程预算定额》(JTG 3832—2018)。按照预算定额,编制《分项工程概(预)算表》。(仅完成直接费的计算)

表6-76 某路面水泥砂砾基层原始数据表

项目	名称	单位	数量	取费	备注
204-1-e	借土填方	m³	10000		
定额1	75 kW 内推土机推运普通土 20 m 内	1000 m³ (天然密实方)	10	土方	
定额2	2 m³ 内装载机装土方	1000 m³ (天然密实方)	10	土方	
定额3	10 t 以内自卸汽车配合装载机运输 5 km	1000 m³ (天然密实方)	10	运输	
定额4	12~15 t 光轮压路机碾压路基	1000 m³ (压实方)	10	土方	

2. 已知某路面水泥砂砾基层原始数据表(表6-77),建设地点为你的家乡,夜间施工、冬季、行车干扰施工增加费不计,未给出的其他条件自行假定。按照清单计价方式计算编制工程量清单报价,包括计算材料预算价格,进行定额应用或抽换,计算措施费、规费、企业管理费和税金,计算建筑安装工程费,填写《分项工程概(预)算表》《建筑安装工程费计算表》《材料预算单价计算表》《机械台班单价计算表》《综合费率计算表》。

表6-77 某路面水泥砂砾基层原始数据表

项目	名称	单位	数量	取费	备注
304-3-a	水泥稳定土基层砂砾厚 150 mm	m²	500000		补充水数量 14000 m³/500000 m²
定额1	稳定土拌和机拌和水泥稳定砂砾基层压实厚度 15 cm	1000 m²	500		
定额2	洒水汽车洒水 10 km 内增运 1 km	1000 m³	14		

附录1 概预算封面、目录及表格样式

扉页的次页格式如下

××公路初步设计概算

（K××+×××~K××+×××）

第　　册共　　册

编制：（签字并盖）

复核：（签字并盖）

编制单位：（盖章）

编制时间：　　　年　　月　　日

甲组文件目录格式及相应内容如下所示：

目 录
（甲组文件）

1. 编制说明。

2. 项目前后阶段费用对比表见表 F1.1。

3. 建设项目属性及技术经济信息表（00 表）见表 F1.2。

4. 总概（预）算汇总表（01-1 表）见表 F1.3。

5. 总概（预）算人工、主要材料、施工机械台班数量汇总表（02-1 表）见表 F1.4。

6. 总概（预）算表（01 表）见表 F1.5。

7. 人工、主要材料、施工机械台班数量汇总表（02 表）见表 F1.6。

8. 建筑安装工程费计算表（03 表）见表 F1.7。

9. 综合费率计算表（04 表）见表 F1.8。

10. 综合费计算表（04-1 表）见表 F1.9。

11. 设备费计算表（05 表）见表 F1.10。

12. 专项费用计算表（06 表）见表 F1.11。

13. 土地使用及拆迁补偿费计算表（07 表）见表 F1.12。

14. 工程建设其他费计算表（08 表）见表 F1.13。

15. 人工、材料、施工机械台班单价汇总表（09 表）见表 F1.14。

表 F1.1 项目前后阶段费用对比表

建设项目名称：

分项编号	工程或费用名称	单位	本阶段设计概算（施工图预算）			上阶段工可估算（设计概算）			费用变化		备注
			数量	单价	金额	数量	单价	金额	金额	比例（%）	
1	2	3	4	5=6÷4	6	7	8=9÷7	9	10=6-9	11=10÷9	12

填表说明：

1. 本表反映一个建设项目的前后阶段各项费用组成；
2. 本阶段和上阶段费用均从各阶段的 01-1 表转入

编制：　　　　　　　　　　　　　　　　　复核：

表 F1.2 建设项目属性及技术经济信息表

建设项目：　　　　　　　　　　　　　　　　　　　　　　　　编制日期：　　　　　00 表

一			项目基本属性		
编号	名称	单位	信息		备注
001	工程所在地				
002	地形类别				平原或微丘
003	新建/改扩建				
004	公路技术等级				
005	设计速度	km/h			
006	路面结构				
007	路基宽度	m			
008	路线长度	公路公里			不含连接线
009	桥梁长度	km			
010	隧道长度	km			双洞长度
011	桥隧比例	%			[(009)+(010)]/(008)
012	互通式立体交叉数量	km/处			
013	支线、联络线长度	km			
014	辅道、连接线长度	km			
二			项目工程数量信息		
编号	内容	单位	数量	数量指标	备注
10202	路基挖方	1000 m³			
10203	路基填方	1000 m³			
10206	排水圬工	1000 m³			包括防护、排水
10207	防护圬工	1000 m³			
10205	特殊路基	km			
10301	沥青混凝土路面	1000 m²			
10302	水泥混凝土路面	1000 m²			
10401	涵洞	m			
10402	小桥	m			
10403	中桥	m			
10404	大桥	m			

续表F1.2

10405	特大桥	m			
10501	连拱隧道	m			
10502	小净距隧道	m			
10503	分离式隧道	m			
10602	通道	m			
10605	分离式立体交叉	处			
10606	互通式立体交叉	处			
10703	管理养护服务房屋	m²			
10901	联络线、支线工程	km			
10902	连接线工程	km			
10903	辅道工程	km			
20101	永久征地	亩			不含取(弃)土场征地
20102	临时征地	亩			

三	项目造价指标信息表				
编号	工程造价	总金额/万元	造价指标/(万元·km⁻¹)	占总造价百分比/%	备注
1	建筑安装工程费		(必填)		
101	临时工程				
102	路基工程				
103	路面工程				
104	桥梁工程				
105	隧道工程				
106	交叉工程				
107	交通工程				
108	绿化及环境保护工程				
109	其他工程				
110	专项费用		(必填)		
2	土地使用及拆迁补偿费		(必填)		
3	工程建设其他费		(必填)		
4	预备费		(必填)		

续表F1.2

5	建设期贷款利息		（必填）	
6	公路基本造价		（必填）	
四	分项造价指标信息表			
序号	名称	单位	造价指标(元)	备注
10202	路基挖方	m³		
10203	路基填方	m³		
10206	排水圬工	m³		
10207	防护圬工	m³		
10205	特殊路基	km		
10301	沥青混凝土路面	m²		
10302	水泥混凝土路面	m²		
10401	涵洞	m		
10402	预制空心板桥	m²		
10403	预制小箱梁桥	m²		
10404	预制 T 梁桥	m²		
10405	现浇箱梁桥	m²		
10406	特大桥	m²		
10501	连拱隧道	m		
10502	小净距隧道	m		
10503	分离式隧道	m		
10602	通道	m		
10605	分离式立体交叉	处		
10606	互通式立体交叉	处		
10701	交通安全设施	km		
10702	机电及设备安装工程	km		
10707	管理养护服务房屋	m²		含土建和安装，不含外场
10901	联络线、支线工程	km		
10902	连接线工程	km		
10903	辅道工程	km		

续表F1. 2

20101	永久征地	亩		
20102	临时征地	亩		
20201	拆迁补偿	km		
30101	建设单位管理费	km		
30103	工程监理费	km		
30301	建设项目前期工作费	km		
五	主要材料单价信息表			
编号	名称	单位	单价/元	备注
1001001	人工	工日		
2001002	HRB400 钢筋	t		
3001001	石油沥青	t		
5503005	中(粗)砂	m³		
5505016	碎石(4 cm)	m³		
5509002	42.5 级水泥	t		

编制：   复核：

表 F1.3　总概（预）算汇总表

建设项目名称：

第　页　共　页　01-1 表

分项编号	工程或费用名称	单位	总数量	数量	金额/元	技术经济指标	数量	金额/元	技术经济指标	数量	金额/元	技术经济指标	总金额/元	全路段技术经济指标	各项费用比例/%

填表说明：

1. 一个建设项目分若干单项工程编制概（预）算时，应通过本表汇总全部建设项目概（预）算总值和技术经济指标；

2. 本表反映一个建设项目的各项费用组成、概（预）算金额；

3. 本表分项编号、工程或费用名称、单位、总数量，概（预）算金额应由各单项或单位工程总概（预）算表（01 表）转来，项、子项应保留，其他可视需要增减；

4. "全路段技术经济指标"以各项金额汇总合计除以数量计算，"各项费用比例"以汇总的各项目公路工程造价除以公路基本造价合计计算

编制：

复核：

表 F1.4 总概（预）算人工、主要材料、施工机械台班数量汇总表

建设项目名称：

第 页 共 页 02-1 表

代号	规格名称	单位	总数量	编制范围											

填表说明：

1. 一个建设项目分若干个单项工程编制概（预）算时，应通过本表汇总全部建设项目的人工、主要材料与设备、施工机械台班数量；

2. 本表各栏数据均由各单项或单位工程概（预）算中的人工、主要材料、施工、机械台班数量汇总表（02 表）转来，编制范围指单项或单位工程，编制范围指单项或单位工程。

编制：

复核：

表 F1.5　总概（预）算表

建设项目名称：
编制范围：

第　　页　共　　页　　01 表

分项编号	工程或费用名称	单位	数量	金额/元	技术经济指标	各项费用比例/%	备注

填表说明：

1. 本表反映一个单项或单位工程的各项费用组成、概（预）算金额、技术经济指标，各项费用比例（%）等；
2. 本表"分项编号""工程或费用名称""单位"等应按概预算项目表的编号及内容填写；
3. "数量""金额"由专项费用计算表（06 表）、建筑安装工程费计算表（03 表）、土地使用及拆迁补偿费计算表（07 表），工程建设其他费计算表（08 表）转来；
4. "技术经济指标""以各项目金额除以相应数量计算；"各项费用比例"以各项金额除以公路基本造价计算

编制：　　　　　　　　　　　　　　　　　　　　　复核：

表 F1.6 人工、主要材料、施工机械台班数量汇总表

建设项目名称：

编制范围：

第　页　共　页　02 表

代号	规格名称	单位	单价/元	总数量	分项统计									场外运输损耗	
														%	数量
					填表说明：										
					本表各栏数据由人工、材料、施工机械台班单价汇总表（09 表）及分项工程概（预）算表（21–2 表）、辅助生产人工、材料、施工机械台班单位数量表（25 表）经分析计算后统计而来										

编制：　　　　　　　　　　　　　　　　　　　　　　　　　　　　　　　复核：

建设项目名称：
编制范围：

表 F1.7　建筑安装工程费计算表

第　　页　共　　页　　03 表

序号	分项编号	工程名称	单位	工程量	定额直接工程费/元	定额设备购置费/元	直接费/元				设备购置费	措施费	企业管理费	规费	利润/元	税金/元	金额合计/元	
							人工费	材料费	施工机械使用费	合计					费率/%	税率/%	合计	单价
1	2	3	4	5	6	7	8	9	10	11	12	13	14	15	16	17	18	19
1																		
	110	专项费用																
	11001	施工场地建设费	元															
	11002	安全生产费	元															
		合计																

填表说明：
1. 本表各栏数据由 05 表、06 表、21-2 表经计算转来；
2. 本表中除列出具体分项外，还应列出子项（如临时工程、路基工程、路面工程……），并将子项下的具体分项的费用进行汇总

编制：　　　　　　　　　　　　　　　　　　　复核：

表 F1.8 综合费率计算表

建设项目名称：
建设项目范围：
编制范围：

第　　页　共　　页　　04 表

序号	工程类别	措施费/%									综合费率		企业管理费/%							规费/%				综合费率
		冬季施工增加费	雨季施工增加费	夜间施工增加费	高原地区施工增加费	风沙地区施工增加费	沿海地区施工增加费	行车干扰施工增加费	施工辅助费	工地转移费	I	II	基本费用	主副食运费补贴	职工探亲路费	职工取暖补贴	财务费用	综合费率	养老保险费	失业保险费	医疗保险费	工伤保险费	住房公积金	
1	2	3	4	5	6	7	8	9	10	11	12	13	14	15	16	17	18	19	20	21	22	23	24	25

填表说明：

本表应根据建设项目具体情况，按概（预）算编制办法有关规定填入数据计算。其中：12＝3+4+5+6+7+8+9+11；13＝10；19＝14+15+16+17+18；25＝20+21+22+23+24

编制：　　　　　　　　　　　　　　　　　　复核：

表 F1.9 综合费计算表

建设项目名称：
编制范围：

第　页　共　页　04-1 表

序号	工程名称	措施费												企业管理费						规费					综合费用
		冬季施工增加费	雨季施工增加费	夜间施工增加费	高原地区施工增加费	风沙地区施工增加费	沿海地区施工增加费	行车干扰施工增加费	施工辅助费	工地转移费	综合费用 I	综合费用 II	基本费用	主副食运费补贴	职工探亲路费	职工取暖补贴	财务费用	综合费用	养老保险费	失业保险费	医疗保险费	工伤保险费	住房公积金	
1	2	3	4	5	6	7	8	9	10	11	12	13	14	15	16	17	18	19	20	21	22	23	24	25

填表说明：

本表应根据建设项目具体分项工程，按投资估算编制办法规定的计算方法分别计算各项费用

其中：12＝3+4+5+6+7+8+9+11；13＝10；19＝14+15+16+17+18；25＝20+21+22+23+24

编制：　　　　　　　　　　　　　　　　　　　　　　　　　复核：

227

F1.10 设备费计算表

建设项目名称：

编制范围：

第　页　共　页　05 表

代号	设备名称	规格型号	单位	数量	基价	定额设备购置费/元	单价/元	设备购置费/元	税金/元	定额设备费/元	设备费/元
填表说明：本表应根据具体的设备购置清单进行计算，包括设备规格、单位、数量、设备基价、定额设备购置费、设备预算单价、税金，以及定额设备费和设备费。设备购置费不计取措施费及企业管理费。											
合计											

编制：

复核：

表 F1.11　专项费用计算表

建设项目名称：
编制范围：

第　页　共　页　06 表

序号	工程或费用名称	说明及计算式	金额/元	备注
		填表说明： 本表应依据项目按本办法规定的专项费用项目填写，在说明及计算式栏内填写需要说明的内容及计算式		

编制：　　　　　　　　　　　　　　　　　　　　　　复核：

表 F1.12 土地使用及拆迁补偿费计算表

建设项目名称：

编制范围：

第 页 共 页 页 07 表

序号	费用名称	单位	数量	单价/元	金额/元	说明及计算式	备注
填表说明： 本表按规定填写单位、数量、单价和金额；说明及计算式中应定明标准及计算式；子项下边有分项的，可以按顺序依次往下编号							

编制：

复核：

表 F1.13　工程建设其他费计算表

建设项目名称：

编制范围：

第　　页　共　　页　　08 表

序号	费用名称及项目	说明及计算式	金额/元	备注

填表说明：

本表应按具体发生的其他费用项目填写，需要说明和具体计算的费用项目依次在说明及计算式栏内填写或具体计算，各项费用应填写具体如下：

1. 建设项目管理费包括建设单位（业主）管理费、建设项目信息化费、工程监理费、设计文件审查费、竣（交）工验收试验检测费，按编办规定的计算基数、费率、方法或有关规定列式计算；

2. 研究试验费应根据设计需要进行研究试验的项目分别填写项目名称及金额或列式计算或方法进行说明；

3. 建设项目前期工作费按编办规定的计算基数、费率、方法计算；

4. 专项评价（估）费、联合试运转费、生产准备费、工程保通管理费、工程保险费、预备费、建设期贷款利息等其他费用根据本编办有关规定或国家有关规定依类推计算

编制：

复核：

表 F1.14 人工、材料、施工机械台班单价汇总表

建设项目名称：

编制范围：　　　　　第　　　页　共　　　页　　　09 表

序号	名称	单位	代号	预算单价/元	备注	序号	名称	单位	代号	预算单价/元	备注

填表说明：
本表预算单价主要由材料预算单价计算表（22 表）和施工机械台班单价计算表（24 表）转来

编制：　　　　　　　　　　　　　　　　　　　　　　　复核：

乙组文件目录格式及相应内容如下所示：

目　录
（乙组文件）

表 F1.15 分项工程概（预）算计算数据表

建设项目名称：

编制范围：　标准定额库版本号：　校验码：　第　页　共　页　21-1 表

分项编号/定额代号/工料机代号	项目，定额或工料机的名称	单位	数量	输入单价	输入金额	分项组价类型或定额子目取费类别	定额调整情况或分项算式

填表说明：

1. 本表应逐行从左到右横向逐栏填写；
2. "分项编号""定额""工料机"等的代号应根据实际需要按本办法附录 B 概预算项目表及现行《公路工程概算定额》（JYG/T 3832）的相关内容填写；
3. 本表主要是为利用计算机编制概算、预算提供分项组价基础数据，列明工程项目全部计算分项的组价参数；分项组价类型包括：输入单价、输入金额、算式列表、定额调整情况分配合比调整、钢筋调整、抽换、乘系数、综合调整等，非标准补充定额列出其工料机及其消耗量；具体填表规则则由软件用户手册详细制定；
4. 标准定额库版本号由公路工程造价依据信息平台和最新的标准定额库一起发布，造价软件接收后直接输出；
5. 校验码由定额库版本号加密生成，由公路工程造价依据信息平台与定额库版本号同时发布，造价软件直接输出，为便于校验，造价软件可按条形码形式输出

编制：　　　　　　　　　　复核：

表 F1.16　分项工程概（预）算表

编制范围：

分项编号：

工程名称：	工程项目：		单位：	数量：	单价：	第　页　共　页　21-2表

	工程项目									
	工程细目									
	定额单位									
	工程数量									
	定额表号									

代号	工、料、机名称	单位	单价/元	定额	数量	金额/元	定额	数量	金额/元	定额	数量	金额/元	合计 数量	金额/元
1	人工	工日												
2	……													
	直接费	元												
	措施费 Ⅰ	元				%			%			%		%
	措施费 Ⅱ	元				%			%			%		%
	企业管理费	元				%			%			%		%
	规费	元				%			%			%		%
	利润	元												
	税金	元												
	金额合计	元												

填表说明：

1. 本表按具体分项工程项目数量，对应概（预）算定额子目填写，单价由 09 表转来，金额＝Σ工、料、机各项的单价×定额×数量；

2. 措施费、企业管理费按相应项目的定额施工机械使用费之和或定额直接费与定额人工费与定额施工费率计算；

3. 规费按相应项目的人工费×规定费率计算；

4. 利润按相应项目的（定额直接费＋措施费＋企业管理费）×利润率计算；

5. 税金按相应项目的（直接费＋措施费＋企业管理费＋规费＋利润）×税率计算；

6. 措施费、企业管理费、规费、利润、税金对应定额列入相应人相应的计算基数，数量列入相应人相应的费率

编制：　　　　　　　　　　　　　　　　　　　　　　　　　　　　复核：

表 F1.17 材料预算单价计算表

建设项目名称:

编制范围:

第　页　共　页　表 22

代号	规格名称	单位	原价/元	运杂费					原价运费合计/元	场外运输损耗		采购及保管费		预算单价/元
				供应地点	运输方式比重及运距	毛质量系数或单位毛质量	运杂费构成说明或计算式	单位运费/元		费率/%	金额/元	费率/%	金额/元	

填表说明:

1. 本表计算各种材料自供应地点或料场至工地的全部运杂费与材料原价及其他费用组成预算单价;

2. 运输方式按火车、汽车、船舶等及所占运输比重填写;

3. 毛质量系数、场外运输损耗、采购及保管费按规定填写;

4. 根据材料供应地点、运输方式、毛质量系数等,通过运输费用成说明或计算式,计算得出材料运杂费单位运费与材料原价、运输单价、运输单位运费;

5. 材料原价、场外运输损耗、采购及保管费组成材料预算单价

编制:　　　　　　　　　　　　　　　　　　　　　　　　　复核:

表 F1.18　自采材料料场价格计算表

编制范围：

自采材料名称：　　　单位：　　　数量：　　　料场价格：　　　第　　页　共　　页　23-1 表

代号	工、料、机名称	单位	单价/元	定额			工程项目			工程细目			定额单位			工程数量			定额表号 合计	
				定额	数量	金额/元	定额	数量	金额/元	定额	数量	金额/元	定额	数量	金额/元	定额	数量	金额/元	数量	金额/元
直接费		元																		
辅助生产间接费		元			%			%			%			%			%			
高原取费		元			%			%			%			%			%			
金额合计		元																		

费率

填表说明：

1. 本表主要用于分析计算自采材料料场价格，应将选用的定额人工、材料、施工机械台班数量全部列出，包括相应的工、料、机单价；

2. 材料规格用途相同而生产方式（如人工捶碎石、机械轧碎石）不同时，应分别计算单价，再以各种生产方式所占比重根据合计价格加权平均计算料场价格；

3. 定额中施工机械台班有调整系数时，应在本表内计算；

4. 辅助生产间接费、高原取费应对应定额列填入相应的计算基数、数量列填入相应的费率。

编制：　　　　　　　　　　　　　　　　　　　　　复核：

237

表F1.19　材料自办运输单位运费计算表

第　页　共　页　23-2表

编制范围：

自采材料名称：　　　　单位：　　　　数量：　　　　单位运费：

代号	工、料、机名称	单位	单价/元	数量	金额/元	定额	数量	金额/元	定额	数量	金额/元	定额	数量	金额/元	合计	
															数量	金额/元
工程项目																
工程细目																
定额单位																
工程数量																
定额表号																

		费率					
直接费	元						
辅助生产间接费	元	%		%		%	
高原取费	元	%		%		%	
金额合计	元						

填表说明：

1. 本表主要用于分析计算材料自办运费，应将选用定额单位运费，包括选用的定额人工、材料、施工机械台班数量全部列出，包括相应的工、料、机单价；

2. 材料运输地点或运输方式不同时，应分别计算工、料、机单价，再按所占比重加权平均计算材料运输价格；

3. 定额中施工机械台班有调整系数时，应在本表内计算；

4. 辅助生产间接费、高原取费对应定额列填入的计算基数，数量列填入的相应的费率

编制：　　　　复核：

表 F1.20 施工机械台班单价计算表

建设项目名称：
编制范围：

第　　页　共　　页　　24 表

序号	代号	规格名称	台班单价/元	不变费用/元			可变费用/元										车船税	合计
				调整系数		人工		汽油			柴油							
				定额	调整值	元/工日		元/kg			元/kg							
						定额	金额	定额	金额	定额	金额	定额	金额	定额	金额	定额	金额		

填表说明：

1. 本表应根据《公路工程机械台班费用定额》进行计算。不变费用如有调整系数应填入调整值；可变费用各栏填入定额数量；

2. 人工、动力燃料单价由材料预算单价计算表（22 表）中转来

编制：

复核：

表 F1.21 辅助生产人工、材料、施工机械台班单位数量表

建设项目名称：

编制范围：

第 页 共 页 25 表

序号	规格名称	单位	人工/工日								

填表说明：

本表各栏数据由自采材料料场价格计算表（23－1 表）和材料自办运输单位运费计算表（23－2 表）统计而来

编制：

复核：

附录 2 工程量清单表格样式

表 F2.1 投标报价汇总表

_____（项目名称）_____标段

序号	章次	科目名称	金额/元
1	100	总则	
2	200	路基	
3	300	路面	
4	400	桥梁、涵洞	
5	500	隧道	
6	600	安全设施及预埋管线	
7	700	绿化及环境保护设施	
8	第 100 章~700 章清单合计		
9	已包含在清单合计中的材料、工程设备、专业工程暂估价合计		
10	清单合计减去材料、工程设备、专业工程暂估价（即 8-9-10）		
11	计日工合计		
12	暂列金额（不含计日工总额）		
13	投标报价（即 8+11+12=13）		

表 F2.2 工程量清单（第 100 章）

标段：货币单位：元

清单 第 100 章 总则

子目号	子目名称	单位	数量	单价	合价
101	通则				
101-1	保险费				
101-1-1	按合同条款规定，提供建筑工程一切险				
101-1-2	按合同条款规定，提供第三方责任险				

续表F2.2

清单　第100章　总则

子目号	子目名称	单位	数量	单价	合价
102	工程管理				
102-1	竣工文件				
102-2	施工环保费				
102-3	安全生产费				
102-4	信息化建设				

清单　第100章合计：

表 F2.3　计日工汇总表

名称	金额	备注
劳务		
材料		
施工机械		

计日工总计：（计入"投标报价汇总表"）

表 F2.4　计日工劳务表

编号	子目名称	单位	暂定数量	单价	合价
101	班长	h			
102	普通工	h			
103	焊工	h			
104	电工	h			
105	混凝土工	h			
106	木工	h			
107	钢筋工	h			

劳务小计金额：（计入"计日工汇总表"）

表 F2.5　计日工材料表

编号	子目名称	单位	暂定数量	单价	合价
201	水泥	t			
202	钢筋	t			
203	钢绞线	t			
204	沥青	t			
205	木材	m^3			
206	砂	m^3			
207	碎石	m^3			
208	片石	m^3			

材料小计金额：（计入"计日工汇总表"）

表 F2.6　计日工施工机械表

编号	子目名称	单位	暂定数量	单价	合价
301	装载机				
301-1	1.5 m^3 以下	h			
301-2	1.5~2.5 m^3	h			
301-3	2.5 m^3 以上	h			
302	推土机				
302-1	90 kW 以下	h			
302-2	90~180 kW	h			
302-3	180 kW 以上	h			

施工机械小计金额：（计入"计日工汇总表"）

表 F2.7　材料暂估价表

序号	名称	单位	数量	单价	合价	备注

表 F2.8　工程设备暂估价表

序号	名称	单位	数量	单价	合价	备注

表 F2.9 专业工程暂估价表

序号	专业工程名称	工程内容	金额
小计:			

表 F2.10 工程量清单单价分析表

序号	编码	子目名称	人工费			材料费				机械使用费	其他	管理费	税费	利润	综合单价
			工日	单价	金额	主材		辅材费	金额						
						主材耗量	单价	主材费							

附录3 全国冬季施工气温区划分表

表 F3.1 全国冬季施工气温区划分表

省份/自治区/直辖市	地区、市、自治州、盟(县)	气温区	
北京	全境	冬二	I
天津	全境	冬二	I
河北	石家庄、邢台、邯郸、衡水市(冀州区、枣强县、故城县)	冬一	II
	廊坊、保定(涞源县及以北除外)、衡水(冀州区、枣强县、故城县除外)、沧州市	冬二	I
	唐山、秦皇岛市		II
	承德(围场县除外)、张家口(沽源县、张北县、尚义县、康保县除外)、保定市(涞源县及以北)	冬三	
	承德(围场县)、张家口市(沽源县、张北县、尚义县、康保县)	冬四	
山西	运城市(万荣县、夏县、绛县、新绛县、稷山县、闻喜县除外)	冬一	II
	运城(万荣县、夏县、绛县、新绛县、稷山县、闻喜县)、临汾(尧都区、侯马市、曲沃县、翼城县、襄汾县、洪洞县)、阳泉(盂县除外)、长治(黎城县)、晋城市(城区、泽州县、沁水县、阳城县)	冬二	I
	太原(娄烦县除外)、阳泉(盂县)、长治(黎城县除外)、晋城(城区、泽州县、沁水县、阳城县除外)、晋中(寿阳县、和顺县、左权县除外)、临汾(尧都区、侯马市、曲沃县、翼城县、襄汾县、洪洞县除外)、吕梁市(孝义市、汾阳市、文水县、交城县、柳林县、石楼、交口县、中阳县)		II
	太原(娄烦县)、大同(左云县除外)、朔州(右玉县除外)、晋中(寿阳县、和顺县、左权县)、忻州、吕梁市(离石区、临县、岚县、方山县、兴县)	冬三	
	大同(左云县)、朔州市(右玉县)	冬四	
内蒙古	乌海市、阿拉善盟(阿拉善左旗、阿拉善右旗)	冬二	I
	呼和浩特(武川县除外)、包头(固阳县除外)、赤峰、鄂尔多斯、巴彦淖尔、乌兰察布市(察哈尔右翼中旗除外),阿拉善盟(额济纳旗)	冬三	
	呼和浩特(武川县)、包头(固阳县)、通辽、乌兰察布市(察哈尔右翼中旗),锡林郭勒(苏尼特右旗、多伦县)、兴安盟(阿尔山市除外)	冬四	
	呼伦贝尔市(海拉尔区、新巴尔虎右旗、阿荣旗),兴安(阿尔山市)、锡林郭勒盟(冬四区以外各地)	冬五	
	呼伦贝尔市(冬五区以外各地)	冬六	

续表F3.1

省份/自治区/直辖市	地区、市、自治州、盟(县)	气温区	
辽宁	大连(瓦房店市、普兰店市、庄河市除外)、葫芦岛市(绥中县)	冬二	Ⅰ
	沈阳(康平县、法库县除外)、大连(瓦房店市、普兰店市、庄河市)、鞍山、本溪(桓仁县除外)、丹东、锦州、阜新、营口、辽阳、朝阳(建平县除外)、葫芦岛(绥中县除外)、盘锦市	冬三	
	沈阳(康平县、法库县)、抚顺、本溪(桓仁县)、朝阳(建平县)、铁岭市	冬四	
吉林	长春(榆树市除外)、四平、通化(辉南县除外)、辽源、白山(靖宇县、抚松县、长白县除外)、松原(长岭县)、白城市(通榆县),延边自治州(敦化市、汪清县、安图县除外)	冬四	
	长春(榆树市)、吉林、通化(辉南县)、白山(靖宇县、抚松县、长白县)、白城(通榆县除外)、松原市(长岭县除外),延边自治州(敦化市、汪清县、安图县)	冬五	
黑龙江	牡丹江市(绥芬河市、东宁市)	冬四	
	哈尔滨(依兰县除外)、齐齐哈尔(讷河市、依安县、富裕县、克山县、克东县、拜泉县除外)、绥化(安达市、肇东市、兰西县)、牡丹江(绥芬河市、东宁市除外)、双鸭山(宝清县)、佳木斯(桦南县)、鸡西、七台河、大庆市	冬五	
	哈尔滨(依兰县)、佳木斯(桦南县除外)、双鸭山(宝清县除外)、绥化(安达市、肇东市、兰西县除外)、齐齐哈尔(讷河市、依安县、富裕县、克山县、克东县、拜泉县)、黑河、鹤岗、伊春市,大兴安岭地区	冬六	
上海	全境	准二	
江苏	徐州、连云港市	冬一	Ⅰ
	南京、无锡、常州、淮安、盐城、宿迁、扬州、泰州、南通、镇江、苏州市	准二	
浙江	杭州、嘉兴、绍兴、宁波、湖州、衢州、舟山、金华、温州、台州、丽水市	准二	
安徽	亳州市	冬一	Ⅰ
	阜阳、蚌埠、淮南、滁州、合肥、六安、马鞍山、芜湖、铜陵、池州、宣城、黄山市	准一	
	淮北、宿州市	准二	
福建	宁德(寿宁县、周宁县、屏南县)、三明市	准一	
江西	南昌、萍乡、景德镇、九江、新余、上饶、抚州、宜春市	准一	
山东	全境	冬一	Ⅰ
河南	安阳、商丘、周口(西华县、淮阳县、鹿邑县、扶沟县、太康县)、新乡、三门峡、洛阳、郑州、开封、鹤壁、焦作、济源、濮阳、许昌市	冬一	Ⅰ
	驻马店、信阳、南阳、周口(西华县、淮阳县、鹿邑县、扶沟县、太康县除外)、平顶山、漯河市	准二	
湖北	武汉、黄石、荆州、荆门、鄂州、宜昌、咸宁、黄冈、天门、潜江、仙桃市,恩施自治州	准一	
	孝感、十堰、襄阳、随州市,神农架林区	准二	

续表F3.1

省份/自治区/直辖市	地区、市、自治州、盟(县)	气温区	
湖南	全境	准一	
重庆	城口县	准一	
四川	阿坝(黑水县)、甘孜自治州(新龙县、道浮县、泸定县)	冬一	Ⅱ
	甘孜自治州(甘孜县、康定市、白玉县、炉霍县)	冬二	Ⅰ
	阿坝(壤塘县、红原县、松潘县)、甘孜自治州(德格县)		Ⅱ
	阿坝(阿坝县、若尔盖县、九寨沟县)、甘孜自治州(石渠县、色达县)	冬三	
	广元市(青川县),阿坝(汶川县、小金县、茂县、理县)、甘孜(巴塘县、雅江县、得荣县、九龙县、理塘县、乡城县、稻城县)、凉山自治州(盐源县、木里县)	准一	
	阿坝(马尔康市、金川县)、甘孜自治州(丹巴县)	准二	
贵州	贵阳、遵义(赤水市除外)、安顺市,黔东南、黔南、黔西南自治州	准一	
	六盘水、毕节市	准二	
云南	迪庆自治州(德钦县、香格里拉市)	冬一	Ⅱ
	曲靖(宣威市、会泽县)、丽江(玉龙县、宁蒗县)、昭通市(昭阳区、大关县、威信县、彝良县、镇雄县、鲁甸县),迪庆(维西县)、怒江(兰坪县)、大理自治州(剑川县)	准一	
西藏	拉萨(当雄县除外)、日喀则(拉孜县)、山南(浪卡子县、错那县、隆子县除外)、昌都(芒康县、左贡县、类乌齐县、丁青县、洛隆县除外)、林芝市	冬一	Ⅰ
	山南(隆子县)、日喀则市(定日县、聂拉木县、亚东县、拉孜县除外)		Ⅱ
	昌都市(洛隆县)	冬二	Ⅰ
	昌都(芒康县、左贡县、类乌齐县、丁青县)、山南(浪卡子县)、日喀则市(定日县、聂拉木县),阿里地区(普兰县)		Ⅱ
	拉萨(当雄县)、山南(错那县)、日喀则市(亚东县),那曲(安多县除外)、阿里地区(普兰县除外)	冬三	
	那曲地区(安多县)	冬四	
陕西	西安、宝鸡、渭南、咸阳(彬县、旬邑县、长武县除外)、汉中(留坝县、佛坪县)、铜川市(耀州区)	冬一	Ⅰ
	铜川(印台区、王益区)、咸阳市(彬县、旬邑县、长武县)		Ⅱ
	延安(吴起县除外)、榆林(清涧县)、铜川市(宜君县)	冬二	Ⅱ
	延安(吴起县)、榆林市(清涧县除外)	冬三	
陕西	商洛、安康、汉中市(留坝县、佛坪县除外)	准二	
甘肃	陇南市(两当县、徽县)	冬一	Ⅱ
	兰州、天水、白银(会宁县、靖远县)、定西、平凉、庆阳、陇南市(西和县、礼县、宕昌县),临夏、甘南自治州(舟曲县)	冬二	Ⅱ
	嘉峪关、金昌、白银(白银区、平川区、景泰县)、酒泉、张掖、武威市,甘南自治州(舟曲县除外)	冬三	
	陇南市(武都区、文县)	准一	
	陇南市(成县、康县)	准二	

续表F3.1

省份/自治区/直辖市	地区、市、自治州、盟(县)	气温区	
青海	海东市(民和县)	冬二	Ⅱ
	西宁、海东(民和县除外)，黄南(泽库县除外)、海南、果洛(班玛县、达日县、久治县)、玉树(囊谦县、杂多县、称多县、玉树市)、海西自治州(德令哈市、格尔木市、都兰县、乌兰县)	冬三	
	海北(野牛沟、托勒除外)、黄南(泽库县)、果洛(玛沁县、甘德县、玛多县)、玉树(曲麻莱县、治多县)、海西自治州(冷湖、茫崖、大柴旦、天峻县)	冬四	
	海北(野牛沟、托勒)、玉树(清水河)、海西自治州(唐古拉山区)	冬五	
宁夏	全境	冬二	Ⅱ
新疆	阿拉尔、哈密市(哈密市泌城镇)，喀什(喀什市、伽师县、巴楚县、英吉沙县、麦盖提县、莎车县、叶城县、泽普县)、阿克苏(沙雅县、阿瓦提县)、和田地区，伊犁(伊宁市、新源县、霍城县霍尔果斯镇)、巴音郭楞(库尔勒市、若羌县、且末县、尉犁县铁干里可)、克孜勒苏自治州(阿图什市、阿克陶县)	冬二	Ⅰ
	喀什地区(岳普湖县)		Ⅱ
	乌鲁木齐市(牧业气象试验站、达坂城区、乌鲁木齐县小渠子乡)、吐鲁番、哈密市(十三间房、红柳河、伊吾县淖毛湖)，塔城(乌苏市、沙湾县、额敏县除外)、阿克苏(沙雅县、阿瓦提县除外)、喀什地区(塔什库尔干县)，克孜勒苏(乌恰县、阿合奇县)、巴音郭楞(和静县、焉耆县、和硕县、轮台县、尉犁县、且末县塔中)、伊犁自治州(伊宁市、霍城县、察布查尔县、尼勒克县、巩留县、昭苏县、特克斯县)	冬三	
	乌鲁木齐(冬三区以外各地)、哈密地区(巴里坤县)，塔城(额敏县、乌苏市)、阿勒泰(阿勒泰市、哈巴河县、吉木乃县)、昌吉(昌吉市、木垒县、奇台县北塔山镇、阜康市天池)、博尔塔拉(温泉县、精河县、阿拉山口口岸)、克孜勒苏自治州(乌恰县吐尔尕特口岸)	冬四	
	克拉玛依、石河子市、塔城(沙湾县)、阿勒泰地区(布尔津县、福海县、富蕴县、青河县)，博尔塔拉(博乐市)、昌吉(阜康市、玛纳斯县、呼图壁县、吉木 萨尔县、奇台县)、巴音郭楞自治州(和静县巴音布鲁克乡)	冬五	

注：为避免繁冗，各民族自治州名称予以简化，如青海省的"海西蒙古族藏族自治州"简化为"海西自治州"。

附录4 全国雨季施工雨量区及雨季期划分表

表 F4.1 全国雨季施工雨量区及雨季期划分表

省份/自治区/直辖市	地区、市、自治州、盟(县)	雨量区	雨季期(月数)
北京	全境	II	2
天津	全境	I	2
河北	张家口、承德市(围场县)	I	1.5
	承德(围场县除外)、保定、沧州、石家庄、廊坊、邢台、衡水、邯郸、唐山、秦皇岛市	II	2
山西	全境	I	1.5
内蒙古	呼和浩特、通辽、呼伦贝尔(海拉尔区、满洲里市、陈巴尔虎旗、鄂温克旗)、鄂尔多斯(东胜区、准格尔旗、伊金霍洛旗、达拉特旗、乌审旗)、赤峰、包头、乌兰察 布市(集宁区、化德县、商都县、兴和县、四子王旗、察哈尔右翼中旗、察哈尔右 翼后旗、卓资县及以南),锡林郭勒盟(锡林浩特市、多伦县、太仆寺旗、西乌珠穆 沁旗、正蓝旗、正镶白旗)	I	1
	呼伦贝尔市(牙克石市、额尔古纳市、鄂伦春旗、扎兰屯市及以东),兴安盟		2
辽宁	大连(长海县、瓦房店市、普兰店市、庄河市除外)、朝阳市(建平县)		2
	沈阳(康平县)、大连(长海县)、锦州(北镇市除外)、营口(盖州市)、朝阳市(凌源市、建平县除外)		2.5
	沈阳(康平县、辽中区除外)、大连(瓦房店市)、鞍山(海城市、台安县、岫岩县除外)、锦州(北镇市)、阜新、朝阳(凌源市)、盘锦、葫芦岛(建昌县)、铁岭市	I	3
	抚顺(新宾县)、辽阳市		3.5
	沈阳(辽中区)、鞍山(海城市、台安县)、营口(盖州市除外)、葫芦岛市(兴城市)		2.5
	大连(普兰店市)、葫芦岛市(兴城市、建昌县除外)		3
	大连(庄河市)、鞍山(岫岩县)、抚顺(新宾县除外)、丹东(凤城市、宽甸县除外)、本溪市	II	3.5
	丹东市(凤城市、宽甸县)		4

续表F4.1

省份/自治区/直辖市	地区、市、自治州、盟(县)	雨量区	雨季期(月数)
吉林	辽源、四平(双辽市)、白城、松原市	Ⅰ	2
	吉林、长春、四平(双辽市除外)、白山市,延边自治州	Ⅱ	2
	通化市		3
黑龙江	哈尔滨(市区、呼兰区、五常市、阿城区、双城区)、佳木斯(抚远市)、双鸭山(市区、集贤县除外)、齐齐哈尔(拜泉县、克东县除外)、黑河(五大连池市、嫩江县)、绥化(北林区、海伦市、望奎县、绥棱县、庆安县除外)、牡丹江、大庆、鸡西、七台河市,大兴安岭地区(呼玛县除外)	Ⅰ	2
	哈尔滨(市区、呼兰区、五常市、阿城区、双城区除外)、佳木斯(抚远县除外)、双鸭山(市区、集贤县)、齐齐哈尔(拜泉县、克东县)、黑河(五大连池市、嫩江县除外)、绥化(北林区、海伦市、望奎县、绥棱县、庆安县)、鹤岗、伊春市,大兴安岭地区(呼玛县)	Ⅱ	2
上海	全境	Ⅱ	4
江苏	徐州、连云港市	Ⅱ	2
	盐城市		3
	南京、镇江、淮安、南通、宿迁、扬州、常州、泰州市		4
	无锡、苏州市		4.5
浙江	舟山市	Ⅱ	4
	嘉兴、湖州市		4.5
	宁波、绍兴市		6
	杭州、金华、温州、衢州、台州、丽水市		7
安徽	阜阳市、亳州、淮北、宿州、蚌埠、淮南、六安、合肥市	Ⅱ	2
	滁州、马鞍山、芜湖、铜陵、宣城市		3
	池州市		4
	安庆、黄山市		5
福建	泉州市(惠安县崇武)	Ⅰ	4
	福州(平潭县)、泉州(晋江市)、厦门(同安区除外)、漳州市(东山县)	Ⅱ	5
	三明(永安市)、福州(市区、长乐市)、莆田市(仙游县除外)		6
	南平(顺昌县除外)、宁德(福鼎市、霞浦县)、三明(永安市、尤溪县、大田县除外)、福州(市区、长乐市、平潭县除外)、龙岩(长汀县、连城县)、泉州(晋江市、惠安县崇武、德化县除)、莆田(仙游县)、厦门(同安区)、漳州市(东山县除外)		7
	南平(顺昌县)、宁德(福鼎市、霞浦县除外)、三明(尤溪县、大田县)、龙岩(长汀县、连城县除外)、泉州市(德化县)		8
江西	南昌、九江、吉安市	Ⅱ	6
	萍乡、景德镇、新余、鹰潭、上饶、抚州、宜春、赣州市		7

续表F4.1

省份/自治区/直辖市	地区、市、自治州、盟(县)	雨量区	雨季期(月数)
山东	济南、潍坊、聊城市	I	3
	淄博、东营、烟台、济宁、威海、德州、滨州市		4
	枣庄、泰安、莱芜、临沂、菏泽市		5
	青岛市	II	3
	日照市		4
河南	郑州、许昌、洛阳、济源、新乡、焦作、三门峡、开封、濮阳、鹤壁市	I	2
	周口、驻马店、漯河、平顶山、安阳、商丘市		3
	南阳市		4
	信阳市	II	2
湖北	十堰、襄阳、随州市，神农架林区	I	3
	宜昌(秭归县、远安县、兴山县)、荆门市(钟祥市、京山县)	II	2
	武汉、黄石、荆州、孝感、黄冈、咸宁、荆门(钟祥市、京山县除外)、天门、潜江、仙桃、鄂州、宜昌市(秭归县、远安县、兴山县除外)，恩施自治州		6
湖南	全境	II	6
广东	茂名、中山、汕头、潮州市	I	5
	广州、江门、肇庆、顺德、湛江、东莞市		6
	珠海市	II	5
	深圳、阳江、汕尾、佛山、河源、梅州、揭阳、惠州、云浮、韶关市		6
	清远市		7
广西	百色、河池、南宁、崇左市	II	5
	桂林、玉林、梧州、北海、贵港、钦州、防城港、贺州、柳州、来宾市		6
海南	全境	II	6
重庆	全境	II	4
四川	阿坝(松潘县、小金县)、甘孜自治州(丹巴县、石渠县)	I	1
	泸州市(古蔺县)、阿坝(阿坝县、若尔盖县)、甘孜自治州(道孚县、炉霍县、甘孜县、巴塘县、乡城县)		2
	德阳、乐山(峨边县)、雅安市(汉源县)、阿坝(壤塘县)、甘孜(泸定县、新龙县、德格县、白玉县、色达县、得荣县)、凉山自治州(美姑县)		3
	绵阳(江油市、安州区、北川县除外)、广元、遂宁、宜宾市(长宁县、珙县、兴文县除外)、阿坝(黑水县、红原县、九寨沟县)、甘孜(九龙县、雅江县、理塘县)、凉山自治州(会理县、木里县、宁南县)		4
	南充(仪陇县除外)、广安(岳池县、武胜县、邻水县)、达州市(大竹县)、阿坝(马尔康县)、甘孜(康定市)、凉山自治州(甘洛县)		5
	自贡(富顺县除外)、绵阳(北川县)、内江、资阳、雅安(石棉县)、甘孜(稻城县)、凉山(盐源县、雷波县、金阳县)	II	3

续表F4.1

省份/自治区/直辖市	地区、市、自治州、盟(县)	雨量区	雨季期(月数)
四川	成都、自贡(富顺县)、攀枝花、泸州(古蔺县除外)、绵阳(江油县、安州区)、眉山(洪雅除外)、乐山(峨边县、峨眉山市、沐川县除外)、宜宾(长宁县、珙县、兴文县)、广安市(岳池县、武胜县、邻水县除外),凉山自治州(西昌市、德昌县、会理县、会东县、喜德县、冕宁县)	II	4
	眉山(洪雅县)、乐山(峨眉山市、沐川县)、雅安(汉源县、石棉县除外)、南充(仪陇县)、巴中、达州市(大竹县、宣汉县除外)、凉山自治州(昭觉县、布拖县、越西县)		5
	达州市(宣汉县)、凉山自治州(普格县)		6
贵州	贵阳、遵义、毕节市	II	4
	安顺、铜仁、六盘水市,黔东南自治州		5
	黔西南自治州		6
	黔南自治州		7
云南	昆明(市区、嵩明县除外)、玉溪、曲靖(富源县、师宗县、罗平县除外)、丽江(宁蒗县、永胜县)、普洱市(墨江县)、昭通市,怒江(兰坪县、泸水市六库镇)、大理(大理市、漾濞县除外)、红河(个旧市、开远市、蒙自市、红河县、石屏县、建水县、弥勒市、泸西县)、迪庆、楚雄自治州	I	5
	保山(腾冲市、龙陵县除外)、临沧市(凤庆县、云县、永德县、镇康县),怒江(福贡县、泸水市)、红河自治州(元阳县)		6
	昆明(市区、嵩明县)、曲靖(富源县、师宗县、罗平县)、丽江(古城区、华坪县)、普洱市(思茅区、景东县、镇沅县、宁洱县、景谷县)、大理(大理市、漾濞县)、文山自治州	II	5
	保山(腾冲市、龙陵县)、临沧(临翔区、双江县、耿马县、沧源县)、普洱市(西盟县、澜沧县、孟连县、江城县),怒江(贡山县)、德宏、红河(绿春县、金平县、屏边县、河口县)、西双版纳自治州		6
西藏	山南(加查县除外)、日喀则市(定日县)、那曲(索县除外)、阿里地区	I	1
	拉萨、昌都(类乌齐县、丁青县、芒康县除外)、日喀则(拉孜县)、林芝市(察隅县),那曲(索县)		2
	昌都(类乌齐县)、林芝市(米林县)		3
	昌都(丁青县)、林芝市(米林县、波密县、察隅县除外)		4
	林芝市(波密县)		5
	昌都市(芒康县)、山南(加查县)、日喀则市(定日县、拉孜县除外)	II	2

续表F4.1

省份/自治区/直辖市	地区、市、自治州、盟(县)	雨量区	雨季期(月数)
陕西	榆林、延安市	I	1.5
	铜川、西安、宝鸡、咸阳、渭南市，杨凌区		2
	商洛、安康、汉中市		3
甘肃	天水(甘谷县、武山县)、陇南市(武都区、文县、礼县)，临夏(康乐县、广河县、永靖县)，甘南自治州(夏河县)	I	1
	天水(北道区、秦城区)、定西(渭源县)、庆阳(华池县、环县)、陇南市(西和县)，临夏(临夏市)、甘南自治州(临潭县、卓尼县)		1.5
	天水(秦安县)、定西(临洮县、岷县)、平凉(崆峒区)、庆阳(庆城县)、陇南市(宕昌县)，临夏(临夏县、东乡县、积石山县)、甘南自治州(合作市)		2
	天水(张家川县)、平凉(静宁县、庄浪县)、庆阳(镇原县)、陇南市(两当县)，临夏(和政县)、甘南自治州(玛曲县)		2.5
	天水(清水县)、平凉(泾川县、灵台县、华亭县、崇信县)、庆阳(西峰区、合水县、正宁县、宁县)、陇南市(徽县、成县、康县)，甘南自治州(碌曲县、迭部县)		3
青海	西宁(湟源县)、海东市(平安区、乐都区、民和县、化隆县)，海北(海晏县、祁连县、刚察县、托勒)、海南(同德县、贵南县)、黄南(泽库县、同仁县)、海西自治州(天峻县)	I	1
	西宁(湟源县除外)、海东市(互助县)，海北(门源县)、果洛(达日县、久治县、班玛县)、玉树自治州(称多县、杂多县、囊谦县、玉树市)，河南自治县		1.5
宁夏	固原地区(隆德县、泾源县)	I	2
新疆	乌鲁木齐市(小渠子乡、牧业气象试验站、大西沟乡)，昌吉(阜康市天池)，克孜勒苏(吐尔尕特、托云、巴音库鲁提)、伊犁自治州(昭苏县、霍城县二台、松树头)	I	1
香港澳门			
台湾	(资料暂缺)		

注：1.表中未列的地区除西藏林芝地区墨脱县因无资料未划分外，其余地区均因降雨天数或平均日降水量未达到计算雨季施工增加费的标准，故未划分雨量区及雨季期。2.行政区划依据资料及自治州、市的名称列法同冬季施工气温区划分说明。

附录5 全国风沙地区公路施工区划分表

表 F5.1 全国风沙地区公路施工区划分表

区划	沙漠(地)名称	地理位置	自然特征
风沙一区	呼伦贝尔沙地、嫩江沙地	呼伦贝尔沙地位于内蒙古呼伦贝尔平原，嫩江沙地位于东北平原西北部嫩江下游	属半干旱、半湿润严寒区，年降水量 280～400 mm，年蒸发量 1400～1900 mm，干燥度 1.2～1.5
风沙一区	科尔沁沙地	散布于东北平原西辽河中、下游主干及支流沿岸的冲积平原上	属半湿润温冷区，年降水量 300～450 mm，年蒸发量 1700～2400 mm，干燥度 1.2～2.0
风沙一区	浑善达克沙地	位于内蒙古锡林郭勒盟南部和赤峰市西北部	属半湿润温冷区，年降水量 100～400 mm，年蒸发量 2200～2700 mm，干燥度 1.2～2.0，年平均风速 3.5～5.0 m/s，年大风时间 50～80 d
风沙一区	毛乌素沙地	位于内蒙古鄂尔多斯中南部和陕西北部	属半干旱温热区，年降水量东部 400～440 mm，西部仅 250～320 mm，年蒸发量 2100～2600 mm，干燥度 1.6～2.0
风沙一区	库布齐沙漠	位于内蒙古鄂尔多斯北部，黄河河套平原以南	属半干旱温热区，年降水量 150～400 mm，年蒸发量 2100～2700 mm，干燥度 2.0～4.0，年平均风速 3～4 m/s
风沙二区	乌兰布和沙漠	位于内蒙古阿拉善东北部，黄河河套平原西南部	属干旱温热区，年降水量 100～145 mm，年蒸发量 2400～2900 mm，干燥度 8.0～16.0，地下水相当丰富，埋深一般为 1.5～3.0 m
风沙二区	腾格里沙漠	位于内蒙古阿拉善东南部及甘肃武威部分地区	属干旱温热区，沙丘、湖盆、山地、残丘及平原交错分布，年降水量 116～148 mm，年蒸发量 3000～3600 mm，干燥度 4.0～12.0
风沙二区	巴丹吉林沙漠	位于内蒙古阿拉善西南边缘及甘肃酒泉部分地区	属干旱温热区，沙山高大密集，形态复杂，起伏悬殊，一般高 200～300 m，最高可达 420 m，年降水量 40～80 mm，年蒸发量 1720～3320 mm，干燥度 7.0～16.0

续表 F5.1

区划	沙漠(地)名称	地理位置	自然特征
风沙二区	柴达木沙漠	位于青海柴达木盆地	属极干旱寒冷区，风蚀地、沙丘、戈壁、盐湖和盐土平 原相互交错分布，盆地东部年均气温 2~4 ℃，西部为 1.5~2.5 ℃，年降水量东部为 50~170 mm，西部为 10~25 mm，年蒸发量 2500~3000 mm，干燥度 16.0~32.0
	古尔班通古特沙漠	位于新疆北部准噶尔盆地	属干旱温冷区，其中固定、半固定沙丘面积占沙漠面积的 97%，年降水量 70~150 mm，年蒸发量 1700~2200 mm，干燥度 2.0~10.0
风沙三区	塔克拉玛干沙漠	位于新疆南部塔里木盆地	属极干旱炎热区，年降水量东部 20 mm 左右，南部 30 mm 左右，西部 40 mm 左右，北部 50 mm 以上，年蒸发量在 1500~3700 mm，中部达高限，干燥度>32.0
	库姆达格沙漠	位于新疆东部、甘肃西部，罗布泊低地南部和阿尔金山北部	属极干旱炎热区，全部为流动沙丘，风蚀严重，年降水量 10~20 mm，年蒸发量 2800~3000 mm，干燥度>32.0，年 8 级以上大风时间在 100 d 以上

参考文献

［1］交通运输部公路局，中交第一公路勘察设计研究院有限公司.公路工程技术标准：JTG B01—2014［S］.北京：人民交通出版社，2014.

［2］住房和城乡建设部标准定额研究所，四川省建设工程造价管理总站.建设工程工程量清单计价规范：GB 50500—2013［S］.北京：中国计划出版社，2013.

［3］交通运输部路网监测与应急处置中心.公路工程概算定额：JTG/T 3831—2018［S］.北京：人民交通出版社，2019.

［4］交通运输部办公厅.公路工程营业税改征增值税计价依据调整方案（交办公路〔2016〕66号文）［M］.北京：交通运输部办公厅，2016-04-29.

［5］云南省交通运输厅.云南省公路工程建设项目估算概算预算编制办法补充规定（云交基建〔2019〕34号）［M］.昆明：云南省交通运输厅，2019-05-01.

［6］云南省公路路政管理总队.云南省交通运输工程材料及设备信息价［J］.云南省公路路政管理总队，2023，146（4）.

［7］中华人民共和国交通运输部.公路工程造价管理暂行办法［M］.北京：人民交通出版社，2017.

［8］全国一级造价工程师职业资格考试培训教材编审委员会.建设工程造价管理［M］.北京：中国计划出版社，2013.

［9］全国二级建造师执业资格考试用书编写委员会.公路工程管理与实务［M］.北京：中国

［10］梁金江.公路工程管理［M］.2版.北京：人民交通出版社，2009.

［11］交通运输部路网监测与应急处置中心.公路工程建设项目概算预算编制办法：JTG 3830—2018［S］.北京：人民交通出版社，2019.

［12］交通运输部路网监测与应急处置中心.公路工程预算定额：JTG/T 3832—2018［S］.北京：人民交通出版社，2019.

［13］交通运输部路网监测与应急处置中心.公路工程机械台班费用定额：JTG/T 3833—2018［S］.北京：人民交通出版社，2019.

［14］中华人民共和国交通运输部.公路工程标准施工招标文件（2018年版）［M］.北京：人民交通出版社，2018.

［15］周世生，董伟智.公路工程造价［M］.人民交通出版社，2012.

［16］郝伟.公路工概预算与工程量清单计价［M］.北京：中国建筑工业出版社，2013.

［17］蒲翠红，赖应良.公路工程计量与计价［M］.成都：西南交通大学出版社，2017.

［18］杨建宏.陈志强.透过案例学公路工程计量与计价［M］.北京：中国建材工业出版社，2011.

［19］郭健.公路桥梁工程概预算［M］.北京：人民交通出版社，2020.

［20］罗杏春，李宁.公路工程概预算与计量计价［M］.北京：人民交通出版社，2020.

［21］董云.公路工程概预算［M］.北京：中国建筑工业出版社，2018.

［22］邢凤岐.公路工程概预算百问［M］.北京：人民交通出版社，2002.

［23］张起深，王首绪.公路施工组织及概预算［M］.2版.北京：人民交通出版社，2002.

［24］丁加明.2018版公路工程概预算编制办法解读［J］.铁路工程技术与经济，2019，34(4)：44-48.

图书在版编目(CIP)数据

公路工程计量与计价/陈旭,章胜平主编. —长沙:
中南大学出版社,2024.9
ISBN 978-7-5487-5524-1

Ⅰ.①公… Ⅱ.①陈… ②章… Ⅲ.①道路工程—工
程造价—高等学校—教材 Ⅳ.①U415.13

中国国家版本馆 CIP 数据核字(2023)第 158359 号

公路工程计量与计价
GONGLU GONGCHENG JILIANG YU JIJIA

陈 旭 章胜平 主编

□出 版 人	林绵优		
□责任编辑	韩 雪		
□责任印制	唐 曦		
□出版发行	中南大学出版社		
	社址:长沙市麓山南路	邮编:410083	
	发行科电话:0731-88876770	传真:0731-88710482	
□印 装	广东虎彩云印刷有限公司		

□开 本	787 mm×1092 mm 1/16	□印张 16.75	□字数 427 千字
□版 次	2024 年 9 月第 1 版	□印次 2024 年 9 月第 1 次印刷	
□书 号	ISBN 978-7-5487-5524-1		
□定 价	52.00 元		